网络多人游戏
架构与编程

[美] Joshua Glazer Sanjay Madhav 著

王晓慧 张国鑫 译

MULTIPLAYER
GAME
Programming

人民邮电出版社
北京

图书在版编目（CIP）数据

网络多人游戏架构与编程 / （美）格雷泽
(Joshua Glazer)，（美）马达夫（Sanjay Madhav）著；
王晓慧，张国鑫译. -- 北京：人民邮电出版社，2017.10（2022.9重印）
ISBN 978-7-115-45779-0

Ⅰ. ①网… Ⅱ. ①格… ②马… ③王… ④张… Ⅲ.
①网络游戏－游戏程序－程序设计 Ⅳ. ①TP317.63

中国版本图书馆CIP数据核字(2017)第137928号

版 权 声 明

- ◆ 著　　　[美] Joshua Glazer　　Sanjay Madhav
- 　　译　　　王晓慧　张国鑫
- 　　责任编辑　胡俊英
- 　　责任印制　焦志炜
- ◆ 人民邮电出版社出版发行　　北京市丰台区成寿寺路 11 号
- 　　邮编　100164　　电子邮件　315@ptpress.com.cn
- 　　网址　http://www.ptpress.com.cn
- 　　固安县铭成印刷有限公司印刷
- ◆ 开本：800×1000　1/16
- 　　印张：23　　　　　　　　　2017 年 10 月第 1 版
- 　　字数：448 千字　　　　　　2022 年 9 月河北第 15 次印刷
- 　　著作权合同登记号　图字：01-2016-2847 号

定价：139.90 元

读者服务热线：(010)81055410　印装质量热线：(010)81055316
反盗版热线：(010)81055315
广告经营许可证：京东市监广登字 20170147 号

内容提要

　　网络多人游戏已经成为游戏产业的重要组成部分，本书是一本深入探讨关于网络多人游戏编程的图书。

　　全书分为13章，从网络游戏的基本概念、互联网、伯克利套接字、对象序列化、对象复制、网络拓扑和游戏案例、延迟、抖动和可靠性、改进的延迟处理、可扩展性、安全性、真实世界的引擎、玩家服务、云托管专用服务器等方面深入介绍了网络多人游戏开发的知识，既全面又详尽地剖析了众多核心概念。

　　本书的多数示例基于C++编写，适合对C++有一定了解的读者阅读。本书既可以作为大学计算机相关专业的指导教程，也可以作为普通读者学习网络游戏编程的参考指南。

作者简介

Joshua Glazer 是 Naked Sky Entertainment 的创始人之一和 CTO。Naked Sky Entertainment 是一个独立的游戏开发工作室，开发游戏机和电脑游戏，如 *RoboBlitz*、*MicroBot*、*Twister Mania* 和最近手机端的游戏 *Max Axe* 和 *Scrap Force*。作为 Naked Sky 团队的领导人之一，他为许多外部的项目提供咨询，包括 Epic Games 公司的虚幻引擎（Unreal Engine）、Riot Games 公司的《英雄联盟》（*League of Legends*）、THQ 公司的《毁灭全人类》（*Destroy All Humans*）的特许经营，还包括艺电（Electronic Arts）、Midway、微软（Microsoft）和派拉蒙电影公司（Paramount Pictures）等公司的很多其他项目。

Joshua 同时也是南加州大学（USC）的兼职讲师，在那里他很喜欢讲授关于多人游戏编程和游戏引擎开发的课程。

Sanjay Madhav 是南加州大学（USC）的高级讲师，讲授许多编程和电子游戏编程的课程。他的主打课程是从 2008 年就开始讲授的本科生游戏编程课。此外，他还讲授许多其他课程，包括游戏引擎、数据结构和编译器开发。他同时也是 *Game Programming Algorithms and Techniques* 的作者。

在来到南加州大学（USC）之前，Sanjay 在许多电子游戏开发公司做过程序员，包括艺电（Electronic Arts）、Neversoft 和 Pandemic Studios。他开发过的游戏有《荣誉勋章：血战太平洋》（*Medal of Honor: Pacific Assault*）、《托尼霍克极限滑板 8》（*Tony Hawk's Project 8*）、《指环王：征服》（*Lord of the Rings: Conquest*）和《破坏者》（*The Saboteur*），大部分都有某种形式的网络多人版。

译者简介

　　王晓慧，博士，就职于北京科技大学工业设计系。主要研究方向为虚拟现实、大数据与信息可视化、人工智能、情感计算、人机交互等，在国内外学术期刊和会议上发表论文20余篇。主持国家自然科学基金、北京市社会科学基金、北京市科技计划项目及中国博士后科学基金等国家、省部级项目4项，主持中央高校基本科研业务费、CFF-腾讯犀牛鸟创意基金等项目5项，参与973项目、国家自然、国家社科等项目6项，获得软件著作权2项，出版译著《精通Unreal游戏引擎》。邮箱地址是xiaohui0506@foxmail.com。

　　张国鑫，博士，蓝因（北京）科技有限公司CEO。多年来一直从事虚拟现实、三维模型处理和人工智能相关的研究和工作，发表SCI论文多篇，取得发明专利4项，获得软件著作权3项，曾获得国家技术发明奖二等奖，教育部技术发明奖一等奖。邮箱地址是zgx@lanetechs.com。

致谢

　　首先，我们感谢 Pearson 的整个团队指导完成这本书，包括我们的执行编辑 Laura Lewin，劝说我们聚到一起写这本书；我们的助理编辑 Olivia Basegio，协助我们保证过程的顺利进行；我们的开发编辑 Michael Thurston，为提升内容质量出谋划策。我们还要感谢整个制作团队，包括制作编辑 Andy Beaster 和 Cenveo 公司。

　　我们的技术评论家 Alexander Boczar、Jonathan Rucker 和 Jeff Tucker 为保证这本书的准确性帮了很大的忙。感谢他们在百忙之中抽出时间审阅这本书。最后，我们感谢维尔福软件公司（Valve Software）允许我们写关于 Steamworks SDK 的知识并审读了第 12 章。

来自 Joshua Glazer 的致谢

　　感谢 Lori 和 McKinney 给我无限的理解、支持、爱和微笑。你们是我最好的家人。由于写这本书，我陪你们的时间少了，但是现在，我终于完成了！感谢父母的养育之恩和对我的无限关爱，让我的英文能和代码一样流畅。感谢 Beth 做了很多不可思议的事情，有时还帮我照看我的猫。感谢大家庭在我写这本书时给我的支持和信任。感谢 Charles 和 Naked Sky 所有的程序员让我时刻保持警惕，在我犯愚蠢错误的时候及时指出。感谢 Tian 和 Sam 将我带到游戏产业中来。感谢 Sensei Copping 教会我如何有效工作。当然，感谢 Sanjay 把我带上了南加州大学（USC）的讲台，与我一起完成这个事情。如果没有你的智慧和冷静，我不能完成这本书，更不用说你写了这本书的一半。（再一次感谢 Lori，以防你错过了第一句话！）

来自 Sanjay Madhav 的致谢

作者的著作数量与致谢的长度有关。因为在上一本书中我写了很长的致谢，所以这次我写得短一点。我首先感谢我的父母和妹妹。同时，感谢我在南加州大学（USC）信息技术专业（Information Technology Program）的同事。最后，感谢 Joshua Glazer 同意讲授"多人游戏编程"这门课程，因为如果不是因为这门课，这本书就不会诞生。

前言

今天，网络多人游戏已经成为游戏产业的一个重要组成部分，玩家的数量和投入的资金数额都是惊人的。到2014年为止，《英雄联盟》（*League of Legends*）月活跃用户已达到6700万。在写这本书的时候，2015年*DoTA 2*的世界锦标赛的奖金已经超过1600万美元。《使命召唤》（*Call of Duty*）系列经常在发布后的头几天就打破10亿美元的销售额，其大受欢迎的部分原因在于它的多人模式。即使有的游戏曾经是单人模式，现在也都包含了网络多人成分，例如《侠盗猎车手》（*Grand Theft Auto*）。

本书深入探讨用于网络多人游戏编程的所有重要知识。首先介绍网络的基本知识——互联网是如何工作的，如何将数据发送给其他计算机。建立基本知识架构之后，本书讨论用于游戏数据传输的基本知识——如何准备用于网络传输的游戏数据，如何更新网络中的游戏对象，如何组织参与游戏的计算机。接着，本书论述如何补偿不可靠性和网络延迟，如何将游戏代码设计得同时具有可扩展性和安全性。第12章和第13章讲述如何集成玩家服务，以及使用云托管专用服务器，两个内容在今天的网络游戏中非常重要。

本书采用非常实用的方式。大部分章节不仅讨论概念，而且通过真实的代码让读者了解到网络游戏的工作原理。本书的配套网站提供两个不同游戏的源代码，一个是动作游戏，另一个是即时战略游戏（real-time strategy, RTS）。为了适应各个章节的内容演进，本书从头到尾会包含这两个游戏的多个版本。

本书中的大部分内容是基于南加州大学（University of Southern California, USC）的多人游戏编程课程的。正因为如此，本书包含的是被验证的行之有效的多人游戏编程学习方法。虽然这样说，但是本书不仅用于大学课程，书中的方法对于任何对网络游戏编程感兴趣的人来说都是有价值的。

本书的目标读者

虽然附录A包含了本书中所使用到的现代C++的一些内容，但是本书假设读者已经熟悉C++。本书进一步假设读者已经掌握在计算机课程中学习的标准数据结构。如果您不熟悉C++，或者想复习一下数据结构，有一本非常好的参考书——*Programming Abstraction in C++*，作者Eric Roberts。

本书还假设读者已经了解如何编写单人游戏。读者应该熟悉游戏循环、游戏对象模型、向量数学和基础游戏物理。如果读者不熟悉这些概念，建议先学习游戏编程入门书——*Game Programming Algorithms and Techniques*，作者Sanjay Madhav。

正如之前所提到的，本书既适用于大学课程，也适合想要学习网络游戏编程的程序员。即使是没有接触过网络游戏的游戏程序员，也能在这本书中找到大量有用的知识。

本书中使用的约定

代码通常使用定点字体。小的代码片段可能出现在段落内，也可能是单独的一段：

```
std::cout << "Hello, world!" << std::endl;
```

长的代码段以代码清单的形式展现，如清单0.1所示。

清单0.1 代码清单示例

```
// Hello world program!
int main()
{
    std::cout << "Hello, world!" << std::endl;
    return 0;
}
```

为了提高可读性，示例代码与编程环境中的显示基本一致。

在本书中，读者会看到一些段落标记为注释、小窍门、边栏和警告。下面分别举例说明。

> **注释：**
> 注释包含与正文上下文分离的有用信息，应该仔细阅读。

> **小窍门：**
> 当在你的游戏代码中实现特定的系统时，小窍门将提供一些有用的提示。

警告：

警告非常重要，因为它包括一些常见的陷阱和需要注意的问题，同时包括解决这些问题的方法。

边栏
边栏通常包含与章节主要内容关系不太密切的更多讨论。这些内容针对各种各样的问题提供一些有趣的见解，但是其包含的内容往往不是章节教学目标所必需的。

为什么使用C++

本书中大量使用C++，是因为C++是游戏产业事实上的编程语言，被游戏引擎程序员广泛使用。尽管有的引擎允许游戏中的大部分代码使用其他语言，如Unity中使用C#，但是要谨记，这些引擎的底层代码仍然是用C++写的。因为本书从头开始讲解编写网络多人游戏，所以使用大部分游戏引擎所使用的语言。话虽这么说，即使读者使用其他语言编写游戏网络代码，其所有的核心思想仍然是一样的。尽管如此，还是建议读者学会C++，不然书中的示例代码对读者来说可能就没有多大意义了。

为什么使用JavaScript

尽管刚开始的时候JavaScript是为了支持Netscape浏览器被匆忙赶出的脚本语言，它已经发展成为标准化、功能全面、有些函数式风格的语言。它在客户端语言中的流行帮助它跨越到了服务器端。在服务器端，它的第一级过程、简单的闭包语法和动态类型的性质，使其对于开发事件驱动的服务非常有效。JavaScript重构困难，性能比C++差，因此很难成为下一代游戏前端开发的首选语言。

对于服务器端来讲，这不是一个问题，因为扩大服务规模就像向右边拖动滑块这么简单。第13章中服务器端的例子使用JavaScript，理解这部分内容需要了解该语言的一些知识。截至本书写作的时候，JavaScript已经成为GitHub上最活跃的语言之一，其占比接近50%。仅仅为了赶时髦而跟随趋势并不是一个好主意，但是使用当下最流行的语言编程肯定有它的好处。

配套网站

本书的配套网站提供了本书中所使用示例代码的链接。同时，网站还包括勘误表，幻灯片的链接和用于高校的示例教学大纲。

目录

第1章 网络游戏概述

虽然之前也有很多经典的案例，但是网络多人游戏的概念直到20世纪90年代才在主流玩家中得到普及。本章首先简要介绍多人游戏如何从20世纪70年代的早期网络游戏发展到如今巨大的产业。然后对20世纪90年代两款流行网络游戏《星际围攻：部落》（*Starsiege: Tribes*）和《帝国时代》（*Age of Empires*）的架构做概述。这些游戏中用到的许多技术今天仍然在使用，所以我们的讨论将对网络多人游戏设计的整体挑战提供一个深入的了解。

1.1 多人游戏的简要历程

现代网络多人游戏起源于20世纪70年代的高校**大型机系统**。然而，这类游戏直到20世纪90年代中后期互联网接入普及才全面爆发。本节简要介绍网络游戏如何产生，以及从这类游戏诞生之后的近半个世纪中，它们所经历的多样化发展。

1.1.1 本地多人游戏

一些早期电子游戏具有本地多玩家的特点，意味着两个或两个以上玩家在一台计算机上玩游戏。例如，一些非常早期的游戏：《双人网球》（*Tennis for Two*, 1958）和《太空战争》（*Spacewar*, 1962）。本地多人游戏与单人游戏的编程在很大程度上是相似的，唯一的典型差异是对多视点和多个输入设备的支持。因为本地多人游戏的编程与单人游戏非常类似，本书就不在这上面花费时间了。

1.1.2 早期网络多人游戏

最早的网络多人游戏运行在由大型机系统组成的小网络中，此时网络多人游戏与本地多人游戏的区别是网络游戏有两台或更多的计算机在一个活动的游戏会话中彼此连接。一个典型的早期大型机网络是在伊利诺伊大学（University of Illinois）开发的PLATO（柏拉图）计算机系统。运行在柏拉图计算机系统上的一个典型的早期网络游戏是回合型策略游戏《帝国》（*Empire*, 1973）。与 *Empire* 同时期出现的还有一款第一人称网络游戏《迷宫战争》（*Maze War*）。对于哪个游戏最先出现的这个问题，至今没有明确的答案。

20世纪70年代末，随着个人计算机的出现，开发者们使用串口实现两台计算机之间的通信。串口允许一次传输1比特的数据，其主要功能是与打印机、调制解调器等外部设备进行通信。然而，使用这种方式实现两台计算机之间的连接和数据传输也是可行的。这使得创建跨越多台个人计算机的游戏会话成为可能，从而催生了最早的网络游戏。1980年12月的《BYTE杂志》发表了一篇文章，讲述如何使用BASIC语言编写所谓的多机游戏（Wasserman and Stryker 1980）。

使用串口的一个大的弊端是普通计算机最多只有两个串口（除非使用扩展卡）。这意味着要想使用串口连接两台以上的计算机，需要采用菊花链连接模式。菊花链连接模式可以看作是一种网络拓扑类型，我们将在第6章中详细介绍。

尽管20世纪80年代早期就出现了这一技术，但是那个时期出现的大部分游戏并没有以这种技术方式使用局域网络。直到20世纪90年代，用局域网连接多台计算机来玩游戏的想法才真正获得认可，我们将在本章后面继续讨论。

1.1.3　多用户网络游戏

多用户网络游戏（multi-user dungeon, MUD）是多人游戏的一种，指许多玩家同时连接在一个虚拟世界中。这类游戏最早在重点高校的大型机系统中流行，MUD这个术语也是起源于艾塞克斯大学（Essex University）Rob Trushaw在1978年创建的游戏 *MUD*。从某种程度上说，各种MUD也可以被认为是角色扮演类游戏《龙与地下城》（*Dungeons and Dragons*）的一个早期版本，尽管并非所有的MUD都是角色扮演类游戏。

个人计算机的性能提升之后，硬件制造商就开始提供允许两台计算机使用电话线进行通信的调制解调器。尽管按照现在的标准来看，它的传输速率极其低，但是这使得多用户网络游戏可以运行在除高校大型机系统之外的机器上。例如，一些多用户网络游戏运行于电子**布告栏系统**（bulletin board system, BBS），该系统允许多用户通过调制解调器连接到同一个系统中，这个系统可以运行包括游戏在内的很多应用。

1.1.4　局域网游戏

局域网（local area network，LAN）是指在某一小区域内多台计算机的相互连接，用于连接的技术手段可以有所不同。例如，本章讨论的串口连接方式就是局域网的一个示例。然而，局域网的真正兴起是伴随着以太网的普及（我们将在第2章中详细讨论这一协议）。

尽管《毁灭战士》（*Doom*，1993）不是第一个支持局域网多玩家的游戏，但是从许多方面来说，它可以称为现代网络游戏的起源。这个由 id Software[①] 开发的第一人称射击游戏的最初版本支持一个游戏会话中有4个玩家，可以选择是合作关系还是竞争关系。因为《毁灭战士》是一个快节奏的动作类游戏，所以需要实现本书中将要讲解到的许多关键概念。当然，这些技术自从1993年以来已经得到了很大的发展，但是该游戏的影响力是被广泛认可的。关于该游戏的创建和历史，详见本章末尾延伸的阅读资料中的 *Masters of Doom*。

许多支持局域网的多人游戏同时支持其他方式的网络连接，如调制解调器连接和在线网络连接。多年来，绝大部分的网络游戏都支持局域网，这导致了局域网联机游戏聚会的兴起。局域网联机游戏聚会指的是由一群人聚集在同一个地方，以局域网络连接各自的计算机，玩多人网络联机游戏。尽管一些网络多人游戏仍然支持局域网，但是最近几年开发者们有放弃局域网版本而追求在线版本的趋势。

1.1.5　在线游戏

在线游戏（online game）中，玩家通过一些大型网络将地理位置上有一定距离的计算机彼此连接起来。今天，在线游戏与网络游戏是同义词，但是"在线"的含义更广泛一些，包含一些早期的网络，如 CompuServe，它最初没有连接到互联网上。

随着20世纪90年代末互联网的爆发，在线游戏也随之兴起。早些年出现的流行游戏包括 id Software 公司开发的《雷神之锤》（*Quake*，1996）和 Epic Game 公司开发的《虚幻》（*Unreal*，1998）等。

尽管在线游戏的实现方式看起来和局域网游戏类似，但是一个主要问题是延迟，也就是数据在网络中的传输时间。事实上，《雷神之锤》最初版本的设计是不支持互联网连接的，直到补丁 QuakeWorld 的出现才使得该游戏可以在互联网上可靠运行。延迟补偿的方法将在第7章和第8章中详细介绍。

---

① id Software：从事电脑游戏以及游戏引擎方面开发的软件公司，创造了游戏 *Doom* ——译者注。

随着21世纪第一个十年内Xbox Live和PlayStation Network等服务的创建，以及GameSpy和DWANGO等PC网络服务的完善，在线游戏在游戏机上也逐渐兴起。如今，这些在线游戏服务在高峰时段通常有数百万的活跃用户（尽管这些游戏机也提供视频及其他服务，并不是所有的这些活跃用户都在玩游戏）。第12章将讨论如何将其中一个玩家服务（Steam）融合到电脑游戏中。

1.1.6　大规模多人在线游戏

即使在今天，大多数的多人在线游戏在每个游戏会话中仍然限制玩家的数量，一般支持4～32个玩家。然而，在**大规模多人在线游戏**（massively multiplayer online game，MMO）中，成百上千的玩家将同时出现在同一个游戏会话中。大部分的MMO游戏都是角色扮演游戏，称为MMORPG（MMO role-playing games）。但是，当然也存在其他类型的MMO游戏，例如第一人称射击类（MMO first-person shooters，MMOFPS）。

在许多方面，MMORPG可以看作是多用户网络游戏（MUD）的图形化改进。一些早期MMORPG的出现是在互联网的广泛使用之前，所以这些游戏运行在拨号网络中，如Quantum Link（即后来的America Online）和CompuServe。该类游戏的一个典型例子是《栖息地》（*Habitat*，1986），它实现了许多新颖的技术（详见延伸的阅读资料中Morningstar and Farmer 1991）。然而，直到互联网普及之后，该类游戏才得到了更多的关注。其中一个成功的案例是《网络创世纪》（*Ultima Online*，1997）。

其他的MMORPG，例如《无尽的任务》（*EverQuest*，1999）也很成功，但是Blizzard的《魔兽世界》（*World of Warcraft*，2004）的出现震惊了世界。曾几何时，Blizzard的这款MMORPG在全世界有超过1200万的活跃用户，该游戏已经成为流行文化的一部分，在2006年的电视动画《南方公园》（*South Park*）的某一集中描绘了这一场景。

构建一个大规模多人在线游戏是一个复杂的技术挑战，我们将在第9章中详细介绍这里面的部分挑战。然而，创建大规模多人在线游戏的大部分技术超出了本书的范围。当然，创建一个小规模网络游戏的基础对于大规模多人在线游戏的构建是尤为重要的。

1.1.7　移动网络游戏

随着游戏已经扩展到移动领域，多人游戏也随之进入。许多多人游戏在移动平台上是异步的，尤其是不要求实时传输数据的回合制游戏。在这个模型中，轮到玩家时，他们将会收到通知，所以有充足的时间让他们采取行动。在网络多人游戏最初出现时，该异步模型就已经存在了。一些BBS只有一个接入的电话线连接，这就意味着在一个时刻只能连接一个用户。因此，如果玩家想要连接，需要先排队等候，然后再断开。这样才能保证在后来的某一时刻，另外一个用户可以接入，在轮到他的时刻可以响应。

使用异步模型的移动网络游戏的一个例子是《填字游戏》（*Words with Friends*，2009）。从技术的角度来讲，异步网络游戏比实时网络游戏实现起来要简单。在移动平台上更是如此，因为应用程序接口（application program interface，API）有用于异步通信的内置功能。最初，在移动网络游戏中使用异步模型是有必要的，因为当时移动网络的可靠性远远低于有线网络。但是，随着Wi-Fi设备的普及和移动网络的发展，越来越多的实时网络游戏可以运行在移动设备上。使用实时网络通信的一个移动网络游戏示例是《炉石传说：魔兽英雄传》（*Hearthstone: Heroes of Warcraft*，2014）。

1.2　星际围攻：部落

《星际围攻：部落》（*Starsiege: Tribes*）是1998年年底发布的基于科幻小说的第一人称射击游戏。发布时，它被认为既是快节奏的战斗类游戏，又包含大规模的玩家。一些游戏模式支持在局域网和互联网上同时运行128个玩家。想要体会到实现这个游戏的难度，可以想象在那个时期，绝大多数玩家使用的都是拨号服务的互联网连接。在最好的情况下，这些拨号用户的调制解调器的能力也只是56.6kbit/s。在《星际围攻：部落》这个游戏中，它真正支持的用户调制解调器速度可以到28.8kbit/s。用现在的标准看来，这个速度相当低。另外一个因素是拨号连接同样有相对比较高的延时——几百毫秒的延时是非常常见的。

在游戏中为低带宽设计的网络模型似乎不适用于当下的网络环境。然而，即使在今天，《星际围攻：部落》这个游戏中使用的模型仍有极大的可借鉴性。本节将总结《星际围攻：部落》中最初使用的网络模型，更深入的讨论请参考本章最后列出的Frohnmayer和Gift的文章。

如果本节中涉及的概念此刻没有完全理解，不要担心。本节的目的是从一定的高度来看网络多人游戏的架构，您将对所面临的大量技术挑战和所做决定有一个整体的认识。本节中涉及的所有内容都将在后面各章中详细介绍。此外，本书中将创建的一个游戏案例（*Robo Cat Action*）所使用的网络模型与《星际围攻：部落》非常类似。

创建网络游戏的首选之一是选择一个通信协议，也就是在两台计算机之间传输数据的约定。第2章将介绍互联网的工作原理和常用的协议。第3章将介绍通过这些协议实现通信的一个常用库。为了高效地理解当前的讨论，您只需要知道《星际围攻：部落》使用的是不可靠的协议，意思是在网络中传输的数据不能保证接收端一定能收到。

但是，当游戏需要发送对所有玩家都很重要的信息时，使用不可靠的协议就有很多问题。因此，工程师们需要考虑所发送的数据有不同类型。《星际围攻：部落》的开发者们最终将数据分为以下4种类型。

1．**非保障数据**。正如读者所想象的，该类数据不是游戏所必需的数据。所以当带宽有限时，游戏选择首先丢弃这些数据。

2．**保障数据**。该类数据需要保证其准确到达以及到达的顺序。用于对游戏至关重要的数据，例如，标识玩家发起攻击的事件。

3．**最近的状态数据**。该类数据用于只有最新版本的数据才是重要数据的场合，例如一个特定玩家的生命值。如果游戏知道了玩家当前的生命值，那么他5秒之前的生命值就不重要了。

4．**最快保障数据**。该类数据具有最高的优先级，在可靠传输的基础上，保证尽快到达。该类数据的一个典型例子是玩家的移动信息，该信息在一个非常短的时间内极其重要，因此需要尽快传输。

《星际围攻：部落》网络模型中许多实现机制都集中在提供这4种数据类型的传输上。

另外一个重要的设计方案是使用**客户端－服务器模型**（client-server model，**C/S**），而不是**对等网络模型**（peer-to-peer model）。在C/S模型中，玩家全部连接在一个中央服务器上，而在对等网络模型中，每个玩家都与其他所有玩家相连。正如在第6章中讨论的一样，对等网络模型需要 $O(n^2)$ 的带宽，意思是带宽是玩家数量的二次方增长速率。在这种情况下，当 n 为128时，使用对等网络模型将导致每个玩家只有极少的带宽。为了避免这个问题，《星际围攻：部落》使用C/S模型。在该结构中，每个玩家的带宽保持常数，服务器只需处理 $O(n)$ 量级的带宽。然而，这意味着服务器需要允许许多接入的连接，在当时只有公司和高校才有这种连接。

接下来，《星际围攻：部落》将网络实现划分为许多不同的层，您可以将《星际围攻：部落》网络模型想象成夹心蛋糕，如图1.1所示。本节剩下的部分将简要描述每一层的构造。

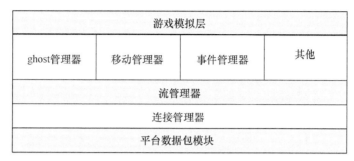

游戏模拟层			
ghost管理器	移动管理器	事件管理器	其他
流管理器			
连接管理器			
平台数据包模块			

图1.1　《星际围攻：部落》网络模型的主要组成部分

1.2.1　平台数据包模块

数据包是在网络中传输的有一定格式的数据集合。在《星际围攻：部落》网络模型中，**平台数据包模块**是最底层，只有这一层是针对特定平台的。其实，这一层是标准套接字 API 的封装，可以构建和发送不同的数据包格式。这一层的实现与第 3 章中实现的系统十分相似。

因为《星际围攻：部落》使用的是不可靠的协议，所以开发者们需要添加一些保证数据安全传输的机制。与第 7 章中讨论的方法类似，《星际围攻：部落》实现的是定制的可靠层。但是，该可靠层不是在平台数据包模块中处理的，而是在更高层管理器，如 ghost 管理器、移动管理器、事件管理器中来增强可靠性。

1.2.2　连接管理器

连接管理器（connection manager）的任务是将网络中两台计算机之间的连接抽象化。它从上层流管理器接收数据，再将数据传输给底层平台数据包模块。

连接管理器层仍然是不可靠的，它不能保证数据的可靠传输。但是，连接管理器可以保证投递状态通知的正确传输，也就是说，可以确认传输到连接管理器层的请求状态。这样，连接管理器层的上层（流管理器）就可以知道指定的数据是否被成功传输。

投递状态通知使用滑动窗口中接受域的位字段实现。尽管最初的《星际围攻：部落》网络模型没有详细讨论连接管理器的具体实现，但是第 7 章中将介绍一个类似系统的实现方法。

1.2.3 流管理器

流管理器（stream manager）的任务是将数据发送给连接管理器，其中一个重要的部分是决定允许数据传输的最大速率。最大速率会根据网络连接的质量而有所不同。在最初发表的文献中有这样一个例子，一个具有28.8kbit/s调制解调器的用户可以将数据包传输速率设置为每秒10个数据包，每个数据包最多200字节，大约每秒2KB的数据。这个传输速率和数据包大小将根据客户端的连接被发送给服务器，以保证服务器不至于发送给客户端超出连接能力的数据。

因为许多其他系统要求流管理器发送数据，流管理器有责任把这些请求按照优先次序排好。在带宽限制的情况下，移动管理器、事件管理器和ghost管理器拥有最高的优先级。一旦流管理器决定发送哪些数据，数据包将会分派给连接管理器。接着，高层管理器将会通过流管理器的投递状态得到通知。

因为流管理器所执行的设置间隔和数据包大小的不同，一个数据包中很有可能包含不同类型的数据。例如，一个数据包可能同时包含来自移动管理器、事件管理器和ghost管理器的数据。

1.2.4 事件管理器

事件管理器（event manager）维持一个由游戏模拟层产生的事件队列。这些事件可以看作是**远程过程调用**（remote procedure call，RPC）的一种简单形式，RPC是可以在远程计算机上执行的程序。我们将在第5章中讨论远程过程调用。

例如，当玩家发起攻击时，引发一个"玩家发起攻击"事件，该事件将被发送到事件管理器。该事件接着被发送到服务器，服务器确认和执行攻击。事件管理器负责将这些事件按照优先次序排列，它会给尽可能多的事件分配最高的优先级，直到满足下面的任意一个条件：数据包已满，事件队列为空，或者此刻有太多的活跃事件。

事件管理器也会追踪每一个被标记为可靠数据的传输记录。用这种方法，事件管理器很容易实现可靠性。如果可靠记录没有被确认，那么事件管理器重新将该事件放入事件队列中，重新传输一次。当然，也有很多标记为不可靠的数据，对于这些数据，则不需要追踪它们的传输记录。

1.2.5 ghost管理器

ghost管理器也许是在支持128个玩家方面最重要的系统。从一个较高的层次来讲，ghost管理器的工作是复制被认为与指定客户端相关的动态对象。

换句话说，服务器给客户端发送关于动态对象的信息，但是仅仅是服务器认为客户端需要知道的对象。游戏模拟层负责决定客户端必须知道什么以及最好知道什么。这赋予了游戏对象一个固有的优先级："必须知道"的对象优先级最高，"最好知道"的对象优先级较低。为了决定一个对象是否与特定客户端有关，有许多不同的方法可以使用。第9章中将介绍其中的一些方法。总之，确定对象的相关性与游戏本身非常相关。

不管相关对象的集合是如何计算出来的，ghost管理器的任务是从服务器向客户端传输尽可能多的相关对象的状态。ghost管理器来保证最近的数据总是能成功地传输到所有的客户端，对于系统来讲是非常重要的。原因是这里游戏对象的信息通常包括健康状况、武器、弹药数量等，对于这些信息来说，只有最近的信息才是有用的。

当一个对象成为**相关对象**（或在范围内）时，ghost管理器将给该对象赋予一些信息，这里称为ghost**记录**。该记录包括唯一的ID、状态掩码、优先级、状态变换（是否该对象已经被标记为在范围内或范围外）。

对于ghost状态的传输，对象的优先级首先由状态变换决定，其次由优先级决定。一旦ghost管理器决定了要传输哪些对象，它们的数据将会被添加到出站数据包中，添加的方法与第5章中介绍的方法类似。

1.2.6 移动管理器

移动管理器的任务是尽快传输玩家的移动数据。如果您曾经玩过快节奏的多人游戏，您可能会体会到精确的移动信息是多么重要。如果一个玩家的位置信息到达晚了，这可能导致其他玩家击中的是该玩家之前的位置，而不是现在的位置，会产生很不好的游戏体验。就玩家而言，快速的移动更新对于减轻对延时的感知是一种重要的方法。

赋予移动管理器较高优先级的另外一个原因是输入数据的捕捉速度是30FPS，意思是每秒钟可以读取输入数据30次，所以最近的数据应该尽快发送出去。更高的优先级意味着，当移动数据可用时，流管理器总是首先给出站数据包添加所有的移动管理器数据。每一个客户端负责传输他们的移动信息到服务器。之后服务器在游戏模拟中使用这些移动信息，然后通知客户端这些移动信息的接收情况。

1.2.7 其他系统

《星际围攻：部落》网络模型还有一些其他系统，不过这些系统并不是游戏总体设计的关键部分。例如，数据块管理器处理本质上静态的游戏对象的传输，与 ghost 系统所处理的动态对象不同。这好比一个静态工具（如炮塔），该对象不会移动，但是它在与玩家交互方面是有用的。

1.3　帝国时代

与《星际围攻：部落》一样，即时战略（real-time strategy，RTS）游戏《帝国时代》（*Age of Empires*）也是在20世纪90年代末发布的。也就是说《帝国时代》同样面临拨号网络中带宽和延时的限制。《帝国时代》使用了一个**确定性锁步**（deterministic lockstep）网络模型。在这个模型中，所有的计算机相互连接，即这个模型是对等网络模型。每个节点都同时运行一个有保证的确定性游戏模拟。锁步是因为节点之间使用通信机制来确保游戏过程中保持同步。与《星际围攻：部落》一样，即使确定性锁步网络模型已经存在了很多年，它仍然在现代即时战略游戏中广泛使用。本书中创建的另外一个游戏案例 *RoboCat RTS* 实现的就是确定性锁步网络模型。

为即时战略（RTS）游戏实现网络多人模式与第一人称射击（FPS）游戏的一个最大不同是相关节点的数量。在《星际围攻：部落》中，即使有多达128个玩家，但是在任何特定的时间点，与某一个客户端相关的玩家只有一小部分。这意味着《星际围攻：部落》中的 ghost 管理器很少需要一次发送多于二三十个 ghost。

即时战略游戏，例如《帝国时代》，正好与此相反。尽管玩家的数量小得多（在最初版本中限制最多8个玩家同时在线），但是每一个玩家可以控制大量的游戏单元。最初版本的《帝国时代》限制每个玩家控制的单元数为50，之后增加到200。使用50的限制意味着，在一个大型的8个玩家的战争中，可能同时会有多达400个活跃单元。虽然很自然地想到，如果有某种相关性系统可以减少需要同步的单元，但是还是有必要考虑最坏的情况。假设在战争结束的时候给8个玩家的所有军队做一个特写，将会怎么样？这种情况下，将同时有几百个相关单元。即使每个单元发送很少的信息，依然很难保持同步。

为了解决这个问题，《帝国时代》的工程师决定同步每个玩家的命令，而不是同步单元。在实现过程中一个微妙而重要的区别是，即使是专业的即时战略游戏玩家，每分钟也不可能发出多于300条命令。也就是说即使在极端情况下，游戏每秒钟为每个玩家只需要传输几条命令。相比于在几百个单元之间传输信息来说，对带宽的需求更加可控。然而，因为游戏不再在网络中传输单元信息，游戏的每一个实例需要独立地执行每个玩家发出的命令。因为每个游戏实例执行独立的模拟，那么极为重要的是，每个游戏实例需要与其他游戏实例保持同步。这是在实现确定性锁步网络模型中最大的挑战。

1.3.1 轮班计时器

因为每一个游戏实例都执行独立的模拟，所以使用点对点的拓扑结构是有意义的。正如在第6章中所讨论的，对等网络模型的优点是数据可以更快速地到达每一台计算机，因为不需要服务器作为中间人。但是，缺点是每个玩家需要向其他所有玩家发送信息，而不仅仅是一台服务器。例如，如果玩家A发出攻击命令，那么每一个游戏实例都需要被通知到这条攻击命令，否则它们的模拟结果就会不一致。

但是，还有另外一个关键因素需要考虑。不同的玩家运行游戏采用不同的帧速率，同时不同玩家的网络连接质量也不一样。回到刚刚那个例子，玩家A发出攻击命令，但是玩家A没有马上执行这个攻击命令。而是在玩家B、C和D同时准备好执行命令的时候，玩家A才执行攻击命令。这引入了一个难题：如果玩家A的游戏等待执行攻击命令的时间过长，那么游戏看起来响应相当迟缓。

解决这个问题的方法是引入一个**轮班计时器**，将命令存储在一个队列中。在轮班计时器方法中，首先选择轮班的长度，《帝国时代》中默认的时长是200毫秒。200毫秒之内的所有命令存储在一个缓冲区中。当200毫秒结束时，这个玩家的所有命令将通过网络传输给其他所有玩家。这个系统的另一个关键点是两个轮班之间的执行延迟。意思是，例如一个玩家在50轮发出的命令直到52轮时才被执行。在200毫秒轮班计时器的情况下，这意味着输入延迟，即从一个玩家发出命令到其作用在屏幕上，可能需要高达600毫秒。然而，这两轮的宽限为其他玩家接收和确认某一轮的指令提供了充足的时间。对于即时战略游戏来说，使用轮班机制看起来有点违反直觉，但是在许多不同的即时战略游戏中，包括《星际争霸II》（*StarCraft II*），您都会看到轮班计时器方法的痕迹。当然，现代游戏有了时间更短的轮班计时器，因为对于大部分用户来说，今天的带宽和延迟状况与20世纪90年代末相比好很多。

在轮班计时器方法中，有一个非常重要的边界情况需要考虑。如果其中一个玩家经历了一个滞后尖峰，导致所有玩家跟不上200毫秒计时器，怎么办？一些游戏可能暂时停止模拟，来看是否可以解决滞后尖峰问题。最后，如果他继续减缓其他玩家的游戏速度，可能会被强行退出。《帝国时代》也试图通过基于网络情况动态调整渲染帧率的方法来弥补这一情况，这样连接在一个非常慢的网络中的计算机可以为网络数据接收分配更多的时间，而花更少的时间来渲染图像。对于动态轮班调整的更多细节，请参考本章最后列出的Bettner和Terrano的文章。

传输由客户端发出的命令还有一个好处。这种方法只需要很少的额外内存和工作来保存在整个比赛过程中发出的命令。这使得实现可保存的比赛重播成为可能，例如在《帝国时代II》（*Age of Empires II*）中所展现的。在即时战略游戏中，重播功能非常流行，因为它使得玩家可以重新评估比赛来对战略获得更深入的理解。而在传输单元信息而不是命令的方法中，则需要非常多的内存和开支来实现重播功能。

1.3.2 同步

仅仅使用轮班计时器方法不能保证节点之间的同步。因为每台计算机都是独立地接收和处理命令，至关重要的一点是，每台计算机的结果都是一样的。Bettner和Terrano在他们的文章中写道："发现不同步错误的困难在于非常微妙的差异随着时间的推移会累加。当随机地图刚刚创建的时候，一只鹿的方位有轻微偏离，其觅食路径也有细微差别。几分钟之后，一个猎鹿的村民可能会轻微偏离方向，也可能没有猎中目标，一无所获回到家中。"

一个具体的例子是：大部分游戏有一些随机性的行为。例如，为了确定一个弓箭手是否击中一个步兵，如果游戏执行一个随机检查，将会怎么样？很可能玩家A的实例判断弓箭手击中了步兵，然而玩家B的实例判断弓箭手没有击中步兵。解决这个问题的办法是利用**伪随机数生成器**（pseudo-random number generator，PRNG）的这个"伪"字。因为所有的伪随机数生成器都使用某个特定的随机种子，所以保证玩家A和B得到的随机结果一样的方法是同步所有游戏实例的种子值。需要注意的是，一个种子仅仅保证得到一个特定的数字序列。所以每个游戏实例不仅要使用相同的种子，而且调用伪随机数生成器的次数也要一样，不然伪随机数生成器的数字将变得不同步。第6章将详细地阐述点对点配置中的伪随机数生成器同步。

检查同步的另一个隐含的优点是减少了玩家作弊的机会。例如，如果一个玩家额外给自己500个资源，那么其他的游戏实例能够立刻检测到游戏状态的不同步，然后将这个玩家踢出游戏。然而，与任何系统一样，存在一个取舍：每个游戏实例都模拟游戏中的每个单元，这就是说很可能通过作弊得到原本不可见的信息。这意味着能展示整个地图的所谓"地图作弊"在绝大多数即时战略游戏中仍然是一个常见的问题。这个问题和其他的安全问题将在第10章中讨论。

1.4 总结

网络多人游戏历史悠久。最早起源于在大型机网络系统上运行的游戏，例如运行在柏拉图网络上的《帝国》(*Empire*, 1973)。之后，这些游戏扩展到基于文本的多用户网络游戏。这些多用户网络游戏又扩展到电子布告栏系统，允许用户通过电话线拨号接入。

在20世纪90年代初期，以《毁灭战士》(*Doom*, 1993) 为首的局域网游戏在游戏产业中掀起了一阵风潮。这些游戏允许玩家在局域网内连接多台计算机，这些玩家可以是同伴也可以是敌人。随着20世纪90年代末互联网的爆发，在线游戏流行起来，例如《虚幻》(*Unreal*, 1998)。21世纪早期，在线游戏开始在游戏主机中出现。在线游戏中的一种是大规模多人在线游戏，它可以在同一个游戏会话中支持成百上千个玩家。

《星际围攻：部落》(*Starsiege: Tribes*, 1998) 实现了一个网络架构，现代动作游戏仍然在沿用。它使用的是客户端-服务器模型，游戏中的每个玩家都连接到协调游戏的服务器上。在最底层，平台数据包模块将通过网络发送数据包这一过程抽象化。接着，连接管理器维持玩家和服务器之间的连接，并提供投递状态通知。流管理器从高层管理器（包括事件管理器、ghost管理器和移动管理器）获得数据，根据优先级，添加这些数据到待发送的数据包中。事件管理器保证重要的事件，例如"玩家开枪"，被相关的游戏部分接收。ghost管理器处理发送被认为与指定客户端相关的动态对象更新。移动管理器为每个玩家发送最近的移动信息。

《帝国时代》(*Age of Empires*, 1997) 实现了一个确定性锁步模型。游戏中的所有计算机以点对点的方式彼此连接。游戏并不将每个游戏单元的信息发送到网络中，而是发送命令。这些命令在每个机器节点上被独立评估。为了保证这些节点是同步的，使用轮班计时器来保存一段时间内的命令，随后再发送到网络。这些命令直到两轮之后再执行，这给每个节点足够的时间发送和接收命令。此外，重要的是，每一个节点运行一个确定性模拟，这意味着，比如说，需要同步伪随机数生成器。

1.5 复习题

1. 本地多人游戏和网络多人游戏的区别是什么？
2. 本地网络连接的3种不同类型是什么？

3．将网络游戏的运行从局域网转换到互联网的主要考虑是什么？

4．MUD是什么？它发展为什么类型的游戏？

5．MMO与标准在线游戏的区别是什么？

6．在《星际围攻：部落》模型中，哪个系统来提供可靠性？

7．描述一下，当数据包丢失时，《星际围攻：部落》网络模型中的ghost管理器如何重建最小必要的传输。

8．在《帝国时代》的点对点模型中，轮班计时器的目的是什么？每个节点传送什么信息到其他节点？

1.6　延伸的阅读资料

Bettner, Paul and Mark Terrano. "1500 Archers on a 28.8: Network Programming in Age of Empires and Beyond." Presented at the Game Developer's Conference, San Francisco, CA, 2001.

Frohnmayer, Mark and Tim Gift. "The Tribes Engine Networking Model." Presented at the Game Developer's Conference, San Francisco, CA, 2001.

Koster, Raph. "Online World Timeline." *Raph Koster's Website*. Last modified February 20, 2002.

Kushner, David. *Masters of Doom: How Two Guys Created an Empire and Transformed Pop Culture*. New York: Random House, 2003.

Morningstar, Chip and F. Randall Farmer. "The Lessons of Lucasfilm's Habitat." *In Cyberspace: First Steps*, edited by Michael Benedikt, 273-301. Cambridge: MIT Press, 1991.

Wasserman, Ken and Tim Stryker. "Multimachine Games." *Byte Magazine*, December 1980, 24-40.

第2章 互联网

本章简要叙述TCP/IP协议族和相关协议、互联网通信标准，就其中与多人游戏编程最相关的部分做了深入讨论。

2.1 起源：分组交换

今天我们所知道的互联网与1969年年底出现的四节点网络相去甚远。最初的网络是由美国高级研究计划署开发的，被称为"阿帕网"（ARPANET），用于帮助世界各地的科学家们访问地理上集中或分离的强大计算集群。

阿帕网使用了一项新发明的技术来实现这个目的，这个技术称为**分组交换**。在分组交换出现之前，长距离系统间传输信息通过一种称为电路交换的过程实现。使用电路交换的系统通过一个连续的电路发送数据，这个连续的电路由许多短电路拼接而成，在信息传输过程中，该电路要始终保持连通。例如，纽约向洛杉矶发送大量的数据，如电话通话，电路交换系统要将许多中间城市的短线路连接成一个连续的电路，在发送完所有信息之前，该电路始终保持连通。在这个例子中，可能使用到的线路包括纽约到芝加哥，芝加哥到丹佛，丹佛到洛杉矶。事实上，这些线路本身也是由距离更近的城市间较短的专用线路连接起来的。在信息传输完成，也就是通话结束之前，该线路始终被占用。之后，系统再将这些线路分配给其他信息传输使用。这为信息传输提供了非常高质量的服务。然而，它限制了这些线路用于最合适的地方，因为这些专用线路一个时刻只能用于一个目的，如图2.1所示。

然而，分组交换取消了电路一个时刻专用于一个传输的限制，提供更高的可用性。它的实现是将传输的信息拆分为小块，称为分组（数据包），基于一种叫作存储转发的技术将它们发送到共享的线路中。网络中的每个节点通过线路与其他节点相连，该线路可以在节点之间传输分组。每个节点存储到来的分组，然后转发给距离目的地更近的节点。例如，从纽约到洛杉矶的电话通话传输中，将通话数据拆分成较小的分组。将它们从纽约发送到芝加哥。当芝加哥节点收到一个分组，检查分组的目的地后，决定将该分组转发给丹佛节点。重复这个过程直到分组抵达洛杉矶，抵达接收者的电话。与电路交换最大的不同是其他的电话通话也可以在同一时间使用相同的线路。从纽约到洛杉矶的其他电话通话，从波士顿到西雅图的电话通话，或者是任意两地之间的通话，都可以在同一时间使用相同的线路传输分组。如图2.2所示，线路一次可以运载来自于许多传输路线中的分组，提高了可用性。

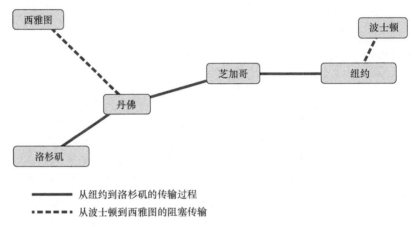

图2.1　电路交换

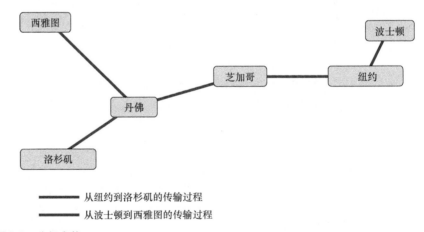

图2.2　分组交换

分组交换本身仅仅是一个概念。网络中的节点需要一个正式的协议集合来真正定义数据是如何打包成分组，又如何转发到网络中的。对于阿帕网络，BBN Report 1822中定义了这个协议集合，也被称为1822协议。经过了许多年，阿帕网不断发展，成为更大网络的一部分，这个更大网络现在被称为**互联网**。在这期间，1822协议也在演变，成为驱动今天互联网的协议。它们一起形成了一个协议集合，即**TCP/IP协议族**。

2.2 TCP/IP 模型

TCP/IP协议族是一个美丽而又可怕的事物。美丽是因为在理论上，它包含塔状的一些抽象得极好的独立层，每一层由许多交换协议支持，来履行它们支持依赖层以及正确传播数据的职责。可怕是因为这些抽象往往被协议作者以性能、可扩展性或者一些值得做但会引入更多复杂性的理由破坏。

作为多人游戏开发者，我们的工作是理解TCP/IP协议族的美和丑，从而确保游戏的功能和效率。通常我们只接触最上层，但是要有效地做到这一点，了解底层以及底层如何影响上层是非常有帮助的。

有许多参考模型来解释互联网通信中层与层之间的交互关系。RFC 1122使用四层定义了早期互联网主机的需求：链路层、IP层、传输层（传送层）和应用层。另一个开放式系统互联（open systems interconnection，OSI）模型使用七层：物理层、数据链路层、网络层、传输层、会话层、表示层和应用层。为了关注与游戏开发者最相关的事情，本书使用一个组合的五层网络模型，即物理层、链路层、网络层、传输层和应用层，如图2.3所示。每层有各自的职责，满足其上层的需求。代表性的职责包括：

* 接收上一层数据；
* 通过添加头部，有时尾部，对数据进行封装；
* 将数据转发到下一层做进一步传输；
* 接收下一层传输来的数据；
* 去掉报头，解封装传输来的数据包；
* 将数据转发到上一层做进一步的处理。

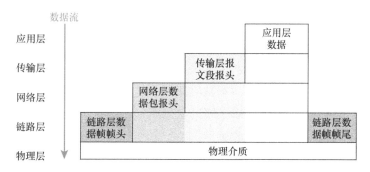

图2.3 游戏开发者眼中的TCP/IP模型

然而每层执行其职责的方式并不是在该层的定义中确定的。事实上，每层都有各种各样的协议用于执行它的职责，一些协议和TCP/IP协议族一样古老，而一些协议是刚刚创造出来的。对于熟悉面向对象编程的读者来说，可以这样来想象层和协议之间的关系：每个层次是接口，协议或者协议的集合是接口的实现。理想情况下，一个层次的实现细节是脱离于协议族上层的，但是正如前面所提到的，事实上往往不是这样。本章剩余部分简要叙述TCP/IP协议族的每个层次以及实现它们所常用的协议。

2.3　物理层

TCP/IP模型最底层是最基本的支持层，即**物理层**。物理层为网络中的计算机或主机提供物理连接。信息传输所必需的是物理介质。Cat 6双绞线、电话线、同轴电缆和光纤等物理介质都可以提供物理层所需的连接。

请注意，物理连接不一定是可触摸的。任何一部移动电话、平板电脑或者笔记本电脑都可以说明，无线电波也可以为信息传播提供一个完美的物理媒介。有一天，倘若量子缠绕技术可以提供以极快的速度进行长距离信息传输的物理媒介，到那时，它将被网络的层次模型接受为物理层的一个有效实现方式。

2.4　链路层

链路层是网络模型中真正计算机科学发挥作用的开始。它的任务是提供一种网络实体之间通信的方法。即链路层必须提供一种方法，该方法可以实现源主机封装信息、通过物理层传输信息、目的主机接收封装好的信息并从中提取所需的信息。

链路层的数据传输单元称为**帧**。实体之间通过链路层彼此发送帧数据。更具体地说，链路层的职责包括：

- 定义主机的唯一标识方法，方便帧数据对接收方进行编址；
- 定义帧的格式，包括目的地址的格式和所传输数据的格式；
- 定义帧的长短，以便确定上层每一次传输所能发送的数据大小；
- 定义一种将帧转换为电子信号的物理方法，以便数据可以通过物理层传输，并被接收方接收。

请注意帧的传输是不可靠的。有许多因素影响电子信号无差错抵达接收方。物理介质的损坏、一些电子干扰或者设备故障都有可能导致帧丢失而无法投递。链路层不做任何操作来确认帧是否抵达接收方或者保证如果帧没有抵达重新发送。因此，链路层的通信是不可靠的。任何需要可靠数据传输的上层协议都必须自己来实现这一点。

对于每种被选择作为物理层实现的物理介质，都有对应的协议或协议族来提供链路层所需的服务。例如，通过双绞线连接的主机可以使用以太网协议的一种进行通信，例如1000BASET；通过无线电波连接的主机可以使用短程无线网络协议（例如802.11g、802.11n、802.11ac）或者远程无线网络协议，例如3G或4G。表2.1列举了一些常用的物理介质和链路层协议的对应关系。

表2.1　物理介质和链路层协议的对应关系

物理介质	链路层协议
双绞线	Ethernet 10BASET, Ethernet 100BASET, Ethernet 1000BASET
双绞铜线	Ethernet over copper (EoC)
2.4GHz无线电波	802.11b, 802.11g, 802.11n
5GHz无线电波	802.11n, 802.11ac
850MHz无线电波	3G, 4G
光纤	光纤分布式数据接口（fiber distributed data interface，FDDI） Ethernet 10GBASESR，Ethernet 10GBASELR
同轴电缆	Ethernet over coax，有线电缆数据服务接口规范（data over cable service interface specification，DOCSIS）

由于链路层实现和物理层介质关系如此紧密，一些网络模型将这两层合并为一层。然而，因为一些物理介质支持的链路层协议不止一种，所以还是将它们视为两层比较好。

需要注意的是，两个远距离的主机之间的网络连接不会仅仅使用一种物理介质和一种链路层协议。正如下面要介绍的其他层一样，在传输一个数据包时可能会同时用到许多介质和链路层协议。所以，网络游戏中的数据传输也会使用到表中所列出的许多链路层协议。幸运的是，由于TCP/IP模型的抽象，链路层协议的细节大多隐藏在游戏背后。因此我们不需要探究现有链路层协议的内部工作细节。但是，有一个链路层协议族需要重点说明，该协议族既清晰地阐述了链路层的功能，同时几乎确定会以某种方式影响网络游戏编程者的工作，即**以太网**（Ethernet）。

thernet/802.3

以太网（Ethernet）不是一个协议，而是基于以太网蓝皮书的一组协议，以太网蓝皮书是由美国 DEC、Intel 和 Xerox 公司于 1980 年发布的。同时，现代的以太网协议是在 IEEE 802.3 基础上定义的。用于光纤、双绞线或者铜电缆上的以太网协议各种各样。各种类型的速度也不同：在撰写本书的时候，大部分的台式机支持吉比特以太网的速度，但是 10GB 的以太网标准已经出现并逐步流行。

为了给每台主机一个唯一标识，以太网引入了介质访问控制地址（media access control address）的概念，也就是 **MAC 地址**。MAC 地址在理论上是一个 48 比特数字，唯一分配给连接在以太网网络中的每个硬件。这个硬件通常是**网卡**（network interface controller，NIC）。最初，网卡是扩展卡。但是在过去的几十年里，随着互联网的盛行，网卡已经嵌入到大多数的主板中。当主机需要创建网络中的多个连接，或者连接到多个网络时，添加额外的网卡作为扩展卡也是很常见的。这样一台主机就有了多个 MAC 地址，每一个 MAC 地址对应一个网卡。

为了保证 MAC 地址的唯一性，网卡生产商在硬件的生产过程中就将 MAC 地址烧到了网卡中。MAC 地址中的前 24 比特叫作**组织唯一标识符**（organizationally unique identifier，OUI），是由 IEEE 给厂家分配的唯一代码。后 24 比特是由厂家自己分配的，来保证所生产的硬件是唯一标识的。这样，每一个生产的网卡都有一个硬编码，可以被寻址到的统一的唯一标识符。

MAC 地址是一个如此有用的概念，所以不仅使用在以太网中。实际上，它已经用于大多数的 IEEE 802 系列的链路层协议中，包括无线网和蓝牙。

> 注释：
> 自 MAC 地址出现以来，它已经在两个重要方面得到了发展。第一，作为真正的唯一硬件标识符，它不再可靠，现在许多网卡允许软件任意修改 MAC 地址。第二，为了解决各种各样的问题，IEEE 已经引入 64 比特 MAC 地址的概念，称为扩展的以太网接口标识符（extended unique identifier，EUI64）。必要时，通过在 OUI 的右侧插入两个字节 FFFE 将 48 比特 MAC 地址转换为 EUI64。

给每台主机分配了唯一的 MAC 地址之后，定义了以太网链路层帧的格式，如图 2.4 所示。

对于每个数据包，其**前导序列**（preamble）和**帧开始标志**（start frame delimiter，SFD）都是一样的，包含十六进制值 0x55 0x55 0x55 0x55 0x55 0x55 0x55 0xD5。它是一个二进制模式，帮助底层硬件同步和准备接收到来的帧。通常，网卡将前导序列和帧开始标志从数据包中剥离出来，剩下的字符被传递到以太网模块进行处理。

Bytes	0		4		
0-7		前导序列			帧开始标志
8-13		目的地址			
14-21		源地址			帧长度/类型域
22-...		数据（46-1500字节）			
...	帧检验序列				

图2.4 以太网的帧格式

帧开始标志后面的6个字节表示帧的接收方的MAC地址。有一种特殊的MAC地址 FF:FF:FF:FF:FF:FF 称为**广播地址**，表示同时向局域网中的所有主机都发送该帧。

帧长度/类型域（length/type）是表示帧的长度或者类型的共用的域。当表示帧长度时，它指定了帧中数据部分的字符数。当表示帧类型时，它包含了一个**以太网类型**（EtherType），唯一标识了用于解释数据的协议。当以太网模块收到帧长度/类型域，它必须确定解释它的正确方法。为了帮助解释，以太网标准规定帧内封装的报文数据最大长度为1500字节。因为这是一次传输中所能传递数据的最大容量，所以称为**最大传输单元**（maximum transmission unit，MTU）。以太网标准还定义了以太网类型的最小值是0x0600，即1536。所以，如果帧长度/类型域的取值小于等于1500，它表示帧长度；如果取值大于等于1536，它表示协议类型。

> 注释：
>
> 虽然没有统一的标准，许多现代以太网网卡支持最大传输单元大于1500字节。这些**巨型帧**（jumbo frame）的长度通常可以高达9000字节。为了支持这个长度，他们在帧头指定一种以太网类型，然后基于传入的数据同时依赖底层硬件来计算帧的大小。

数据（payload）是帧内封装的报文数据。通常这是一个网络层数据包，通过在链路层交付到适当的主机。

帧检验序列（frame check sequence，FCS）是由两个地址域、帧长度/类型域、数据域和其他填充信息生成的循环冗余检验（cyclic redundancy check，CRC32）值。这样，当以太网硬件读入数据时，它可以检查任何发生在传输中的数据损坏和帧丢失。尽管以太网是不可靠传输，但还是尽力防止错误数据的传输。

通过物理层传输以太网数据包的具体方式根据介质不同而多种多样，这不是多人游戏编程者所关心的问题。只要知道，网络中的每台主机接收帧，读取帧之后确定它是否是接收者。如果是，提取帧中的数据域，并根据帧长度/类型域的取值处理这些数据。

> 注释:
>
> 起初，大部分小型的以太网网络使用**集线器**（hub）将多台主机连接起来。一些老的网络甚至使用长距离的同轴电缆连接计算机。在这些类型的网络中，以太网数据包的电子信号被发送到网络中的每台主机，由主机来决定该数据包是否发往自己。当网络规模增大时，这种方法已经失效。随着硬件成本的下降，大部分现代的网络使用**交换机**（switch）连接主机。交换机会记录连接在它们上面的主机的 MAC 地址，有时是 IP 地址，所以大部分的数据包可以尽可能地选择最短的路径到达接收方，而不需要访问网络中的每台主机。

2.5　网络层

链路层提供了将数据从一台可寻址的主机发送到另外一台或多台同样可寻址的主机的一种清晰的方式。因此，您可能不清楚为什么 TCP/IP 模型还需要更多的层次。这是因为链路层有许多不足需要上层来弥补：

- 烧在硬件中的 MAC 地址限制了硬件的灵活性。想象一下，您有一个非常受欢迎的网站，每天有成千上万的用户通过以太网访问。如果你只使用链路层，查询服务器将需要通过以太网网卡的 MAC 地址。突然有一天，网卡烧坏了。当您更换一个新网卡时，它将有一个不同的 MAC 地址，因此您的服务器将接收不到任何的用户请求。很显然，需要一个基于 MAC 地址之上的可轻松配置的地址系统。

- 链路层不支持将互联网划分成更小的局域网络。如果整个互联网仅仅基于链路层运行，那么所有计算机必须连接在一个连通的网络中。记住，以太网将每个帧传递给网络中的每台主机，由主机来决定其是否是接收者。如果互联网仅仅使用以太网进行通信，那么每个帧将到达互联网中的每台主机。这么大规模的数据包将导致整个网络瘫痪。同时，链路层不能将不同的网络区域划分成安全区域。有时以下操作往往是很必要的：仅在办公室的主机中广播一条消息，或者仅在一个房子中的不同计算机上分享文件。只使用链路层是做不到这一点的。

- 链路层不支持使用不同的链路层协议进行主机之间的通信。允许多个物理层和链路层协议背后的基本思想是不同网络可以因其各自特定的任务选择最好的实现方式。然而，链路层协议没有定义从一个链路层协议到另一个链路层协议的通信方法。这再一次说明我们需要在链路层硬件地址之上的一个地址系统。

网络层的任务是在链路层基础上提供一套逻辑地址的基础设施。这样，主机硬件可以很容易地更换，主机群可以划分为子网，在两个遥远的子网中的主机可以使用不同的链路层协议和物理介质相互发送信息。

2.5.1　IPv4

今天，实现网络层需求最常用的协议是**互联网协议第四版**（Internet protocol version 4，IPv4）。IPv4定义了一个为每台主机单独标识的逻辑寻址系统，一个定义地址空间的逻辑分段作为物理子网的子网系统，一个在子网之间转发数据的路由系统。

2.5.1.1　IP地址和数据包结构

IPv4的核心是IP地址。IPv4的IP地址是32比特数字，通常以英文句号分隔的4个8比特数字的形式展示。例如www.usc.edu的IP地址是128.125.253.146，www.mit.edu的IP地址是23.193.142.184。这里英文句号读作"点（dot）"。互联网上的每台主机都有唯一的IP地址之后，发送方要想将数据包投递给接收方，只需在数据包的包头中指定接收方的IP地址即可。但是IP地址的唯一性有一个例外，我们将在后面的章节"网络地址转换"中解释。

IP地址定义之后，IPv4进而定义了IPv4数据包的结构。IPv4数据包括包头和数据，包头由实现网络层功能所必需的数据组成，数据包括所需要传输的上层数据。图2.5展示了一个IPv4数据包的结构。

Bits	0			16	
0–31	版本号	IP包头长度	服务类型	IP包总长	
32–63	标识符			标记	片偏移
64–95	生存时间		协议	头部检验和	
96–127	源地址				
128–159	目标地址				
160–...	可选项				

图2.5　IPv4数据包结构

版本号（Version）：长度4比特，标识目前采用的IP协议的版本号。对于IPv4，该取值为4。

IP数据包的包头长度（Header length）：长度4比特，描述IP包头的长度，以32比特（4个字节）为单位。因为在IP数据包的包头中有变长的可选部分，所以IP数据包的包头长度是可变的。IP数据包的包头长度字段明确标识了包头到哪里结束，封装的数据从哪里开始。因为该域的长度是 4 比特，所以其最大值为 15，意思是包头的长度最长是 15 个 32 比特字，即 60 个字节。因为包头有 20 个字节的必需信息，所以该字段的最小取值是 5。

服务类型（Type of service）：长度 8 比特，用于从拥塞控制到差异化服务识别的各种目的。更多的内容请参考本章最后列出的 RFC 2474 和 RFC 3168。

IP 数据包的包总长（Total length）：长度 16 比特，以字节为单位计算的 IP 数据包的长度，包括头部和数据。因为 16 比特所能标识的最大数是 65535，所以 IP 数据包的最大长度是 65535 字节。因为 IP 数据包的包头至少是 20 个字节，所以 IPv4 数据包中的数据部分最大长度为 65515 字节。

片标识符（Fragment identification，16 比特）、**片标记**（Fragment flag，3 比特）和**片偏移**（Fragment offset，13 比特）：用于重组分片数据包，将在后面的章节“分片”中解释。

生存时间（Time to live，TTL）：长度 8 比特，用于限制数据包转发的次数，将在后面的章节“子网和间接路由”中解释。

协议（Protocol）：长度 8 比特，标识用于解释数据内容所使用的协议。类似以太网帧中的以太网类型域（EtherType），用于解释上层封装数据。

头部检验和（Header checksum）：长度 16 比特，用于 IPv4 头部的正确性检测。注意，这仅仅针对头部数据，数据部分如果需要确保完整性，则交由上层来保证。通常，这不是必须的，因为许多链路层协议已经包含一个帧的正确性检验，例如以太网帧头的帧检验序列（FCS）。

源地址（Source address）：长度 32 比特，是数据包发送方的 IP 地址。**目标地址**（Destination address）：长度 32 比特，既可以是数据包接收方的 IP 地址，也可以是发送给多台主机的特殊地址。

> 注释：
> 有一个令人困惑的地方：IP 数据包的包头长度的单位是 32 比特，而 IP 数据包总长的单位是 8 比特。这说明节约带宽是多么重要。因为所有的数据包头长度都是 4 个字节的整数倍，它们的字节长度都能被 4 整除，所以字节长度的后两个比特永远是 0。这样指定 IP 数据包的包头长度的单位是 32 比特可以节省两个比特。尽可能节约带宽是多人游戏编程的黄金法则。

2.5.1.2　直连路由和地址解析协议

为了理解 IPv4 是如何在不同链路层协议的网络中传输数据包的，首先需要理解它如何在使用一种链路层协议的网络中传输数据包。IPv4 允许数据包的目标地址是IP地址。而使用链路层发送数据包时,帧中包含的是链路层能够理解的地址。考虑图2.6所示的网络,主机A如何向主机B发送数据。

图2.6　三台主机的网络

图2.6所示的网络中包含连接在以太网中的三台主机,每台主机有一个网卡。主机A想要给IP地址为18.19.0.2的主机B发送一个网络层数据包。主机A准备了一个包含源IP地址为18.19.0.1和目标IP地址为18.19.0.2的IPv4数据包。理论上,网络层接着将数据包交付给链路层进行实际的传输。不幸的是,以太网模块不能处理一个只包含IP地址的数据包,因为IP是网络层的概念。链路层需要一些方法来找出IP地址18.19.0.2所对应的MAC地址。幸运的是,有一个链路层协议提供了这样一种方法,即**地址解析协议**(address resolution protocol,ARP)。

注释:

ARP在技术上是一个链路层协议,因为它直接使用链路层的地址形式发送数据包,而不需要网络层提供的路由。然而,由于该协议包括了网络层的IP地址进而破坏了网络层的抽象,所以可以将其视为两层之间的桥梁,而不仅仅是一个链路层协议。

ARP包含两部分:用于查询IP地址所对应MAC地址的报文结构和记录它们之间映射关系的对应表。表2.2展示了一个ARP对应表的示例。

表2.2　从IP地址到MAC地址映射的ARP对应表

IP地址	MAC地址
18.19.0.1	01:01:01:00:00:10
18.19.0.3	01:01:01:00:00:30

当网络层需要使用链路层向一台主机发送数据包时,首先查询ARP对应表获取目标IP地址所对应的MAC地址。如果在对应表中找到了MAC地址,那么IP模块使用该MAC地址构造一个链路层帧,将该帧发送给链路层实现传输。但是,如果表中没有找到映射,那么ARP模块通过给链路层网络中所有可达的主机发送ARP报文(如图2.7所示),来获得对应的MAC地址。

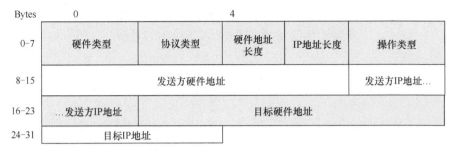

图2.7 ARP报文格式

硬件类型（Hardware type）：长度16比特，指明了链路层所使用的硬件接口类型，以太网的取值为1；

协议类型（Protocol type）：长度16比特，指明了正在使用的网络层协议所对应的以太网类型（EtherType）值。例如IPv4为0x0800。

硬件地址长度（Hardware address length）：长度8比特，指明了以字节为单位的链路层硬件地址长度。在大部分情况下，该取值为MAC地址的长度，即6个字节。

IP地址长度（Protocol address length）：长度8比特，指明了以字节为单位的网络层协议逻辑地址长度。对于IPv4，该取值为IP地址的长度，即4个字节。

操作类型（Operation）：长度16比特，取值是1或者2，表示报文是信息请求还是响应。

发送方硬件地址（Sender hardware address）：长度可变，是报文发送方的硬件地址。**发送方IP地址**（Sender protocol address）：长度可变，是报文发送方的网络层地址。这些地址的长度要与报文前面指定的长度一致。

目标硬件地址（Target hardware address）和**目标IP地址**（Target protocol address）：均为长度可变，分别是报文接收方的硬件地址和IP地址。如果报文类型是请求，那么目标硬件地址是未知的，被接收方忽略。

继续之前的例子，如果主机A不知道主机B的MAC地址，那么它准备的ARP请求报文的操作类型为1，发送方IP地址为18.19.0.1，发送方硬件地址为01:01:01:00:00:10，目标IP地址为18.19.0.2。然后将该ARP报文封装为一个以太网帧，发送到以太网广播地址FF:FF:FF:FF:FF:FF。回想一下，这个地址的意思是将以太网帧发送到网络中的每台主机。

当主机C收到此报文，由于它的IP地址与报文中的目标IP地址不符，所以它不做响应。但是，当主机B收到此报文，它的IP地址与报文中的目标IP地址一致，它将准备一个自己的ARP报文作为响应，该报文中的发送方地址是它自己，目标地址是主机A。当主机A收到该报文，主机A将主机B的MAC地址信息更新到ARP对应表中，然后将这个等待的IP数据包封装为以太网帧，发送给主机B的MAC地址。

注释：

当主机A向互联网上的所有主机广播它的初始ARP请求时，该请求包含主机A的MAC地址和IP地址。这给了网络上其他所有主机将主机A的信息更新到ARP对应表的机会，即使它们当前不需要该信息。这样做使它们和主机A的通信变得方便，因为之后不需要发送ARP请求报文了。

您可能会注意到，这个系统存在一个有趣的安全漏洞！一台恶意主机可以向所有IP地址发送ARP报文。如果没有一种方法来验证ARP信息的真实性，路由器可能无意中将本属于一台主机的数据包错误地发送给恶意主机。这不仅允许了嗅探数据包，还可能造成被窃取的数据包无法到达原本的目的主机，彻底扰乱了互联网的正常秩序。

2.5.1.3　子网和间接路由

假设有两家大公司Alpha公司和Bravo公司。每个公司都有它们自己的大型内部网络，分别是Alpha网络和Bravo网络。Alpha网络包含100台主机，主机A1到A100。Bravo网络也包含100台主机，主机B1到B100。两个公司希望它们的网络可以互联，以便相互发送消息，但是直接将它们的网络用链路层以太网电缆连接起来会带来一些问题。因为每一个以太网数据包都必须发送给互联网上的每台主机，那么如果Alpha网络和Bravo网络在链路层相连，会导致每个以太网数据包将发送给200台主机，而不是100台，导致整个互联网流量增加一倍。同时存在安全风险，Alpha网络的所有数据包都会发送给Bravo网络，而不仅仅只是需要发送给Bravo网络的数据包。

为了让Alpha公司和Bravo公司的网络有效互联，网络层引入了一种在链路层并不直接相连的主机间路由数据包的机制。事实上，互联网本身的设计初衷就是通过长距离线缆连接遍布全国的小型网络。互联网的前缀"inter"意思是"between（之间）"，就表示这些长距离连接。网络层的任务就是使网络之间的这种交互成为可能。图2.8展示了Alpha网络和Bravo网络之间的网络层连接。

主机R是一台特殊的主机，称为**路由器**。一个路由器有多个网卡，每个网卡有它自己的IP地址。在这个例子中，一个网卡连接Alpha网络，另一个网卡连接Bravo网络。注意，Alpha网络的所有IP地址的前缀都是18.19.100，Bravo网络的所有IP地址的前缀都是18.19.200。为了理解这为什么有助

于我们的实现目标，需要更详细地介绍子网。我们首先定义子网掩码
（subnet mask）的概念。

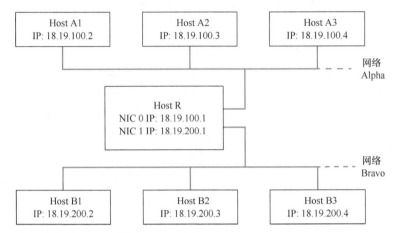

图2.8　相互连接的Alpha网络和Bravo网络

子网掩码（subnet mask）是一个32比特数，通常写成以英文句号分隔的4
个8比特数字，与IP地址的表示方法一样。如果主机的IP地址与子网掩码
做按位与运算得到的结果相同，那么这些主机在同一个子网中。例如，一
个子网的掩码是255.255.255.0，那么18.19.100.1和18.19.100.2都是这个子
网的有效IP地址（如表2.3所示）。但是18.19.200.1不在这个子网中，因为
它与子网掩码做按位与运算后得到的结果不同。

表2.3　P地址和子网掩码

主机	IP地址	子网掩码	IP地址与子网掩码按位与运算结果
A1	18.19.100.1	255.255.255.0	18.19.100.0
A2	18.19.100.2	255.255.255.0	18.19.100.0
B1	18.19.200.1	255.255.255.0	18.19.200.0

以二进制形式表示，子网掩码由1和0组成，且1和0分别连续，左边是1，
右边是0，这样易读，而且便于二进制运算。表2.4中列举了一些典型的
子网掩码和这些子网的主机数目。注意子网中有两个地址是保留的，不
被其他主机使用。一个是**网络地址**，子网中任意的IP地址与子网掩码按
位与操作的结果。另一个是**广播地址**，由子网掩码按位非操作的结果与
网络地址按位或运算得到，即网络地址中不能定义子网的二进制位都设
置为1。标记为广播地址的数据包应该被发送到子网中的每台主机。

表2.4 子网掩码举例

子网掩码	二进制形式的子网掩码	有效位数	主机数目最大值
255.255.255.248	11111111111111111111111111111000	29	6
255.255.255.192	11111111111111111111111111000000	26	62
255.255.255.0	11111111111111111111111100000000	24	254
255.255.0.0	11111111111111110000000000000000	16	65534
255.0.0.0	11111111000000000000000000000000	8	16777214

根据定义,子网是IP地址与子网掩码做按位与运算后结果相同的一群主机,所以子网可以通过子网掩码和网络地址定义。例如,Alpha网络的子网定义为网络地址为18.19.100.0,子网掩码为255.255.255.0。

有一种常见的方法来简化这些信息,称为**无类别域间路由**(classless inter-domain routing,CIDR)。二进制形式的子网掩码由n个1加($32-n$)个0组成。因此,子网可以表示为它的网络地址,后跟一个斜杠,接着是子网掩码的有效位数。例如,图2.8中Alpha网络的子网写成CIDR的形式是18.19.100.0/24。

> 注释:
> CIDR中的术语"无类别"出自这样一个事实:域间路由和地址块分配曾经基于三类特殊大小的子网。A类网络的子网掩码是255.0.0.0,B类网络的子网掩码是255.255.0.0,C类网络的子网掩码是255.255.255.0。对于更多CIDR的演变说明,请参考本章最后列出的RFC 1518。

子网定义之后,IPv4规范提供了一种在不同网络的主机之间传输数据包的方法。实现该方法的关键是每台主机IP模块中的**路由表**(routing table)。具体来说,当一台主机的IPv4模块向另一台远程主机发送数据包时,首先决定是使用ARP表及直连路由,还是使用间接路由。为了辅助这个过程,每个IPv4模块包含一个路由表。对于每一个可达的目标子网,路由表包含一行信息,内容是如何将数据包发送到这个子网。对于图2.8的网络,主机A1、B1和R的路由表如表2.5、表2.6和表2.7所示。

路由表中,目标子网指的是包含目标IP地址的子网,网关是指在当前子网通过链路层发送数据包的下一台主机的IP地址,要求这台主机可以通过直达路由可达。如果网关域为空,表示整个目标子网是可以通过直达路由可达的,数据包可以直接通过链路层发送。最后,网卡指的是转发数据包的网卡。通过这个机制,数据包可以通过一个链路层网络接收,再转发到另一个链路层网络。

表2.5　主机A1的路由表

行数	目标子网	网关	网卡
1	18.19.100.0/24		NIC 0 (18.19.100.2)
2	18.19.200.0/24	18.19.100.1	NIC 0 (18.19.100.2)

表2.6　主机B1的路由表

行数	目标子网	网关	网卡
1	18.19.200.0/24		NIC 0 (18.19.200.2)
2	18.19.100.0/24	18.19.200.1	NIC 0 (18.19.200.2)

表2.7　主机R的路由表

行数	目标子网	网关	网卡
1	18.19.100.0/24		NIC 0 (18.19.100.1)
2	18.19.200.0/24		NIC 1 (18.19.200.1)

当IP地址为18.19.100.2的主机A1发送数据包给IP地址为18.19.200.2的主机B1，将发生下面的过程：

1．主机A1创建一个IP数据包，其源地址是18.19.100.2，目标地址是18.19.200.2。

2．主机A1的IP模块从上到下查找路由表的每一行，直到找到目标子网中包含IP地址为18.19.200.2的第一行。在这个例子中是第二行。注意路由表中行的顺序很重要，因为可能多行对应一个地址。

3．第二行的网关是18.19.100.1，所以主机A1使用地址解析协议（ARP）和它的以太网模块将数据包封装为以太网帧，然后将它发送到IP地址18.19.100.1对应的MAC地址，也就是发送到主机R。

4．主机R的以太网模块的网卡是0，IP地址是18.19.100.1，收到这个帧，发现其数据部分是一个IP数据包，所以将其传递给IP模块。

5．主机R的IP模块发现这个数据包的地址是18.19.200.2，所以试图将该数据包转发给18.19.200.2。

6．主机R的IP模块查找路由表，直到找到目标子网中包含IP地址为18.19.200.2的第一行。在这个例子中是第二行。

7．第二行网关域为空，意味着这个子网是直达路由。然而，网卡列表明18.19.200.1的IP地址使用的是网卡1。这是连接到Bravo网络的网卡。

8．主机R的IP模块将数据包发送给主机R网卡1的以太网模块。它使用地址解析协议（ARP）和以太网模块将数据包封装为以太网帧，然后将它发送到IP地址18.19.200.2对应的MAC地址。

9．主机B1的以太网模块收到这个帧，发现其数据部分是一个IP数据包，所以将其传递给IP模块。

10．主机B1的IP模块发现其目标IP地址是自己，发送数据部分到上层做进一步处理。

这个例子表明两个精心配置的网络如何通过间接路由进行通信，但是这些网络如何将数据包发送到互联网的其他网络呢？在这种情况下，他们首先需要从**互联网服务提供商**（internet service provider，ISP）获得一个有效的IP地址和网关。对于我们的目标，假设ISP分配给他们一个IP地址18.181.0.29和一个网关18.181.0.1。那么网络管理员必须在主机R上安装一个额外的网卡，使用这个分配的IP地址进行配置。最后，更新主机R和网络中所有主机的路由表。图2.9展示了这个新的网络配置，表2.8、表2.9和表2.10展示了修改后的路由表。

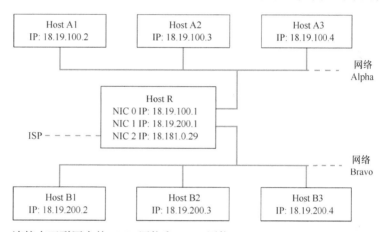

图2.9 连接在互联网上的Alpha网络和Bravo网络

表2.8　与互联网接入的主机A1的路由表

行数	目标子网	网关	网卡
1	18.19.100.0/24		NIC 0 (18.19.100.2)
2	18.19.200.0/24	18.19.100.1	NIC 0 (18.19.100.2)
3	0.0.0.0/0	18.19.100.1	NIC 0 (18.19.100.2)

表2.9　与互联网接入的主机B1的路由表

行数	目标子网	网关	网卡
1	18.19.200.0/24		NIC 0 (18.19.200.2)
2	18.19.100.0/24	18.19.200.1	NIC 0 (18.19.200.2)
3	0.0.0.0/0	18.19.200.1	NIC 0 (18.19.200.2)

表2.10 与互联网接入的主机R的路由表

行数	目标子网	网关	网卡
1	18.19.100.0/24		NIC 0 (18.19.100.1)
2	18.19.200.0/24		NIC 1 (18.19.200.1)
3	18.181.0.0/24	18.181.0.1	NIC 2 (18.181.0.29)
4	0.0.0.0/0	18.181.0.1	NIC 2 (18.181.0.29)

注释:

对于互联网来说，互联网服务提供商（ISP）并不是一个特殊的构造。它仅仅是一个大的组织，有非常非常多的IP地址。有趣的是，它的主要工作是将这些IP地址分成子网，将这些子网出租给其他组织使用。

目标子网0.0.0.0/0称为**默认网络**（default address），因为它定义了一个包含所有IP地址的子网。如果主机R收到一个数据包，其目标子网与路由表中的前三行都不一致，那么目标一定匹配最后一行。在这种情况下，数据包将通过对应的网卡转发给ISP的网关，它能够将数据包在网关之间转发，最终在该数据包的目标子网处终止。同样地，主机A1和B1也有新的条目作为默认网络，以便它们可以将数据包转发给主机R，进而转发给ISP。

数据包每经过一个路由器，IPv4头部的生存时间（TTL）的值减1。当TTL减少为0，路由器将会丢弃收到的TTL=0的IP数据包。避免IP数据包在网络中的无限循环和收发。改变TTL需要重新计算头部检验和（header checksum），增加了主机处理和转发数据包的时间。

TTL为0不是数据包被丢弃的唯一原因。例如，如果数据包到达路由器网卡的速度太快，网卡来不及处理可能会忽略它们。或者如果数据包到达一个有很多网卡的路由器，但是所有的数据包都需要从一个网卡转发出去，这个网卡来不及处理可能会忽略它们。在IP数据包从源到目的的整个转发路径上，这些只是数据包可能被丢弃的一些原因。所以，网络层的所有协议，包括IPv4，都是不可靠的。意思是不保证发送出去的IPv4数据包能够到达目标地址。即使数据包到达了，也不保证它们是顺序到达的，而且只到达一次。网络堵塞可能导致路由器选择不同的路径发送数据包，由于这些路径长度不同，所以可能引起后发送的数据包反而先到达。有时同样的数据包由多个路由器发送，导致多次到达。所以不可靠的意思是不保证数据传输和传输的顺序。

> **重要的 IP 地址**
>
> 有两个特殊的 IP 地址值得一提。第一个是 127.0.0.1，称为**回路地址**（loopback）或者**本地地址**（localhost address）。如果要求 IP 模块发送数据包到 127.0.0.1，它不会发送到任何地方。而是处理为刚刚收到数据包，并将其发送到下一层进行处理。技术上，整个 127.0.0.0/8 的地址块均为本地地址，但是一些操作系统的防火墙默认只允许标记为 127.0.0.1 的数据包这样做。
>
> 第二个地址是 255.255.255.255，称为受限的**广播地址**（zero network broadcast address）。意思是，数据包会被发送到相同链路层网络的所有主机，但不被路由器发送。通常的实现方法是将数据包打包成链路层帧，并发送到广播 MAC 地址 FF:FF:FF:FF:FF:FF。

2.5.1.4 分片

正如之前所提到的，以太网帧的最大传输单元（maximum transmission units，MTU）是 1500 个字节。然而，之前也说过，IPv4 包的最大传输单元是 65535 个字节。这带来了一个问题：如果 IP 数据包必须封装为链路层帧来传输，IP 数据包的长度比链路层的最大传输单元长怎么办？答案是**分片**（fragmentation）。如果 IP 模块要传输的 IP 数据包比链路层的最大传输单元大，它就要被分割成一些数据包的长度为链路层最大传输单元的小片断。

IP 分片数据包与普通的 IP 数据包类似，只需在头部设置一些值，即使用片标识符（fragment identification）、片标记（fragment flag）和片偏移（fragment offset）这三个域。当 IP 模块将 IP 数据包分割成一组小的片断时，为每一个片断创建一个新的 IP 数据包，并设置这些域的值。

片标识符（fragment identification，16 比特）的值标识原始的数据包。这一组所有被拆分的分片数据包被标记相同的值。

片偏移（fragment offset，13 比特）表示以 8 字节为单位，该 IP 数据包从开始到属于这个分片数据包的位置。这一组所有被拆分的分片数据包被标记不同的值。一个 65535 字节的数据包的最大片偏移取值是 13 个比特，所以要求所有的偏移是 8 字节的整数倍，因为这是偏移量所能取得的最高精度。

除了最后一个片断的所有分片数据包，片标记（fragment flag，3 比特）都设置为 0x4，称为 MF（more fragments flag），表示还有更多的分片数据包。如果一台主机收到包含有该值的数据包，必须等收齐该组所有的分片数据包之后，才能将重建的数据包传输给上层。最后一个分片数据包不需要这个标记，因为片偏移是非零值，同样表明它是分片组中的一员。事实上，最后一个分片数据包不再使用这个片标记域，来表明原始数据包中再没有更多的分片数据包了。

> 注释：
>
> 片标记域还有另外一个功能。如果IP数据包的原始发送者将其设置为0x2，称为DF（don't fragment flag），指明在任何情况下，这个数据包都不能被分片。反之，如果IP模块必须通过链路层转发一个比最大传输单元大的数据包，这个数据包将被丢弃。

表2.11展示了一个大的IP数据包和使用以太网链路转发必须拆分成的三个分片数据包的头部相关域的取值。

表2.11　需要分片的IPv4数据包

域	原始数据包取值	分片数据包1取值	分片数据包2取值	分片数据包3取值
版本号（version）	4	4	4	4
IP数据包的包头长度（header length）	20	20	20	20
IP数据包的包总长（total length）	3020	1500	1500	60
标识符（identification）	0	12	12	12
片标记（fragment flags）	0	0x4	0x4	0
片偏移（fragment offset）	0	0	185	370
生存时间（time to live）	64	64	64	64
协议（Protocol）	17	17	17	17
源地址（Source Address）	18.181.0.29	18.181.0.29	18.181.0.29	18.181.0.29
目标地址（Destination Address）	181.10.19.2	181.10.19.2	181.10.19.2	181.10.19.2
数据（Payload）	3000 bytes	1480 bytes	1480 bytes	40 bytes

片标识符的取值均为12，表明这三个分片数据包都属于同一个原始数据包。12这个数的取值是任意的，但是极有可能这是主机发送的第12个被拆分的数据包。第一个分片数据包设置了片标记，片偏移取值为0，表明它包含原始包的起始数据。注意这个数据包的总长是1500。IP模块通常创建尽可能大的分片数据包，限制分片数据包的数量。因为IP头长度是20字节，所以分片数据包数据部分是1480字节。也就是说，第二个分片数据包从偏移为1480开始。但是，因为片偏移以8个字节为单位，所以第二个分片数据包的偏移量是1480/8=185。第二个分片数据包仍然需要设置片标记。最后，第三个分片数据包的偏移是370，不需要设置片标记，表明是最后一个分片数据包。第三个分片数据包的总长度是60，因为原始数据包的总长是3020，即有3000字节的数据，前两个分片数据包的数据长度都是1480，所以第三个分片数据包的数据长度是40。

这些分片数据包被发送出去之后，它们中的某些或者全部都有可能进一步被分片。如果到达目的主机的道路上经过最大传输单元更小的链路层，就会发生这一情况。

要想目标机器能够正确地处理数据包，每一个分片数据包都需要抵达目的主机，并且能够重建成原始数据包。因为网络堵塞，动态地改变路由表，或者其他原因，都有可能导致数据包乱序到达，或者与其他来自相同或者不同主机的其他数据包交错到达。但第一个分片数据包无论何时到达，接收方的IP模块都有足够的信息确定这个数据包是个分片数据包，而不是原始数据包。这个信息就是设置的片标记或者是非零的片偏移。这时候，接收方的IP模块创建一个64KB（最大的数据包长度）的缓冲区，将这个分片的数据部分拷贝到缓冲区合适的位置。使用发送方的IP地址和片标识来标记这个缓冲区，这样当其他分片数据包到达时，通过匹配发送方IP地址和片标识域来选取合适的缓冲区存储新分片数据包的数据。当没有设置片标记域的分片数据包到达时，接收方通过将这个分片数据包的数据长度加到原始数据包的偏移量上，计算原始数据包的总长度。当原始数据包的所有数据都到达了，IP模块将重建好的数据包发送给上层做进一步处理。

小窍门：

尽管IP数据包分片技术使得发送大数据包成为可能，但是存在两种低效率的情况。第一，增加了网络上发送的数据量。表2.11展示了一个3020字节的数据包被拆分成两个1500字节的数据包和一个60字节的数据包，合计3060字节。这虽然不是一个可怕的数字，但是这个数字可以累加。第二，如果一个分片数据包在传输过程中丢失了，那么接收方必须丢弃整个数据包。这意味着大的数据包丢失分片数据包的概率更大。所以，建议通过保证所有的IP数据包长度都小于链路层最大传输单元，尽量避免使用分片技术。这并不容易，因为两台主机之间有许多不同的链路层协议，想象一下从纽约到日本的数据包。但是两台主机之间的链路层协议至少有一个是以太网协议，这种情况是很有可能的，所以游戏开发者做这样的近似：数据包MTU的最小值为1500字节。这1500字节必须包括20字节的IP头、IP数据和任何协议，例如VPN或者IPSec，需要使用的额外数据。所以，最好将IP包的数据限制在1300字节以内。

乍一想，将数据包的长度限制得更小一些，例如100字节，可能会更好。因为如果1500字节的数据包可能不需要分片，那么100字节的数据包就更不需要分片了，对吗？这可能是对的，但是想一下，每个数据包需要20字节的头部数据。如果一个游戏只发送长度为100字节的数据包，那么20字节的IP头部数据将占用20%的带宽，这样效率太低。所以，一旦你决定当前最小MTU是1500，那么就发送大小尽可能接近1500字节的数据包。这意味着IP头数据只浪费了1.3%的带宽，比20%要好得多！

2.5.2　IPv6

32比特地址的IPv4允许40亿个不同的IP地址。多亏本地网络和网络地址转换（将在后面的章节中介绍），使得比40亿更多的主机连接在互联网上。虽然如此，由于IP地址分配的方式和笔记本、移动设备和物联网的发展，32比特的IP地址已经被用完了。IPv6的创建解决了这个问题和一些IPv4使用过程中出现的低效率问题。

在接下来的几年里，IPv6对于游戏开发者来说还不重要。谷歌报道截至2014年7月，大约有4%的用户通过IPv6访问谷歌网站，这大概也说明了有多少终端用户通过IPv6接入互联网。同样地，游戏仍然需要处理IPv4中出现的各种奇怪的问题，虽然IPv6中已经解决。然而，随着下一代平台，例如Xbox One的普及，IPv6将最终取代IPv4，所以值得我们简要了解一下IPv6是什么。

IPv6最显著的新特征是新的IP地址长度是128比特，可以写成由冒号分隔的8组数，每一组是4个十六进制数。表2.12展示了三种格式的IPv6地址。

表2.12　典型的IPv6地址格式

格式	地址
完整形式	2001:4a60:0000:8f1:0000:0000:0000:1013
前导零压缩法	2001:4a60:0:8f1:0:0:0:1013
双冒号法	2001:4a60:0:8f1::1013

前导零压缩法，将每一段的前导零省略。此外，如果几个连续的段值都是0，那么这些0可以简记为两个冒号。因为地址是16字节，所以恢复完整形式时，只需将所有省略的数字用0代替。

IPv6地址的前64比特表示网络，称为**网络前缀**（prefix）；剩下的64比特表示个体主机，称为**接口ID**（interface identifier）。每台主机有一个固定的IP地址很重要，例如当这台主机作为服务器时，网络管理员需要手动设置接口ID，与IPv4中手动设置IP地址一样。一台不需要远程客户端很容易找到的主机也可以随便设置接口ID，并向网络公布，因为64比特地址空间发生冲突的概率很低。通常来说，接口ID自动设置为网卡的64比特EUI，因为已经保证了它的唯一性。

邻居发现协议（neighbor discovery protocol, NDP）代替了地址解析协议（ARP）和动态主机配置协议（DHCP）的一些功能，将在本章后面介绍。使用NDP，路由器公布它们的网络前缀和路由表信息，主机查询和宣布它们的 IP 地址和链路层地址。关于 NDP 的更多知识，请参考本章最后列出的 RFC 4861。

针对 IPv4 的另外一个改进是，IPv6 不再支持路由层面的数据包分片技术。所以删除了 IP 头部所有与分片技术相关的域，节省了每个数据包的带宽。如果一个 IPv6 数据包到达路由器，发现对于链路层来说太大，那么路由器直接丢弃这个数据包，告知发送方这个数据包太大。由发送方来决定使用小一些的数据包重新发送。

关于 IPv6 的更多知识，请参考本章最后列出的 RFC 2460。

2.6 传输层

网络层的任务是实现远程网络上两台遥远主机之间的通信，而**传输层**（transport layer，也称传送层）的任务是实现这些主机上单独进程之间的通信。因为一台主机上同时运行很多进程，只知道主机 A 给主机 B 发了一个 IP 数据包是远远不够的：当主机 B 收到这个 IP 数据包时，它需要发送给哪个进程做进一步处理。为了解决这个问题，传输层引入了**端口**（port）的概念。端口是 16 比特的无符号数，是一台特定主机的通信端点。如果将 IP 地址比作一栋楼的街道地址，那么端口就好像这栋楼的门牌地址。一个进程就可以看作能够从一个或多个房间收邮件的租户。使用传输层模块时，一个进程绑定一个特定的端口，告诉传输层模块它想获得所有发送到这个端口的内容。

正如之前所提到的，所有的端口都是 16 比特。理论上，一个进程可以绑定到任何端口，用于任何传输目的。然而，如果一台主机上的两个进程试图绑定同一个端口，就出现了问题。例如，一个网站服务器程序和一个邮件系统程序都绑定了端口 20。如果传输层模块收到了目的端口是 20 的数据，那么将这个数据同时发送给这两个进程吗？如果是，那么网站服务器程序将收到的邮件数据解释为网站请求，邮件系统程序将收到的网站请求解释为邮件。这将导致混乱，所以如果需要多个进程绑定同一个端口，大部分实现都需要特定的标识。

为了避免进程争夺端口，**互联网名称与数字地址分配机构**（Internet Corporation for Assigned Names and Numbers，ICANN），也称为**互联网数字分配机构**（Internet Assigned Numbers Authority，IANA），负责端口号的注册，任何协议和应用开发者都可以注册所需的端口。每一个传输层的协议只能注册一个端口号。端口号 1024—49151 称为**用户端口**（user port）或**注册端口**

（registered port）。任何协议和应用开发者可以向IANA申请这个范围的端口号，审核之后，这个端口注册就被授予了。如果一个用户端口号已经被IANA注册给一个特定的应用或协议，那么其他应用或协议想要绑定这个端口都是不合法的，尽管大部分传输层的实现没有保证这一条。

端口0到1023称为**系统端口**（system port）或**预留端口**（reserved port）。这些端口与用户端口类似，但是IANA对这些端口的注册要求更加严格，需要更彻底的审查。这些端口特殊，是因为大部分的操作系统只允许root级别的进程才能绑定系统端口，需要更高安全级别的时候才使用。

最后，端口49152到65535称为**动态端口**（dynamic port）。IANA不负责这些端口的注册，任何进程使用它们都是公平的。如果一个进程试图绑定一个动态端口，发现该端口被占用，那么应该尝试查询其他动态端口，直到找到一个没被占用的端口为止。作为一个互联网的好公民，应该仅仅在建立多人游戏时使用动态端口，必要的时候向IANA申请一个用户端口的注册。

一旦应用程序已经确定了一个可以使用的端口，它必须使用一个传输层协议才能发送数据。表2.13列举了一些传输层协议和它们的IP协议号。作为游戏开发者，我们主要使用UDP和TCP。

表2.13 传输层协议举例

名称	缩写	协议号
传输控制协议（transmission control protocol）	TCP	6
用户数据报协议（user datagram protocol）	UDP	17
数据报拥塞控制协议（datagram congestion control protocol）	DCCP	33
流控制传输协议（stream control transmission protocol）	SCTP	132

小窍门：

IP地址和端口经常由冒号连接在一起，来表示一个完整的源地址或目的地址。所以一个发送至IP地址为18.19.20.21，端口为80的数据包，其目的地址可以写成18.19.20.21:80。

2.6.1 UDP

用户数据报协议（user datagram protocol，UDP）是一个轻量级的协议，封装数据并将其从一台主机的一个端口发送到另一台主机的一个端口。UDP数据报包含一个8字节的报头，后面跟着数据。图2.10显示了UDP报头的格式。

Bits	0	16
0-31	源端口号	目标端口号
32-63	数据报长度	检验和

图2.10 UDP报头

源端口号（Source Port，16比特）标识数据发送方将UDP数据报发送出去的端口。当数据报接收方需要响应的时候，这个域非常有用。

目标端口号（Destination Port，16比特）是数据报的目标端口。UDP模块将数据报发送给与这个端口绑定的进程。

数据报长度（Length，16比特）是指包括报头和数据部分在内的总字节数。

检验和（Checksum，16比特）由UDP报头、数据部分和IP头的某些域计算得到。它是一个可选项，如果不做计算，取值为0。如果底层验证了数据，这个域可以被忽略。

UDP是一个非常廉价的协议。每个数据报都是一个独立的实体，两台主机之间没有依赖的共享状态。可以把它比喻为一张明信片，投到信箱里，然后就忘记了。UDP不提供堵塞网络的流量限制服务，不保证数据顺序传输和准确到达。与接下来我们要介绍的TCP完全不同。

2.6.2 TCP

与UDP建立两台主机之间离散的数据报传输不同，**传输控制协议**（transmission control protocol，TCP）是在两台主机之间创建持久性的连接，提供可靠数据流传输。这里的关键词是可靠。不同于我们之前介绍过的所有协议，TCP保证所有的数据都按序抵达接收方。为了做到这一点，它需要比UDP更大的头部数据和用于跟踪连接中每台主机的重要连接状态数据。接收者确认接收到的数据，发送者重新发送没有收到确认消息的数据。

TCP的数据传输单元称为TCP**报文段**（segment），指的是TCP用于传输大量的字节流，底层数据包封装这个数据流的每个单独的报文段。一个报文段包含TCP首部和段内数据部分。图2.11展示了报文段的结构。

源端口号（Source Port，16比特）和**目标端口号**（Destination Port，16比特）是传输层的端口号。

序列号（Sequence Number，32比特）是一个单调递增的数字。通过TCP所传输的每个字节都有一个连续的序列号，用于这个字节的唯一标识。这样，发送方可以标记所发送的数据，接收方可以确认。报文段的序列号是本报文段所发送的数据的第一个字节的序号。有一个例外是建立初始连接，将在后面"三次握手"中介绍。

Bits	0	4	7	16	
0–31	源端口			目的端口	
32–63	序列号				
64–95	确认号				
96–127	数据偏移	保留	控制位	接收窗口	
128–159	检验和			紧急指针	
160–...	选项				

图2.11 TCP首部

确认号（Acknowledgment Number，32比特）包含发送方期望收到的下一个字节的序列号。对所有序列号低于这个数字的数据做一个实际的确认：因为TCP保证所有的数据都是按序传输，主机期望收到的下一个字节的序列号通常比刚刚收到的前一个字节的序列号多1。一定要记住：这个数字的发送方并不是确认收到这个值对应的序列号，而是所有小于这个值的序列号。

数据偏移（Data Offset，4比特）表示以32比特为单位的TCP头部大小。TCP允许头部的最后添加一些可选的头部元素，所以从头部开始到报文段可以取值从20到64字节。

控制位（Control Bits，9比特）是关于头部的元数据。稍后在相关的地方进行讨论。

接收窗口（Receive Window，16比特）表示对于传入的数据，剩余缓冲空间的最大容量。对于流量控制非常有用，稍后继续讨论。

紧急指针（Urgent Pointer，16比特）表示TCP段数据的第一个字节和紧急数据的第一个字节之间的距离。只有在控制位中URG标志设置了时才有效。

> 注释：
> 许多RFC，包括定义主要传输层协议的，都明确地规定8个比特大小的数据块为一个**位组**（octet），而不是使用松散地定义一个字节为8个比特。一些使用时间过长而难以维护的平台使用包含比8比特更多或更少的字节，位组的标准化帮助确保这些平台之间的兼容性。现在这不是一个主要问题，因为与游戏开发者相关的所有平台中一个字节都是8个比特。

2.6.2.1 可靠性

图2.12展示了TCP进行两台主机之间可靠数据传输的一般方式。简言之，源主机给目的主机发送一个唯一标识的数据包。然后源主机等待来自目的主机的确认响应数据包。如果在一定的时间内没有收到期望的确认，则重新发送这个数据包。重复这个过程直到所有的数据都被发送和确认。

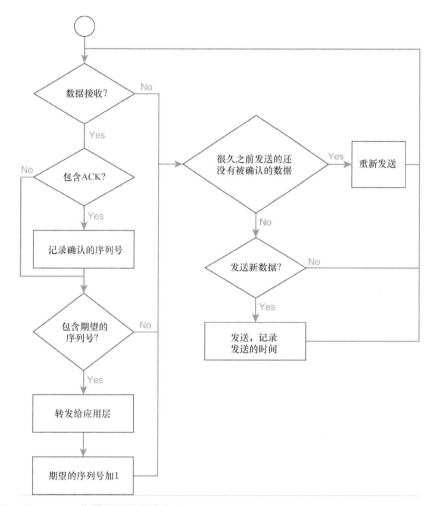

图2.12 TCP可靠数据传输的流程图

这个过程的具体细节要稍微复杂一些，但是值得深入理解，因为这些细节提供了一个可靠数据传输系统的优秀案例。因为TCP策略涉及重新发送数据和跟踪期望的序列号，所以每一台主机必须维护所有活跃TCP连接的状态。表2.14列出了一些需要维护的状态变量和它们在RFC 793中定义的标准缩写。初始化状态的过程始于两台主机之间的三次握手。

2.6.2.2 三次握手

图2.13展示了主机A和B之间的三次握手。图中，主机A通过发送第一个报文段发起连接。这个报文段包含一个SYN标志和一个随机选择的初始序列号1000。这是在告诉主机B，主机A想要开始一个TCP连接，从序列号

1000开始，主机B应该初始化必要资源以保持连接状态。

表2.14　TCP状态变量

变量	缩写	定义
Send Next	SND.NXT	主机发送的下一个报文段的序列号
Send Unacknowledged	SND.UNA	主机发送的尚未确认的最早报文段的序列号
Send Window	SND.WND	在收到未确认数据的确认前，允许主机发送的数据量
Receive Next	RCV.NXT	主机期望收到的下一个报文段的序列号
Receive Window	RCV.WND	在缓冲区不溢出的情况下，当前主机能够接收的数据量

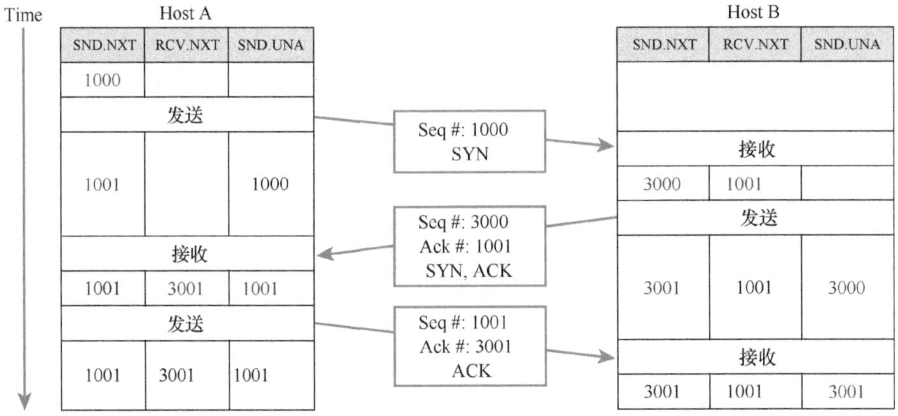

图2.13　TCP三次握手

如果主机B愿意并且能够开放这个连接，它将响应一个同时包含SYN标志和ACK标志的数据包。通过将确认号设置为主机A的初始序列号加1来确认主机A的序列号，意思是主机B期望从主机A发来的下一个报文段的序列号应该比前一个报文段的序列号增加1。另外，主机B随机选取一个序列号3000开始与主机A的数据流传输。需要重点强调的是主机A和B都挑选自己的随机起始序列号。这个连接中包含两个独立的数据流：从主机A到主机B的数据流，使用主机A的序列号；从主机B到主机A的数据流，使用主机B的序列号。报文段中SYN标志的意思是"嗨！我将会给你发送一个以这个报文段中的序列号加1为起始位置的数据流"。第二个报文段中的ACK标志和确认号的意思是"噢，顺便提一下，我收到了你发送的这个序列号之前的所有数据，所以这个序列号是我期望你发送给我的下一个报文段"。当主机A收到这个报文段，剩下要做的就是确认主机B的初始序列号，所以发送一个包含ACK标志的报文段，确认字段的取值是主机B的序列号加1，即3001。

> 注释：
>
> 当TCP报文段包含一个SYN标志或者FIN标志，序列号额外加1，有时被称为 **TCP 幻影字节**（TCP phantom byte）。

通过小心地发送和确认数据来建立可靠性。如果发生超时，主机A收不到SYN-ACK报文段，它就知道可能是主机B没有收到SYN报文段，或者是主机B的响应报文丢失了。无论是哪一种情况，主机A都重新发送初始报文段。如果主机B的确收到过这个SYN报文段，那么这是第二次收到，主机B就知道是因为主机A没有收到SYN-ACK响应报文段，那么它将重新发送SYN-ACK报文段。

2.6.2.3 数据传输

为了传输数据，主机在每个即将发送的报文段中包含数据载荷。每个报文段标记为数据中第一个字节的序列号。还记得每个字节都有一个连续的序列号，所以这实际上意味着报文段的序列号应该是上一个报文段的序列号加上上一个报文段的数据量。同时，每次报文段到达目的地，接收方都要发送一个确认数据包，包含一个取值为期望收到的下一个序列号的确认域。图2.14展示了一个简单的没有包丢失的TCP传输。主机A在第一个报文段中发送100个字节，主机B确认收到并发送自己的50个字节，接着主机A又发送了200个字节，然后主机B确认收到这200个字节，没有再发送额外的数据。

当报文段丢失或者乱序传输，事情就变得更复杂了。图2.15中，从主机A发送到主机B的1301报文段丢失了。主机A期望收到一个确认域为1301的ACK数据包。当一个特定的时间期限到了，主机A还没有收到ACK，那么它就知道发生了错误。1301报文段或者来自主机B的ACK丢失了。无论是哪一种情况，它知道需要重新发送1301报文段，直到收到来自主机B的确认。为了重新发送这个报文段，主机A需要有这个报文段数据的拷贝，这是TCP操作的一个关键组成部分：TCP模块必须存储发送出去的每一个字节，直到这个字节已经被接收方确认收到。只有当收到报文段的确认后，TCP模块才能将这个报文段从缓冲区中清除。

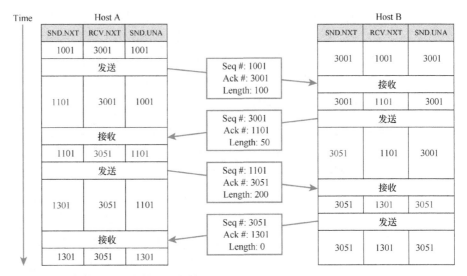

图2.14 没有数据包丢失的TCP传输

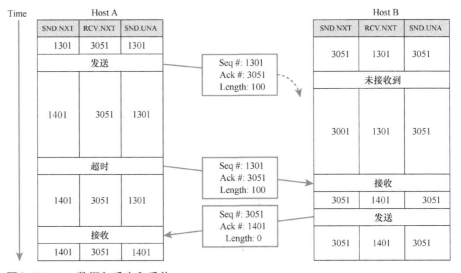

图2.15 TCP数据包丢失和重传

TCP保证数据按序到达，所以如果主机收到数据报的序列号不是所期望的，它有两个选择。最简单的是直接丢弃这个数据报，等待按序重传。另一个选择是缓存它，同时不确认这个报文，也不转发给应用层处理。而是主机根据它的序列号将它复制到本地流缓冲区的合适位置。然后当这个序列号之前的所有报文都抵达，主机再确认这个乱序的数据报，并发送到应用层处理，而不需要发送方重传。

在前面的例子中，主机 A 总是在发送更多数据之前等待确认。这是不常见的人为行为，目的是简化例子。并没有要求主机 A 必须停止传输，在每个报文段发送之后等待确认。事实上，如果有这个要求，TCP 将是长距离传输中一个完全不可用的协议。

回想一下，以太网的最大传输单元（MTU）是 1500 个字节。IPv4 头部至少占其中的 20 个字节，TCP 头部又占用了至少 20 个字节，这意味着通过以太网传输的未被分片的数据部分最多是 1460 个字节，也被称为**最大分段大小**（maximum segment size，MSS）。如果 TCP 连接一次只传输一个未被确认的报文段，那么它的带宽将极其有限。事实上，应该是最大分段大小（MSS）除以发送方发送给接收方分组的时间加上接收方发送给发送方确认的时间（**往返时间**，round trip time，RTT）。全国各地的往返时间平均是 30 毫秒。这意味着在不考虑链路层速度干扰的情况下，TCP 可以达到的最大国内带宽是 1500 字节 /0.03 秒，即 50 kbit/s。这在 1993 年是一个非常好的速度，但是今天看来已经不是了。

为了避免这个问题，TCP 连接允许一次有多个未被确认的报文段同时传输。但是，不得不限制报文段的数量，因为会带来另外一个问题。当传输层数据抵达主机，将存储在主机的缓冲区中，直到绑定在相应端口的进程来处理它。到那时，它将从缓冲区中删除。无论主机有多少可用的内存，缓冲区本身是有固定大小的。可以想象，一个很慢的 CPU 上的一个复杂进程处理数据的速度赶不上数据到达的速度，这时缓冲区将被填满，传入的数据会被丢弃。TCP 协议遇到这种情况，意味着数据没有被确认，发送方的快速传输将导致快速重传。很有可能大部分的重传数据再一次被丢弃，因为接收主机使用同样慢的 CPU，运行着相同复杂的进程。这将导致网络拥塞，互联网资源的巨大浪费。

为了防止这种灾难的发生，TCP 实现一个称为**流量控制**（flow control）的过程。流量控制防止一台快速传输的主机压制另外一台处理较慢的主机。TCP 头部包含一个接收窗口域，来指明数据发送方有多少可用的接收缓冲区。这相当于告诉其他主机在停止等待确认之前还可以发送的最大数据量。图 2.16 展示了一台快速传输的主机 A 和一台处理较慢的主机 B 之间的数据报交换过程。

出于示意目的，这里最大分段大小（MSS）取值为 100 字节。主机 B 的初始 SYN-ACK 标志指定接收窗口大小为 300 字节，所以主机 A 在暂停并等待主机 B 的 ACK 之前，只能发送 3 个大小为 100 字节的报文段。当主机 B 最后发送一个 ACK，它知道它的缓冲区中有 100 字节的数据不能被及时处理，所以告诉主机 A 它的接收窗口限制为 200 字节。主机 A 知道有 200 个字节已经在传输的路上，所以没有发送更多的数据，必须停止，直到收到来自主机B的ACK。等到主机B确认第二个数据报时，缓冲区中50字节的数据已经被处理，所以缓冲区中一共剩下150个字节的数据，还有150字节空闲。当它给主机A发送一个ACK，告诉主机A接收窗口的大小限制为150字节。此时主机A知道还有100个字节未被确认的数据在传输，但是接收窗口是150字节，所以再给主机B发送额外的50字节的报文段。

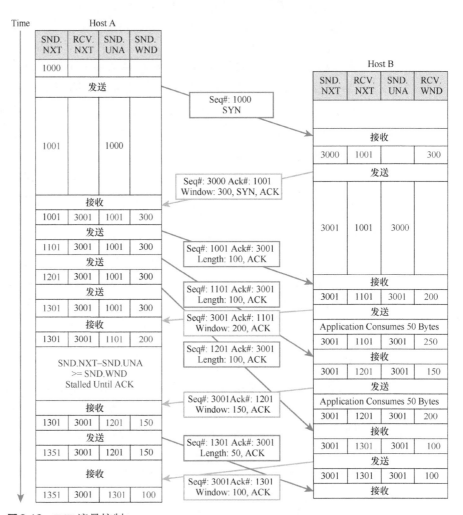

图2.16 TCP流量控制

流量控制以这种方式继续，主机B总是提醒主机A它可以接收的数据量，主机A决不能发送比主机B可以缓存的数据量更多的数据。基于这一思想，TCP数据流的理论带宽限制可以定义为以下公式：

$$带宽限制 \times \frac{接收窗口}{往返时间}$$

接收窗口太小会成为 TCP 传输的瓶颈。为了避免这一点，应该选择一个足够大的接收窗口，这样理论带宽最大值总是比主机之间的链路层最大传输速率要大。

可以看到在图 2.16 中，主机 B 最后向主机 A 连续发送了两个 ACK 数据报。这没有非常有效地利用带宽，因为第二个 ACK 数据报中的确认号能够充分确认第一个 ACK 数据报中确认的所有字节。因为 IP 头部和 TCP 头部是独立的，所以浪费了从主机 B 到主机 A 的 40 字节带宽。如果把链路层帧计算在内，将浪费得更多。为了防止这种低效率的情况发生，TCP 规范允许**延迟确认**（delayed acknowledgment）。根据规范，主机收到 TCP 报文段之后不用马上响应确认。而是等待 500 毫秒，或者接收到下一个报文段，哪一种情况先发生就采取哪种方式。在之前的例子中，如果主机 B 在收到序列号为 1001 的报文段之后的 500 毫秒内收到报文段 1101，那么主机 B 只需要发送报文段 1101 的确认。在数据流稠密时，可以有效地减少一半的 ACK，给接收主机更多的时间处理缓冲区的数据，因此在确认报文中包含更大的接收窗口。

流量控制帮助 TCP 保护处理较慢的主机不被数据淹没，但是没有办法阻止较慢的网络和路由器不被淹没。网络上的交通好比高速公路，在繁忙的路由器处会发生特别严重的堵塞，就像繁忙的入口、出口和立交桥。为了避免不必要的网络堵塞，TCP 实现**拥塞控制**（congestion control），相当于许多高速公路入口处的红灯。为了降低拥塞，TCP 模块主动限制网络中传输的未被确认的数据量。和流量控制非常类似，但不是设置目的主机的窗口大小限制，而是根据已经确认的和丢弃的数据报的数量计算限制本身。具体的算法是依赖于实现的，但通常是某种 AIMD（additive increase，multiplicative decrease）系统[①]。也就是说，当连接刚刚建立时，TCP 模块设置避免拥塞的限制为最大分段大小（MSS）的很小的倍数，通常设置为两倍。然后，每当确认一个报文段，将限制增加一个最大分段大小（MSS）。对于一个理想的连接，这意味着每个往返时间（RTT）能够确认的数据报数量为所设置的限制值，这导致限制的取值变为两倍。但是，一旦数据报被丢弃，TCP模块马上将限制值减少一半，怀疑这个丢失是由网络拥塞导致的。使用这种方式，最终会达到一个平衡状态，在没有发生数据包丢失的情况下，发送方尽可能快地发送。

---

① AIMD 系统：当 TCP 发送方感受到端到端路径无拥塞时就线性增加其发送速度，当察觉到路径拥塞时就乘性减小其发送速度，称为加性增，乘性减，或者"和式增加，积式减少"。

TCP还可以通过发送大小尽可能接近最大分段大小（MSS）的数据报来降低网络拥塞。因为数据报需要40字节的头部，所以发送许多小的报文段没有将它们合并为一个大的数据块效率高。这意味着TCP模块需要维护一个向外发送的缓冲区来收集上层要发送的数据。许多TCP的实现使用**纳格算法**（Nagle's algorithm）来决定什么时候收集数据，什么时候发送报文段，它是一些规则的集合。习惯上，如果有未被确认的数据在传输，就收集数据，直到数据量大于最大分段大小（MSS）或拥塞控制窗口，取这两个值中的最小值。在那时，发送在这两个限制下的最大报文段。

> **小窍门：**
>
> 当游戏使用TCP作为传输层协议时，纳格算法（Nagle's algorithm）是游戏玩家的克星。尽管它减少了带宽的使用，但是明显增加了数据发送的延时。如果一个实时游戏需要向服务器发送很少量的更新，在有足够的更新累加起来填充最大分段大小（MSS）之前，游戏已经运行了许多帧了。这会使玩家感到游戏延时，仅仅是因为运行了纳格算法。因为这个原因，大部分的TCP实现提供一个选项来禁用这个拥塞控制功能。

2.6.2.4 断开连接

关闭TCP连接需要分别来自两端的终止请求和确认。当一台主机没有要发送的数据时，会发送一个FIN数据报，表示准备停止发送数据。所有在缓冲区中等待的数据包括FIN数据报仍然会被传输以及在必要的时候重传，直到被确认。但是，TCP模块不会接收来自上层的新数据。不过另外一台主机可以接收数据，并且确认所有收到的数据。当它没有要发送的数据时，也会发送一个FIN数据报。当之前准备关闭连接的主机收到这个FIN数据报和响应它自己FIN数据报的ACK时，或者ACK超时，TCP模块都会完全关闭连接并删除连接状态。

2.7 应用层

TCP/IP模型的最顶层是应用层（application layer），是我们多人游戏代码存在的地方。应用层也是许多依赖传输层进行端到端传输的网络基础协议的家。我们将在这里研究其中的几个。

2.7.1 DHCP

给子网中的每一台主机分配唯一的IPv4地址在管理上是非常有挑战的，特别是当笔记本电脑和智能手机也开始接入的时候。**动态主机配置协议**（dynamic host configuration protocol，DHCP）通过允许主机在接入网络时请求自动配置信息来解决这个问题。

在接入网络时，主机创建一个DHCPDISCOVER消息，包含它自己的MAC地址，并使用UDP协议以广播的方式发送到255.255.255.255:67。因为这个消息会发送给子网中的每一台主机，任何DHCP服务器都会收到这个消息。如果DHCP服务器有可以提供给客户端的IP地址，就会准备一个DHCP OFFER数据包。这个数据包包含可提供的IP地址和这个客户端的MAC地址。此刻这个客户端没有IP地址，所以服务器不能直接将数据包发送给它。而是服务器通过UDP 68端口把这个数据包广播到整个子网。所有的DHCP客户端都会收到这个数据包，检查消息里面的MAC地址来判断自己是否是期望的接收者。当正确的客户端收到这个消息，读取所提供的IP地址并决定是否接受这个分配。如果接受，回复一个广播的DHCPREQUEST消息请求这个IP地址。如果这个IP地址仍然可用，服务器再一次回复一个广播的DHCP ACK消息。这个消息与客户端确认IP地址已经分配，并传达其他必要的网络信息，如子网掩码、路由器地址和推荐可使用的DNS名称服务器。DHCP报文的具体格式和扩展信息，请参考本章最后列出的RFC 2131。

2.7.2 DNS

域名系统（domain name system，DNS）协议能够将域名和子域名翻译为IP地址。如果一个终端用户想要执行谷歌搜索，不需要在浏览器中输入74.125.224.112，而是输入www.google.com。为了将域名翻译为IP地址，他的浏览器向名称服务器的IP地址发送一个DNS查询，该IP地址是已经在他的计算机上配置好的。

名称服务器（name server）存储域名和IP地址之间的映射。例如，存储www. google.com应该解析为74.125.224.112。有成千上万的名称服务器在互联网上使用，大部分只是互联网域名和子域名中小子网的权威服务器。如果被查询的名称服务器不是该区域的权威服务器，它通常有一个指针指向一个更权威的名称服务器接着查询。第二次查询的结果通常被缓存，以便下一次可以马上回答这个域名的查询。

DNS协议的查询和响应通常通过UDP协议发送，使用端口号53。具体格式请参考本章最后列出的RFC 1035。

2.8 NAT

直到现在，我们讨论的所有IP地址都是公开可路由的。如果一个IP地址被称为**公开可路由**（publically routable）的，互联网上任意正确配置的路由器都可以给这个IP地址所在的主机发送数据包。这需要任何公开可路由地址都是唯一分配给一台主机的。如果两台或者更多的主机共享一个IP地址，那么发送给一台主机的数据包有可能会到达另外一台主机。如果一台主机给网络服务器发送请求，那么响应可能会发送给另外一台主机，导致彻底混乱。

为了保证公开可路由地址的唯一性，ICANN及其下属公司给大型机构分配独立的IP地址块，如特大企业、大学和互联网服务提供商。它们可以将这些地址分发给其成员和客户，保证每一个地址是唯一分配的。

因为IPv4仅仅支持32比特地址空间，所以只有4 294 967 296个可能的公开IP地址。今天我们使用的网络设备数量多得难以置信，ICANN分配IP地址的方式使得IP地址越来越稀缺。有时，网络管理员或用户可能会发现自己可分配的公开IP地址比所持有的IP地址少。例如，作为电子游戏开发者，我们至少有一部智能手机、一台笔记本电脑和一台电子游戏机，然而只从ISP购买了一个公开IP地址。如果每台设备都需要自己专用的公开IP地址，怎么办呢？每次我们有一台新设备要连接到互联网，都需要从ISP那里与其他用户争夺一个新的IP地址并为其付费。

幸运的是，可以将整个子网的主机通过一个共享的公开IP地址连接到互联网。**网络地址转换**（network address translation，NAT）可以实现这个功能。为了配置一个NAT网络，必须给网络中的每台主机分配一个**本地可路由**（privately routable）的IP地址。表2.15列举了一些IANA留为己用的IP地址块，保证这些块中的地址不会被作为公开IP地址分配出去。这样，任何用户都可以使用本地可路由的IP地址建立自己的本地网络，而不需要检查唯一性。网络之间的唯一性不是必需的，因为这些地址不是公开可路由的。也就是说，互联网上的公开路由器都没有如何到达本地IP地址的路由信息，所以多个本地网络内部使用相同的本地IP地址是没关系的。

表2.15　本地IP地址块

IP地址范围	子网
10.0.0.0—10.255.255.255	10.0.0.0/8
172.16.0.0—172.31.255.255	172.16.0.0/12
192.168.0.0—192.168.255.255	192.168.0.0/16

为了理解网络地址转换协议是如何工作的，以图2.17中电子游戏玩家的家庭网络为例。电子游戏机、智能手机和笔记本电脑都有内部的本地IP地址，这些地址是由网络的拥有者分配的，不需要咨询任何外部服务提供者。路由器同时有针对内部网卡的本地IP地址和针对外部网卡的ISP分配的公开IP地址。因为本地地址网卡连接的是本地网络，所以称为**局域网**（local area network，LAN）端口。公开地址网卡连接的是全球，所以称为**广域网**（wide area network，WAN）端口。

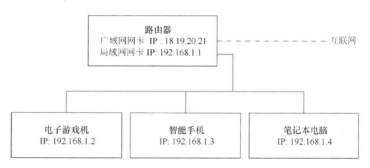

图2.17　有NAT支持的本地网络

在这个例子中，假设公开IP地址12.5.3.2运行着一个游戏服务，绑定端口200。拥有本地IP地址192.168.1.2的电子游戏机运行着一个游戏，绑定端口100。游戏机需要使用UDP协议向服务器发送一条消息，所以构建一个数据报，如图2.18所示，源地址是192.168.1.2:100，目的地址是12.5.3.2:200。如果路由器没有使用NAT，游戏机发送数据报到路由器的局域网端口，然后转发到互联网的广域网端口，最终抵达服务器。不过这时出现问题了。因为IP数据包的源地址是192.168.1.2，服务器无法发送一个响应数据包。还记得192.168.1.2是本地地址吧，所以互联网上的公开路由器都不能路由到这个地址。即使有一些路由器存储了这个IP地址的路由信息，也是毫无意义的，数据包不可能最终到达我们的游戏机，因为互联网上有成千上万本地地址为192.168.1.2的主机。

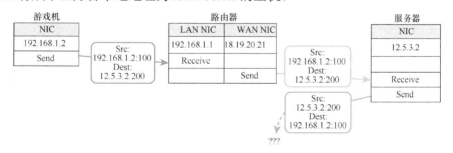

图2.18　没有NAT的路由器

为了防止这个问题，路由器在路由IP数据包时，它的NAT模块会重写这个IP数据包，将本地IP地址192.168.1.2替换为路由器自己的公开IP地址18.19.20.21。这样解决了部分问题，但不是全部问题：仅重写IP地址产生的情况如图2.19所示。服务器看到数据报是直接来自路由器的公开IP地址，所以可以成功返回给路由器一个数据报。但是，路由器没有记录是谁发来的原始数据报，所以不知道将响应报文转发到哪里。

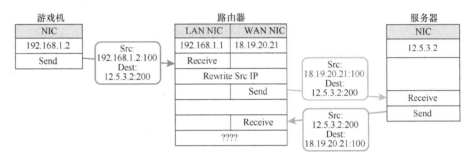

图2.19 带有地址重写的NAT路由器

为了能够给真正的内部主机返回响应，路由器需要一些机制来识别传入数据包的内部接收者。一种直观的方式是建立一个表来记录每个发出去的数据包的源IP地址。当收到来自外部IP地址的响应时，路由器查找哪台内部主机给这个地址发送数据包了，然后使用内部主机的IP地址重写数据包。但是，如果多台内部主机向同一台外部主机发送数据时，这种方法就失效了。路由器不能识别传入的数据是发送给哪台内部主机的。

所有现代NAT路由器采用的解决方案都暴力地破坏了网络层和传输层之间的抽象。通过同时重写IP头部的IP地址和传输层头部的端口号，路由器可以创建更精确的映射和标记系统。**NAT 表**中记录这些映射关系。图2.20展示了从游戏机到服务器的数据包发送过程和成功返回响应的过程。

当游戏机的数据包到达路由器，NAT模块同时将源IP地址和源端口号记录在NAT表中新的一行。然后随机选取一个没有被使用的端口号用于标识源地址和源端口号的组合，并将这个数字写到NAT表的同一行。NAT模块使用路由器自己的IP地址和新选取的端口号重写数据包。重写的数据包到达服务器，这时服务器发送响应数据包，地址是路由器的公开IP地址和新选取的端口。然后NAT模块使用这个端口号查询原始的IP地址和端口，重写响应数据包并转发到正确的主机。

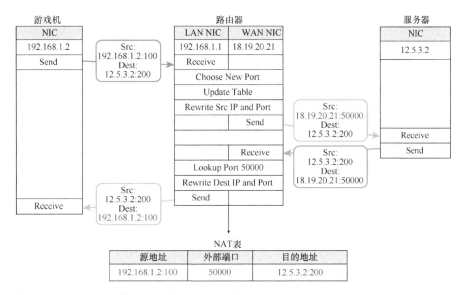

图2.20 带有地址和端口重写的NAT路由器

注释:

为了更加安全,许多路由器将原始的目的IP地址和端口添加到NAT表的表项中。这样,当响应数据包到达路由器,NAT模块首先使用数据包的源端口查询表项,然后证实响应数据包的源IP地址和端口与原始发送出去的数据包的目的IP地址和端口一致。如果不一致,那么发生了可疑的事情,数据包被丢弃不转发。

NAT穿越

对于互联网用户来说,NAT是一个奇妙的福音,但是对于多人游戏开发者却是一件令人头疼的事情。想象一下,许多用户在家中有自己的私人网络,计算机和游戏机使用NAT连接到互联网上,很容易出现图2.21展示的这种情况。玩家A有主机A,隐藏在NAT A后。他想要在主机A上运行一个多人游戏服务器,想让他的朋友玩家B连接到他的服务器。玩家B有主机B,隐藏在NAT B后。因为NAT的原因,玩家B没有办法创建与主机A的连接。如果主机B给主机A的路由器发送数据包试图连接,在主机A的NAT表中没有这一表项,所以这个数据包直接被丢弃。

有一些解决该问题的方法。一种方法是玩家A在路由器上手动配置端口转发。这需要一些技术和信心,并不适合强迫玩家完成这一操作。第二种方法更加灵活,称为**UDP对NAT的简单穿越方式**(simple traversal of UDP through NAT,STUN)。

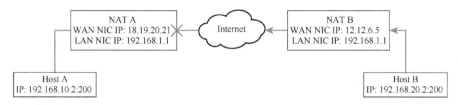

图2.21 典型的用户游戏设置

当使用STUN时，主机与第三方主机通信，如Xbox Live或者PlayStation
网络服务器。第三方告诉主机如何彼此之间创建连接，这样它们的路由器
NAT表中就得到了所需要的表项，所以它们将可以进行直接通信。图2.22
展示了通信的流程。图2.23展示了数据包交换的细节和生成的NAT表。假
设我们的游戏运行在UDP协议端口200，所有前往非路由器主机和来自于
非路由器主机的通信都经过端口200。

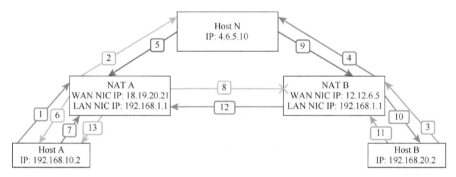

图2.22 数据流

首先，主机A从端口200给IP地址为4.6.5.10的第三方服务器（主机N）发
送数据包，宣布它想成为一台服务器。当数据包经过路由器A，路由器A
在它的NAT表中添加一行表项，并用自己的公开IP地址作为源地址和随
机数60000作为源端口重写数据包。然后路由器A将数据包转发给主机N。
主机N收到这个数据包，记录这个情况：玩家A，使用地址为18.19.20.21:
60000的主机A，想要注册为一台多人游戏的服务器。

接着，主机B给主机N发送数据包，宣布玩家B想要连接玩家A的游戏。
当数据包经过路由器B，更新路由器B的NAT表并重写数据包，类似于路
由器A的NAT操作。重写的数据包被转发给主机N，主机N从这个数据包
得知地址为12.12.6.5:62000的主机B想要连接主机A。

此刻，主机N知道了路由器A的公开IP地址和目的端口，送入这个端口的
数据包将被路由器A转发给主机A。它也能给主机B发送应答包，请求主
机B尝试直接连接。然而，我们想到，一些路由器会检查传入数据包的来

源，来确认它们是从那个地址来的期望数据包。路由器A仅仅期望来自主机N的数据包，所以如果此刻主机B试图连接主机A，路由器A将阻止这个数据包，因为路由器A不期望任何来自主机B的响应。

操作					
数据包编号	发送者	源地址	目的地址	接收者	结果
1	Host A	192.168.10.2:200	4.6.5.10:200	NAT A	NAT A表的第1行，NAT A重写数据包
2	NAT A	18.19.20.21:60000	4.6.5.10:200	Host N	主机N将主机A注册为游戏服务器，地址18.19.20.21:60000
3	Host B	192.168.20.2:200	4.6.5.10:200	NAT B	NAT B表的第1行，NAT B重写数据包
4	NAT B	12.12.6.5:62000	4.6.5.10:200	Host N	主机N将主机B注册为客户端，地址12.12.6.5:62000
5	Host N	4.6.5.10:200	18.19.20.21:60000	NAT A	匹配NAT A表的第1行，NAT A重写数据包
6	NAT A	4.6.5.10:200	192.168.10.2:200	Host A	主机A知道了主机B的公开IP地址，并发送数据包
7	Host A	192.168.10.2:200	12.12.6.5:62000	NAT A	NAT A表的第2行，使用第1行的端口，NAT A重写数据包
8	NAT A	18.19.20.21:60000	12.12.6.5:62000	NAT B	NAT B不期望收到这个数据包，丢弃它
9	Host N	4.6.5.10:200	12.12.6.5:62000	NAT B	匹配NAT B表的第1行，NAT B重写数据包
10	NAT B	4.6.5.10:200	192.168.20.2:200	Host B	主机B知道了主机A的公开IP地址，并发送数据包
11	Host B	192.168.20.2:200	18.19.20.21:60000	NAT B	NAT B表的第2行，使用第1行的端口，NAT B重写数据包
12	NAT B	12.12.6.5:62000	18.19.20.21:60000	NAT A	匹配NAT A表的第2行，NAT A重写数据包
13	NAT A	12.12.6.5:62000	192.168.10.2:200	Host A	实现主机B到主机A的成功传输

NAT A 表			
行	源地址	外部端口	目的地址
1	192.168.10.2:200	60000	4.6.5.10:200
2	192.168.10.2:200	60000	12.12.6.5:62000

NAT B 表			
行	源地址	外部端口	目的地址
1	192.168.20.2:200	62000	4.6.5.10:200
2	192.168.20.2:200	62000	18.19.20.21:60000

图2.23 STUN数据包细节和NAT表

幸运的是，主机N也知道了路由器B的公开IP地址和端口号，可以将数据包转发给主机B。所以，它将这个信息发送给主机A。路由器A让这个信息通过，因为它的NAT表指明主机A期望收到来自主机N的响应。然后主机A使用从主机N收到的连接信息给主机B发送数据包。这看似疯狂，因为服务器试图连接客户端，而我们希望的恰恰相反。实际上更加疯狂，因为我们知道，路由器B不希望来自主机A的数据包，所以不允许数据包通过。我们为什么要这样浪费数据包呢？我们这样做只是为了在路由器A的NAT表中添加一个表项！

当数据包从主机A传输到主机B时，经过路由器A。路由器A查询NAT表，发现主机A的地址192.168.10.2:200已经映射到外部端口60000，所以为这个数据包选择这个端口。然后增加了额外的表项，说明192.168.10.2:200已经给12.12.6.5:62000发送了数据。这个额外的表项是关键。这个数据包可能永远无法到达主机B，但是在这之后，主机N可以回复主机B，告诉它直接通过18.19.20.21:60000连接主机A。主机B这样操作之后，当数据包到达路由器A，路由器A发现这确实是期望的来自12.12.6.5:62000的数据包。所以重写这个数据包的目的地址是192.168.10.2:200，并发送给主机A。从那时起，主机A和B可以使用它们已经交换过的公开IP地址和端口号直接通信了。

> 注释:
>
> 关于NAT，还有更多的知识值得一提。首先，并不是所有的NAT都使用上述的NAT穿越技术。有些NAT给内部主机分配不一致的外部端口，这样的NAT称为**对称NAT**(symmetric NAT)。在对称NAT中，每一个即将发出的请求收到唯一的外部端口，即使发出这个请求的源IP地址和端口已经在NAT表中。这破坏了STUN，因为当主机A给主机B发送第一个数据包时，路由器A将使用一个新的外部端口。当主机B使用之前主机A连接主机N时使用的外部端口联系路由器A时，在NAT表中找不到匹配的表项，所以数据包被丢弃。
>
> 有时，不安全的对称NAT按序分配外部端口，所以机智的程序可以使用**端口分配预测**（port assignment prediction）方法在对称NAT上实现类似STUN的技术。安全一些的对称NAT使用随机端口分配的方法，这样不容易被预测。
>
> STUN方法只适用于UDP协议。第3章将介绍TCP使用不同的端口分配系统，所以传输数据必然使用与侦听连接不同的端口。当使用TCP时，将使用被称为**TCP打洞**（TCP hole punching）的技术，前提是NAT路由器支持这种方式。本章最后列出的RFC 5128详细介绍了NAT穿越技术，包括TCP打洞。
>
> 最后，还有另外一个流行的方法允许NAT路由器穿越，称为**因特网网关设备协议**（Internet gateway device protocol, IGDP）。一些通用即插即用（universal plug and play, UPnP）的路由器使用这个协议允许局域网主机手动配置外部端口与内部端口的映射关系。但并不是所有的路由器都支持这种方式，并且学术界对其缺乏研究兴趣，所以这里不详细介绍。详细说明可以参考本章最后的阅读资料。

2.9　总结

本章概述了互联网的内部工作机制。分组交换允许在同一条线路上同时进行多个传输，促成了阿帕网络，最终促成互联网。TCP/IP协议族的这种层次结构支撑着互联网，它包含五层，每一层为上层提供数据通路。

物理层提供信号传输的媒介，有时被认为是其上层数据链路层的一部分。数据链路层提供互联主机之间的通信。它需要一个硬件地址系统，这样主机可以被唯一编址，确定MTU，即一次可以传输的最大数据量。有许多协议提供基本的链路层服务，本章深入讨论了以太网协议，因为它是对于游戏开发者最重要的协议之一。

网络层在数据链路层的硬件地址之上提供逻辑地址系统，允许在不同数据链路层网络的主机之间的通信。IPv4，今天最基本的网络层协议，提供直接和间接路由系统，给对于链路层来说太大的数据包分片。IPv6的出现解决了地址空间有限的问题，并优化了IPv4数据传输的几个最大瓶颈。

传输层和传输层端口提供远处主机进程之间端到端的通信。TCP和UDP是传输层的基本协议，它们最本质的不同是：UDP是轻量级的、无连接的和不可靠的，而TCP要更重一些，需要稳定的连接，提供可靠的有序数据传输。TCP实现流量控制和拥塞控制机制来减少包丢失。

最顶层是应用层，包括DHCP协议、DNS协议和游戏代码。

为了促进以最少的管理代价建立本地网络，NAT允许整个网络共享一个公开IP地址。NAT的缺点是它阻止了服务器所需的未经请求的连接，但是有许多技术，例如STUN和TCP打洞，提供了这个问题的解决方案。

本章提供了互联网工作的理论基础。第3章我们讲解实现主机之间通信的函数和数据结构，将证明这些知识很有用。

2.10 复习题

1. 列出TCP/IP模型的5层并简要描述每一层。在一些模型中，哪一层被认为不是单独的一层？
2. 为什么使用ARP协议？它是如何工作的？
3. 解释一下有多个网卡的主机（如路由器）是如何在不同子网之间路由数据包的。
4. MTU代表什么？它是什么意思？以太网的MTU是什么？
5. 解释一下包分片是如何工作的。假设数据链路层的MTU是400，举一个需要分成两帧的数据包头部的例子，分片后这两帧的头部是什么？
6. 避免IP分片有什么好处？
7. 不使用分片技术，发送尽可能大的数据包的好处是什么？
8. 不可靠的数据传输和可靠的数据传输有什么区别？
9. 描述一下建立连接时TCP握手的流程。交换了什么重要的数据？
10. 描述一下TCP是如何做到可靠数据传输的。
11. 公开可路由的IP地址和本地可路由的IP地址的区别是什么？
12. NAT是什么？使用NAT有哪些好处，有哪些开销？
13. 解释一下客户端是如何使用NAT向公开可路由的服务器发送数据包并收到响应数据包的。
14. STUN是什么？为什么需要STUN？它是如何工作的？

2.11 延伸的阅读资料

Bell, Gordon. (1980, September). *The Ethernet—A Local Area Network.*

Braden, R. (Ed). (1989, October). *Requirements for Internet Hosts—Application and Support.*

Braden, R. (Ed). (1989, October). Requirements for Internet Hosts—Communication Layers.

Cotton, M., L. Eggert, J. Touch, M. Westerlund, and S. Cheshire. (2011, August). Internet Assigned Numbers Authority (IANA) Procedures for the Management of the Service Name and Transport Protocol Port Number Registry.

Deering, S., and R. Hinden. (1998, December). Internet Protocol, Version 6 (IPv6) Specification.

Drom, R. (1997, March). Dynamic Host Configuration Protocol.

Google IPv6 Statistics. (2014, August 9).

Information Sciences Institute. (1981, September). Transmission Control Protocol.

Internet Gateway Device Protocol. (2010, December).

Mockapetris, P. (1987, November). Domain Names—Concepts and Facilities.

Mockapetris, P. (1987, November). Domain Names—Implementation and Specifi-cation.

Nagle, John. (1984, January 6). Congestion Control in IP/TCP Internetworks.

Narten, T., E. Nordmark, W. Simpson, and H. Soliman. (2007, September). Neighbor Discovery for IP version 6 (IPv6).

Nichols, K., S. Blake, F. Baker, and D. Black. (1998, December). Definition of the Differentiated Services Field (DS Field) in the IPv4 and IPv6 Headers.

Port Number Registry. (2014, September 3).

Postel, J., and R. Reynolds. (1988, February). A Standard for the Transmission of IP Datagrams over IEEE 802 Networks.

Ramakrishnan, K., S. Floyd, and D. Black. (September 2001). The Addition of Explicit Congestion Notification (ECN) to IP.

Rekhter, Y., and T. Li. (1993, September). An Architecture for IP Address Allocation with CIDR.

Rosenberg, J., J. Weinberger, C. Huitema, and R. Mahy. (2003, March). STUN—Simple Traversal of User Datagram Protocol (UDP).

Socolofsky, T., and C. Kale. (1991, January). A TCP/IP Tutorial.

第3章 伯克利套接字

本章介绍多人游戏开发中最常用的网络构建方法，即伯克利套接字（Berkeley Socket）。讲解创建、操作和销毁套接字的常用函数，讨论平台差异，为实现套接字功能探索一种类型安全、C++友好的封装方法。

3.1 创建 Socket

伯克利套接字应用程序接口（Berkeley Sockets API）最初是作为BSD 4.2的一部分发布的，提供了进程与TCP/IP模型各个层之间通信的标准方法。发布以来，这个API已经被移植到每一个主要的操作系统和流行的编程语言，所以它是网络编程中名副其实的标准。

进程使用API建立和初始化一个或多个socket，然后从这些socket读写数据。使用 socket 函数创建 socket：

```
SOCKET socket(int af, int type, int protocol);
```

参数 af 表示协议族，指明socket所使用的网络层协议。表3.1列出了主要的取值。

表3.1 创建socket的协议族取值

宏	含义
AF_UNSPEC	未指定
AF_INET	网际协议第四版（IPv4）
AF_IPX	网间分组交换：流行于Novell和MS-DOS系统的早期网络层协议
AF_APPLETALK	Appletalk协议：流行于苹果系统的早期网络协议系列
AF_INET6	网际协议第六版（IPv6）

当前大部分游戏都支持IPv4，所以你的代码中最有可能使用 AF_INET。因为越来越多的用户切换到IPv6网络连接，所以同时支持 AF_INET6 也更加值得。参数 type 指明通过socket发送和接收分组的形式。socket可以使用的每一个传输层协议都有对应的数据包分组和使用的方式。表3.2列出了该参数最常用的取值。

表3.2　创建socket的type取值

宏	含义
SOCK_STREAM	数据包代表有序的、可靠的数据流分段
SOCK_DGRAM	数据包代表离散的报文
SOCK_RAW	数据包头部可以由应用层自定义
SOCK_SEQPACKET	与SOCK_STREAM类似，但是数据包接收时需要整体读取

创建类型为SOCK_STREAM的socket是告诉操作系统，socket需要有状态的连接。操作系统则分配必要的资源来支持可靠的、有序的数据流。当创建TCP socket时，这是最合适的socket类型。另外，SOCK_DGRAM提供不稳定的连接，仅需要分配最少的必需资源来发送和接收单独的数据报。socket不需要花费资源来保证数据可靠和有序。当创建UDP socket时，这是最合适的socket类型。

参数protocol表示发送数据时socket应该使用的协议，包括传输层协议或者互联网协议族中的各种实用网络层协议。通常，这个协议值被直接复制到每个即将发送的数据包中IP头部的协议字段，告诉接收方的操作系统如何解释封装在数据包中的数据。表3.3列出了参数protocol的典型取值。

表3.3　创建socket的protocol取值

宏	需要的类型	含义
IPPROTO_UDP	SOCK_DGRAM	数据包封装UDP数据报
IPPROTO_TCP	SOCK_STREAM	数据包封装TCP报文段
IPPROTO_IP/0	Any	为给定的类型使用默认协议

注意protocol取值为0表示告诉操作系统为给定的socket类型选取默认的实现协议。意思是可以通过调用如下函数创建一个IPv4 UDP socket：

```
SOCKET udpSocket = socket(AF_INET, SOCK_DGRAM, 0);
```

调用如下函数创建一个TCP socket：

```
SOCKET tcpSocket = socket(AF_INET, SOCK_STREAM, 0);
```

关闭socket时，不考虑类型，直接使用closesocket函数：

```
int closesocket( SOCKET sock );
```

当关闭TCP socket时，很重要的一件事是保证所有发送的和接收的数据都已经传输和确认。所以最好先停止socket传输，等待所有的数据被确认，所有传入的数据被读取，再关闭socket。

在关闭之前，停止传输和接收，使用shutdown函数：

```
int shutdown(SOCKET sock, int how)
```

对于参数how，传入SD_SEND表示停止发送，SD_RECEIVE表示停止接收，SD_BOTH表示停止发送和接收。传入SD_SEND将产生FIN数据包，当所有数据发送后再发送这个数据包，通知连接的另外一端可以安全关闭socket。然后另一个FIN数据包作为响应再返回给发送方。一旦你的游戏收到FIN数据包，说明可以安全关闭socket。

这样关闭socket并返回给操作系统任何与之相关的资源。当不需要socket时，一定要确保关闭它们。

> 注释：
>
> 在大部分情况下，操作系统为通过socket发送的每个数据包创建IP层头部和传输层头部。但是，通过创建type为SOCK_RAW和protocol为0的socket，可以直接写这两层头部的值，这允许你直接设置通常不被编辑的头部域值。例如，你可以轻松设置每个即将发送的数据包的TTL，Traceroute工具就是这样做的。手动写入不同头部字段的取值也是在这些字段插入非法取值的唯一方法，这在模糊测试你的服务器时是非常有用的，我们将在第10章介绍。
>
> 因为raw socket允许头部字段的非法取值，所以存在潜在的安全风险，大部分的操作系统仅仅在有较高安全凭据的程序中才允许创建raw socket。

3.2　API操作系统差异

尽管伯克利套接字是在不同平台上进行互联网通信的标准底层方法，但并不是在所有的操作系统上API都是一样的。在跨平台socket开发之前，有许多值得学习的特异性和不同之处。

第一个是用于表示socket本身的数据类型。上一节中的socket函数的返回值类型是SOCKET，但是这个类型仅仅在基于Windows的平台上使用，如Windows 10和Xbox。看Windows的头文件会发现SOCKET是类型为UINT_PTR的typedef。也就是说，它指向保存socket状态和数据的内存中的一块区域。

不过，在基于POSIX的平台，如Linux、Mac OS X和PlayStation，socket用一个int表示。本质上没有socket数据类型，socket函数返回一个整数。这个整数表示操作系统中打开的文件和socket列表的一个索引。用这种方法，

socket与POSIX文件描述符十分类似，事实上，它可以传入很多操作系统函数作为文件描述符。以这种方式使用socket和专用socket函数相比失去了一些灵活性，但是在许多情况下也提供了简单的途径将非网络程序移植为网络兼容的程序。socket函数返回int的一个最明显不足是缺乏类型安全性，因为编译器允许代码中传入一个整数表达式（例如5×4）作为socket参数。本章中许多代码示例阐述这个问题，因为这是伯克利套接字API存在于所有平台上的缺点。

不论您的平台上socket表示为int还是SOCKET，值得注意的是在调用socket库函数的时候socket总是应该以值的方式传递。

不同平台之间的第二个主要差异是包含库声明的头文件。Windows的socket库是Winsock2，需要使用socket函数的文件必须#include文件WinSock2.h。Winsock库的一个旧版本是Winsock，这个版本实际上已经默认包含在大部分Windows程序都使用的Windows.h文件中。Winsock库是Winsock2的一个早期的、有限的、未被优化的版本，但是已经包含了一些基本的库函数，例如上一节介绍的socket创建。当在相同的编译单元中同时包含Windows.h和WinSock2.h会造成命名冲突：同一个函数的多次声明会产生编译器错误，不清楚这一冲突的程序员会感到很困惑。为了避免这个问题，必须保证在#include Windows.h之前#include WinSock2.h，或者在Windows.h之前#define宏WIN32_LEAN_AND_MEAN。宏产生预处理将Windows.h中包含的Winsock忽略，这样避免了冲突。

WinSock2.h中仅仅包含和socket直接相关的函数声明及数据类型。想要其他功能，必须要包含其他文件。例如，本章将讨论的地址转换功能，需要包含Ws2tcpip.h。

在POSIX平台，只有一个版本的socket库，通过包含sys/socket.h文件来使用。为了使用IPv4特有的功能，必须还要包含netinet/in.h。要使用地址转换功能，需要包含arpa/inet.h。要实现名称解析，需要包含netdb.h。

初始化和关闭socket库，各个平台之间也不同。在POSIX平台，库在默认情况下就是激活的状态，不需要特意启动socket功能。但是，Winsock2需要显式地启动和关闭，并允许用户指定使用什么版本。使用WSAStartup激活Windows上的socket库：

```
int WSAStartup(WORD wVersionRequested, LPWSADATA lpWSAData);
```

其中，wVersionRequested是两字节的WORD，低字节表示主版本号，高字节表示所需要的Winsock实现的最低版本。出版这本书时所支持的最高版本是2.2，所以通常这个参数的取值为MAKEWORD(2, 2)。

lpWSAData 指向 Windows 特定的数据结构，WSAStartup 函数填入被激活的 socket 库的信息，包括实现的版本。通常这个值与要求的版本匹配，不需要检查该数据。

WSAStartup 返回值是 0 或者错误代码，0 表示成功，错误代码表示不能启动的原因。注意你的进程必须首先成功执行 WSAStartup，才能正确运行 Winsock2 中的函数。

关闭库时，调用 WSACleanup：

```
int WSACleanup();
```

WSACleanup 没有输入参数，返回的是错误代码。当一个进程调用 WSACleanup 时，会结束所有未完成的 socket 操作，释放所有 socket 资源。所以在关闭 Winsock 之前，最好确保所有 socket 都已经关闭并且没有在使用。WSAStartup 是引用计数的，所以调用 WSACleanup 的次数与调用 WSAStartup 的次数必须一致，来保证真正清理了一切。

错误报告的处理各个平台之间略有不同。所有平台上的大部分函数错误时返回 -1。Windows 中，可以使用宏 SOCKET_ERROR 代替 -1。但是单独的 -1 不能显示错误的来源，所以 Winsock2 提供了获取额外错误代码的 WSAGetLast Error 函数来得到错误原因：

```
int WSAGetLastError();
```

这个函数仅返回当前运行线程的最近错误代码，所以在 socket 库函数返回 -1 之后马上检查错误原因，这一点很重要。在发生错误之后继续调用 socket 函数会因为第一个错误而造成第二个错误。这将改变 WSAGetLastError 的返回结果，掩盖问题的真正原因。

类似地，POSIX 兼容库也提供获取特定错误信息的方法。但是，它们使用 C 标准库中的全局变量 errno 报告错误代码。为了获得代码中 errno 的值，必须包含 errno.h 文件。之后将可以像读取其他变量一样读取 errno。与 WSAGetLastError 的返回结果一样，每次函数调用之后，errno 的值都可以改变，所以在发生错误之后马上检查这个值是非常重要的。

> 小窍门：
>
> socket 库中大部分与平台无关的函数仅使用小写字母，例如 socket。但是，大部分 Windows 下的 Winsock2 函数以大写字母开头，有时使用 WSA 前缀，来标记它们为非标准函数。当做 Windows 开发时，尽量将大写字母的 Winsock2 函数和跨平台函数相分离，这样移植到 POSIX 平台的时候会更容易一些。

Winsock2特定函数是伯克利套接字库的POSIX版本所不支持的，就像大部分POSIX兼容的操作系统除了有POSIX标准函数外，还有它们自己平台独有的网络函数一样。标准的socket函数为典型的多人网络游戏提供了充足的功能，所以在本章的剩余部分，我们仅仅讲解标准的、跨平台的函数。本书中的代码是面向Windows操作系统的，仅仅在启动、关闭和检查错误的必要时刻使用Winsock2特定的函数。当函数跨平台会出现差异时，本书都会介绍多个版本。

3.3 socket地址

每一个网络层数据包都需要一个源地址和一个目的地址。如果数据包封装传输层数据，还需要一个源端口和一个目的端口。为了将地址信息传入和传出socket库，API提供了sockaddr数据类型：

```
struct sockaddr {
    uint16_t   sa_family;
    char       sa_data[14];
};
```

sa_family是一个常数，指定地址类型。当在socket中使用这个socket地址时，sa_family字段应该与创建socket时使用的参数af一致。sa_data是14字节，存储真正的地址。sa_data字段是通用的字节数组，因为它必须能够存储适用于任何地址族的地址格式。从技术上讲，你可以手动填写字节，但是这需要知道各种地址族的内存布局。为了弥补这一点，API为常用地址族提供了帮助地址初始化的专用数据类型。因为在socket API建立的时候没有类和多态继承，所以当socket API函数需要传入地址时，必须手动将这些数据类型转换为sockaddr类型。使用sockaddr_in类型创建一个IPv4数据包的地址：

```
struct sockaddr_in {
    short      sin_family;
    uint16_t   sin_port;
    struct     in_addr sin_addr;
    char       sin_zero[8];
};
```

sin_family和sockaddr中的sa_family重叠，因此具有相同的含义。
sin_port存储地址中的16位端口部分。

sin_addr存储4字节的IPv4地址。in_addr类型在不同的socket库之间有差异。在一些平台上，它是简单的4字节整数。IPv4地址通常不写成4字节的整数，而是由英文句号分隔的4个单独的字节。出于这个原因，一些平台提供一个结构体来封装这个结构，用于设置不同格式的地址：

```
struct in_addr {
  union {
    struct {
      uint8_t s_b1,s_b2,s_b3,s_b4;
    } S_un_b;
    struct {
      uint16_t s_w1,s_w2;
    } S_un_w;
    uint32_t S_addr;
  } S_un;
};
```

通过设置union S_un中结构体S_un_b的s_b1、s_b2、s_b3和s_b4字段，可以以一种人类可读的形式输入地址。

sin_zero不使用，仅仅为了填补sockaddr_in，使得sockaddr_in的大小与sockaddr的大小一致。为了一致性，应该设置为全0。

> 小窍门：
>
> 一般而言，当实例化BSD socket结构体时，一种好的方法是使用memset将所有的成员清零。这将有利于阻止来自未初始化字段的跨平台错误，当一个平台使用的字段在另外一个平台不使用的时候会出现这种情况。

当利用4字节整数设置IP地址或者设置端口号时，很重要的一件事情是考虑TCP/IP协议族和主机有可能在多字节数的字节序上采用不同的标准。第4章将深入研究与平台相关的字节序，但是现在，知道socket地址结构体中的多字节数赋值必须将主机字节序转换为网络字节序将足够了。为了实现这个功能，socket API提供了htons函数和htonl函数：

```
uint16_t htons( uint16_t hostshort );
uint32_t htonl( uint32_t hostlong );
```

htons函数输入以主机本地字节序表示的任意无符号16位整数，将其转换为网络字节序表示的整数。htonl函数针对32位整数执行同样的操作。

有些平台上主机的字节序和网络的字节序相同，那么这些函数不做任何操作。当开启优化程序时，编译器会识别这一情况并忽略这个函数调用，不产生任何额外的代码。在主机字节序和网络字节序不同的平台上，返回值与输入参数有相同的字节，但是顺序交换了。意思是如果你使用的是这样的平台，你使用调试器检查一个正确初始化的sockaddr_in的sa_port字段，那里十进制表示的值与你预期的端口将不一样，而是你的端口号交换字节后的十进制值。

有时，如接收数据包时，socket库赋值给sockaddr_in结构体。这时，sockaddr_in字段仍然是网络字节序，所以如果你想要提取并读懂它们，应该使用ntohs函数和ntohl函数将网络字节序转换为主机字节序：

```
uint16_t ntohs(uint16_t networkshort);
uint32_t ntohl(uint32_t networklong);
```

这两个函数的工作方式与主机字节序转换为网络字节序的函数一样。

把上述这些技术结合在一起，清单3.1展示了如何创建一个IP地址为65.254.248.180，端口为80的socket地址。

清单3.1 初始化 sockaddr_in

```
sockaddr_in myAddr;
memset(myAddr.sin_zero, 0, sizeof(myAddr.sin_zero));
myAddr.sin_family = AF_INET;
myAddr.sin_port = htons(80);
myAddr.sin_addr.S_un.S_un_b.s_b1 = 65;
myAddr.sin_addr.S_un.S_un_b.s_b2 = 254;
myAddr.sin_addr.S_un.S_un_b.s_b3 = 248;
myAddr.sin_addr.S_un.S_un_b.s_b4 = 180;
```

> 注释：
> 一些平台在sockaddr中添加额外的字段来存储结构体的长度。这是为了未来允许更长的sockaddr结构体。在这些平台上，长度设置为sizeof所使用的结构体。例如，在Mac OS X上，通过设置myAddr.sa_len = sizeof(sockaddr_in)来初始化名为myAddr的sockaddr_in。

3.3.1 类型安全

因为socket库最初建立时很少考虑类型安全，所以在应用层把基本的socket数据类型和函数封装为自定义的面向对象的结构体是很有帮助的。有助于将socket API从你的游戏代码中分离出来，以备你之后决定将socket库替换为其他网络库。本书中，我们将封装许多结构体和函数，以展示底层API的合理使用和提供一种更加类型安全的框架，在此框架上你可以建立自己的代码。清单3.2展示了sockaddr结构体的封装。

清单3.2 类型安全的SocketAddress类

```
class SocketAddress
{
public:
    SocketAddress(uint32_t inAddress, uint16_t inPort)
    {
        GetAsSockAddrIn()->sin_family = AF_INET;
        GetAsSockAddrIn()->sin_addr.S_un.S_addr = htonl(inAddress);
        GetAsSockAddrIn()->sin_port = htons(inPort);
    }
    SocketAddress(const sockaddr& inSockAddr)
    {
        memcpy(&mSockAddr, &inSockAddr, sizeof( sockaddr) );
    }

    size_t GetSize() const {return sizeof( sockaddr );}

private:
    sockaddr mSockAddr;

    sockaddr_in* GetAsSockAddrIn()
        {return reinterpret_cast<sockaddr_in*>( &mSockAddr );}
};
typedef shared_ptr<SocketAddress> SocketAddressPtr;
```

SocketAddress有两个构造函数。第一个构造函数输入一个4字节的IPv4地址和端口，将这个值赋值给内部的sockaddr。这个构造函数自动将地址族设置为AF_INET，因为这些参数仅仅对IPv4地址有意义。为了支持IPv6，你可以使用另外一个构造函数扩展这个类。

第二个构造函数输入一个本地的sockaddr，复制到内部的mSockAddr。当网络API返回sockaddr，同时你希望将其封装为SocketAddress时会非常有用。

SocketAddress的GetSize方法用于帮助保持代码整洁，特别是当处理需要sockaddr大小的函数时。

最后，SocketAddress的共享指针类型允许以更容易的方式共享socket地址，而不需要担心清理内存。此刻，SocketAddress封装的非常少，但是却提供了一个良好的基础，当后面的例子需要它时，在此基础上可以添加更多的功能。

3.3.2 用字符串初始化 sockaddr

向 socket 地址添加 IP 地址和端口有一定的工作量，特别是地址信息很可能来自程序配置文件或者命令行中的一个字符串。如果是将字符串输入 sockaddr，你可以不做处理工作，而是使用 inet_pton 函数（POSIX 兼容的系统）或者 InetPton 函数（Windows 系统）：

```
int inet_pton(int af, const char* src, void* dst);
int InetPton(int af, const PCTSTR src void* dst);
```

这两个函数都需要输入地址族，即 AF_INET 或 AF_INET6。这两个函数的功能是将 IP 地址从字符串表示转换为 in_addr 表示。src 应该指向空字符（NULL）结尾的字符串，该字符串存储英文句号分隔的地址。dst 应该指向待赋值的 sockaddr 的 sin_addr 字段。这个函数成功时返回 1，如果源字符串错误返回 0，如果发生其他系统错误返回 −1。清单 3.3 展示了如何使用一个字符串表示到网络结构的转化函数初始化 sockaddr。

清单 3.3 使用 InetPton 初始化 sockaddr

```
sockaddr_in myAddr;
myAddr.sin_family = AF_INET;
myAddr.sin_port = htons( 80 );
InetPton(AF_INET, "65.254.248.180", &myAddr.sin_addr);
```

尽管 inet_pton 将人类可读的字符串转换为二进制 IP 地址，但是这个字符串必须是一个 IP 地址，而不能是域名，因为没有执行域名查找。如果你希望执行一个简单的 DNS 查询将域名解析为 IP 地址，那么使用 getaddrinfo：

```
int getaddrinfo(const char *hostname, const char *servname, const addrinfo
*hints, addrinfo **res);
```

hostname 是空字符（NULL）结尾的字符串，存储待查找的域名。例如，"live-shore-986.herokuapp.com"。

servname 是空字符（NULL）结尾的字符串，存储端口号或者端口号对应的服务名称。例如，你可以传入 "80" 或者 "http" 来请求包含端口 80 的 sockaddr_in。

hints 是指向 addrinfo 结构体的指针，存储希望收到的结果。你可以使用这个参数设定一个理想的地址族或者其他要求，或者仅仅传入 nullptr 来获取所有相匹配的结果。

最后,res是一个指针的指针,指向新分配的addrinfo结构体链表的头部。
每个addrinfo表示来自DNS服务器响应的一部分。

```
struct addrinfo {
  int            ai_flags;
  int            ai_family;
  int            ai_socktype;
  int            ai_protocol;
  size_t         ai_addrlen;
  char           *ai_canonname;
  sockaddr       *ai_addr;
  addrinfo       *ai_next;
}
```

当输入addrinfo给getaddrinfo作为hint(提示)时,ai_flags、ai_
socktype和ai_protocol用于请求某些类型的响应。在响应中,它们可
以被忽略。

ai_family指定这个addrinfo从属的地址族。AF_INET表示IPv4地址,AF_
INET6表示IPv6地址。

ai_addrlen给出了ai_addr指向的sockaddr的大小。

如果在最初调用时addrinfo的ai_flags字段设置了AI_CANONNAME标记,
那么ai_canonname存储被解析主机的规范名称。

ai_addr存储给定地址族的sockaddr,指向在调用时由参数hostname指
定的主机和servname指定的端口。

ai_next指向链表中的下一个addrinfo。因为一个域名可以对应多个IPv4
和IPv6地址,所以你应该遍历链表直到找到满足你需求的sockaddr。或
者,你可以在addrinfo中设置ai_family作为提示,这样你收到的结果
中仅仅包括想要的地址族。链表中最后一个addrinfo的ai_next字段是
nullptr,表明这是链表的尾部。

因为getaddrinfo分配一个或者多个addrinfo结构体,所以一旦保存了
需要的sockaddr,应该调用freeaddrinfo释放内存:

```
void freeaddrinfo(addrinfo* ai);
```

仅仅给参数ai输入getaddrinfo返回的第一个addrinfo,这个函数将遍
历整个链表来释放所有addrinfo节点和相关的缓存。

为了将主机名解析为IP地址,getaddrinfo创建一个DNS协议包,使用
UDP或者TCP协议发送给操作系统配置指定的DNS服务器。然后等待响
应,解析响应,构建addrinfo结构体链表,返回调用者。因为这个过程

依赖于和远程主机的通信，所以需要大量的时间。有时是毫秒级的，但是更多时候是秒级的。getaddrinfo没有内置的异步操作，所以它会阻塞调用线程，直到收到响应。这可能会导致不良的用户体验，所以如果你需要将主机名解析为IP地址，应该考虑在游戏主线程之外的另一个线程中调用getaddrinfo函数。Windows下，还可以调用Windows特有的GetAddrInfoEx函数，它允许无需手工创建线程的异步操作。

你可以将getaddrinfo的功能很好地封装成SocketAddressFactory类，如清单3.4所示。

清单3.4 使用SocketAddressFactory类的域名解析

```cpp
class SocketAddressFactory
{
public:
    static SocketAddressPtr CreateIPv4FromString(const string& inString)
    {
        auto pos = inString.find_last_of(':');
        string host, service;
        if(pos != string::npos)
        {
            host = inString.substr(0, pos);
            service = inString.substr(pos + 1);
        }
        else
        {
            host = inString;
            //use default port...
            service = "0";
        }
        addrinfo hint;
        memset(&hint, 0, sizeof(hint));
        hint.ai_family = AF_INET;

        addrinfo* result;
        int error = getaddrinfo(host.c_str(), service.c_str(),
                                &hint, &result);
        if(error != 0 && result != nullptr)
        {
            freeaddrinfo(result);
            return nullptr;
        }
```

```
        while(!result->ai_addr && result->ai_next)
        {
            result = result->ai_next;
        }

        if(!result->ai_addr)
        {
            freeaddrinfo(result);
            return nullptr;
        }
        auto toRet = std::make_shared< SocketAddress >(*result->ai_addr);

        freeaddrinfo(result);

        return toRet;
    }
};
```

SocketAddressFactory有一个使用字符串表示的主机名和端口来创建SocketAddress的静态方法。这个函数返回SocketAddressPtr，如果在域名转换时出错了，返回nullptr。相比于在SocketAddress构造函数里进行这些转换，这是一个更好的方法，因为这样不需要异常处理也能保证不存在一个被错误初始化的SocketAddress。如果CreateIPv4FromString返回的是非空指针，那么保证是一个有效的SocketAddress。

这个方法首先通过搜索冒号将端口和域名分离。然后创建一个hint（提示）addrinfo来保证只能返回IPv4结果。将上述参数输入getaddrinfo，遍历结果链表直到找到一个非空地址。使用合适的构造函数将这个地址复制到新的SocketAddress，然后释放这个链表。如果出错，将返回null。

3.3.3 绑定socket

通知操作系统socket将使用一个特定地址和传输层端口的过程称为**绑定**（binding）。手动将一个socket绑定到一个地址和端口时，使用bind函数：

```
int bind(SOCKET sock, const sockaddr *address, int address_len);
```

sock是待绑定的socket，之前通过socket函数创建。

address是socket应该绑定的地址。注意，这与socket发送数据包的目的地址无关。你可以把它看作是发送出去的数据包的源地址。你在指定一个返回地址，这似乎很奇怪，因为任何从这台主机发送的数据包显然是来自这台主机的地址。但是，记住一台主机可以有多个网络接口，每一个网络接口有自己的IP地址。

通过一个特定地址的绑定允许你确定socket应该使用哪个接口。当主机作为路由器或网络之间的桥梁时，这将特别有用，因为不同的接口有可能连接完全不同的计算机。对于多人游戏，指定网络接口没那么重要，事实上通常需要为所有可用的网络接口和主机的所有IP地址绑定端口。为此，你可以给需要绑定的sockaddr_in的sin_addr字段赋值为宏 INADDR_ANY。address_len应该存储address的sockaddr结构体的大小。

bind成功时返回0，出现错误时返回−1。

将socket与sockaddr绑定有两个作用。第一，当传入数据包的目的地址和socket绑定的地址及端口一致时，告诉操作系统这个socket应该是传入数据包的目标接收者。第二，为从socket发送出去的数据包创建网络层和传输层头部的时候，它指定了socket库使用的源地址和端口。

通常，你只能将一个socket绑定到一个给定的地址和端口。如果这个地址和端口已经被占用，那么bind返回一个错误。这种情况下，你可以反复尝试绑定不同的端口，直到找到可用的端口。为了自动完成这个操作，你可以给需要绑定的端口赋值为0，这将告诉socket库找一个未被使用的端口并绑定。

socket在用于发送和接收数据之前必须要绑定。因此，如果一个进程试图使用一个未被绑定的socket发送数据，网络库将自动为这个socket绑定一个可用的端口。因此，手动调用bind函数的唯一原因是指定绑定的地址和端口。当创建一台需要在公开地址和端口监听数据包的服务器时，这是必须的，但是对于客户端通常是没有必要的。客户端将自动绑定任何可用的端口：当给服务器发送第一个数据包时，这个数据包包含自动选择的源地址和端口，服务器使用这些信息就可以正确返回数据包。

3.4　UDP Socket

一旦创建好socket，就可以通过UDP socket发送数据。如果没有绑定，网络模块将在动态端口范围内找一个空闲的端口自动绑定。使用sendto函数发送数据：

```
int sendto(SOCKET sock, const char *buf, int len, int flags,
```

```
const sockaddr *to, int tolen);
```

sock 是数据包应该使用的 socket。如果 socket 没有被绑定，socket 库将自动将其绑定到一个可用的端口。socket 绑定的地址和端口将作为即将发送的数据包头部的源地址。

buf 是指向待发送数据起始地址的指针。它不必是一个真实的 char* 类型，可以是任何能够被转换为 char* 的数据类型。正因为如此，void* 其实是这个参数更合适的数据类型，所以把它当成 void* 对待是非常有用的。

len 是待发送数据的大小。通常包含 8 字节头部的 UDP 数据包最大长度是 65535 字节，因为头部的长度字段仅占用 16 比特。但是，还记得数据链路层的 MTU 决定了在不分片的情况下可以发送的最大数据包。以太网的 MTU 是 1500 字节，但是这 1500 字节中不仅包括游戏的负载数据，还包括多个头部和任何可能的封装数据。因为游戏程序员应当尽量避免分片，所以好的方法是避免发送数据大于 1300 字节的数据包。

flags 是对控制发送的标志进行按位或运算的结果。大多数游戏代码中，该参数取值为 0。

to 是目标接收者的 sockaddr。这个 sockaddr 的地址族必须与用于创建 socket 的地址族一致。参数 to 中的地址和端口被复制到 IP 头部和 UDP 头部作为目的 IP 地址和目的端口。

tolen 是传入参数 to 的 sockaddr 的大小。对于 IPv4，传入 sizeof (sockaddr_in) 即可。

如果操作成功，sendto 函数返回等待发送的数据长度，否则返回 -1。请注意，非零的返回值并不代表数据已经成功发送出去了，仅仅表示已经成功进入发送队列。

使用 recvfrom 函数从 UDP socket 接收数据是一件很简单的事情：

```
int recvfrom(SOCKET sock, char *buf, int len, int flags, sockaddr *from,
int *fromlen);
```

sock 是查询数据的 socket。默认情况下，如果没有发送到 socket 的未读数据，线程将被阻塞，直到有数据报到达。

buf 是接收的数据包的缓冲区。默认情况下，一旦数据包已经通过调用 recvfrom 函数复制到缓冲区，socket 库将不再保存它的副本。

len 指定参数 buf 可以存储的最大字节数。为了避免缓冲区溢出错误，recvfrom 函数不能向 buf 复制比这个参数更多的字节。到达的数据包中的剩余字节将被丢弃，所以需要确保使用的接收缓冲区能有你期望接收的最大数据包的大小。

flags是对控制接收的标志进行按位或运算的结果。大多数游戏代码中，该参数取值为0。一个偶尔使用的有用的标志是MSG_PEEK。它将一个接收的数据报复制到参数buf中，但是不删除输入队列中的数据。这样下一次调用recvfrom函数时可以重新读取相同的数据包，这个调用可能会准备更大的缓冲区。

from是一个指向sockaddr结构体的指针，recvfrom函数会写入发送者的地址和端口。请注意，这个结构体不需要提前使用任何地址信息进行初始化。一个常见的错误是，调用者希望通过设置这个参数来要求只接收来自特定地址的数据包，但这是不可能的。相反地，数据报按序交付给recvfrom函数，对每一个数据报，变量from都被设置为相应的源地址。

fromlen是一个指向整数的指针，存储参数from所指向的sockaddr的大小。如果recvfrom函数不需要全部空间来复制源地址，它可以减少这个值。

如果成功执行，recvfrom函数返回复制到buf的字节数。如果发生错误，返回−1。

类型安全的UDP Socket

清单3.5展示了类型安全的UDPSocket类，能够绑定地址、发送和接收数据包。

清单3.5　类型安全的UDPSocket类

```
class UDPSocket
{
public:
    ~UDPSocket();
    int Bind(const SocketAddress& inToAddress);
    int SendTo(const void* inData, int inLen, const SocketAddress& inTo);
    int ReceiveFrom(void* inBuffer, int inLen, SocketAddress& outFrom);
private:
    friend class SocketUtil;
    UDPSocket(SOCKET inSocket) : mSocket(inSocket) {}
    SOCKET mSocket;
};
typedef shared_ptr<UDPSocket> UDPSocketPtr;

int UDPSocket::Bind(const SocketAddress& inBindAddress)
{
    int err = bind(mSocket, &inBindAddress.mSockAddr,
            inBindAddress.GetSize());
```

```
    if(err != 0)
    {
        SocketUtil::ReportError(L"UDPSocket::Bind");
        return SocketUtil::GetLastError();
    }
    return NO_ERROR;
}


int UDPSocket::SendTo(const void* inData, int inLen,
                      const SocketAddress& inTo)
{
    int byteSentCount = sendto( mSocket,
                                static_cast<const char*>( inData),
                                inLen,
                                0, &inTo.mSockAddr, inTo.GetSize());
    if(byteSentCount >= 0)
    {
        return byteSentCount;
    }
    else
    {
        //return error as negative number
        SocketUtil::ReportError(L"UDPSocket::SendTo");
        return -SocketUtil::GetLastError();
    }
}


int UDPSocket::ReceiveFrom(void* inBuffer, int inLen,
                           SocketAddress& outFrom)
{
    int fromLength = outFrom.GetSize();
    int readByteCount = recvfrom(mSocket,
                                 static_cast<char*>(inBuffer),
                                 inLen,
                                 0, &outFrom.mSockAddr,
                                 &fromLength);
    if(readByteCount >= 0)
    {
        return readByteCount;
    }
    else
    {
```

```
        SocketUtil::ReportError(L"UDPSocket::ReceiveFrom");
        return -SocketUtil::GetLastError();
    }
}


UDPSocket::~UDPSocket()
{
    closesocket(mSocket);
}
```

UDPSocket类有三个主要方法：Bind、SendTo和ReceiveFrom。每一个都使用之前定义的SocketAddress类。为了做到这一点，UDPSocket必须声明为SocketAddress的友元类，这样，这些方法才能使用私有成员变量sockaddr。采用这种方式操纵SocketAddress保证了socket封装之外的代码不能直接编辑sockaddr，可以减少依赖和防止潜在的错误。面向对象的封装的一个好处是能够创建析构函数。在这种情况下，~UDPSocket自动关闭内部封装的socket以防止socket泄露。

清单3.5的UDPSocket代码引入了依赖SocketUtil类进行错误报告。使用这种方式隔离错误报告的代码很容易改变错误处理的行为，同时清晰地避免有些平台使用WASGetLastError处理错误，而有些平台使用errno造成的问题。

这个代码没有提供直接创建UDPSocket的方法。UDPSocket的唯一构造函数是私有的。类似SocketAddressFactory模式，这样可以禁止创建一个含有无效mSocket成员的UDPSocket。相反地，清单3.6中的SocketUtil::Create UDPSocket函数只有在底层socket调用成功之后才可以创建UDPSocket。

清单3.6　创建UDP Socket

```
enum SocketAddressFamily
{
    INET = AF_INET,
    INET6 = AF_INET6
};
UDPSocketPtr SocketUtil::CreateUDPSocket(SocketAddressFamily inFamily)
{
    SOCKET s = socket(inFamily, SOCK_DGRAM, IPPROTO_UDP);
    if(s != INVALID_SOCKET)
    {
        return UDPSocketPtr(new UDPSocket(s));
```

```
    }
    else
    {
        ReportError(L"SocketUtil::CreateUDPSocket");
        return nullptr;
    }
}
```

3.5 TCP Socket

UDP 是无状态的、无连接的和不可靠的，所以每台主机只需要一个单独的 socket 来发送和接收数据。但是 TCP 是可靠的，需要发送数据之前，在两台主机之间建立连接。此外，必须维护和存储状态以重新发送丢失的数据包。在伯克利套接字 API 中，socket 本身存储连接状态，意思是主机针对每个保持的 TCP 连接，都需要一个额外的、单独的 socket。

TCP 需要三次握手启动客户端和服务器之间的连接。服务器要接收这三次握手中初始阶段的数据包，必须首先创建一个 socket，绑定到指定的端口，然后才能监听传入的连接请求。使用 socket 和 bind 函数创建和绑定一个 socket 之后，才可以使用 listen 函数启动监听：

```
int listen(SOCKET sock, int backlog);
```

sock 是设置为监听模式的 socket。监听模式的 socket 每收到 TCP 握手的第一阶段数据包时，存储这个请求，直到相应的进程调用函数来接受这个连接，并继续握手操作。

backlog 是队列中允许传入的最大连接数。一旦队列中的传入连接数量达到最大值，任何后续的连接都将被丢弃。输入 SOMAXCONN 表示使用默认的 backlog 值。

函数执行成功时返回 0，发生错误返回 -1。

接受传入的连接并继续 TCP 握手过程时，调用 accept 函数：

```
SOCKET accept(SOCKET sock, sockaddr* addr, int* addrlen);
```

sock 是接受传入连接的监听 socket。

addr 是指向 sockaddr 结构体的指针，将被写入请求连接的远程主机的地址。与 recvfrom 函数中的地址类似，这个 sockaddr 结构体也不需要被初始化，它不能控制接受哪个连接，能做的仅仅是存储被接受连接的地址。

addrlen是指向addr缓冲区大小的指针，以字节为单位。当真正写入地址之后，accept函数将更新这个参数。

如果accept函数执行成功，将创建并返回一个可以与远程主机通信的新socket。这个新socket被绑定到与监听socket相同的端口号上。当操作系统收到一个目的端口是该绑定端口的数据包时，它使用源地址和源端口来确定哪个socket应该接收这个数据包：还记得之前提到过，TCP要求每台主机针对每个保持的TCP连接都需要单独的socket。

accept函数返回的新socket与发起连接的远程主机相关。它存储远程主机的地址和端口，跟踪所有发送出去的数据包，一旦丢失可以重发。它也是与远程主机通信的唯一socket：一个进程不应该试图使用处于监听模式的初始socket给远程主机发送数据。这将会失败，因为监听socket没有连接到任何主机，仅仅扮演程序调度者的角色，帮助创建新socket来响应传入的连接请求。

默认情况下，如果没有待接受的传入连接，accept函数将阻塞调用线程，直到收到一个传入的连接，或者超时。

监听和接受连接的过程是不对称的。只有被动的服务器需要一个监听socket。希望发起连接的客户端应该创建socket，并使用connect函数开始与远程服务器的握手过程：

```
int connect(SOCKET sock, const sockaddr *addr, int addrlen);
```

sock是待连接的socket。

addr是指向目的远程主机的地址指针。

addrlen是addr参数所指向地址的长度。

函数执行成功时返回0，发生错误返回-1。

调用connect函数通过给目的主机发送初始SYN数据包来启动TCP握手。如果目的主机有绑定到适当端口的监听socket，它将调用accept函数来继续握手过程。默认情况下，connect函数将阻塞调用线程，直到连接被接受，或者超时。

3.5.1　通过连接的socket实现发送和接收

连接的TCP socket存储远程主机的地址信息。因此，进程不需要为传输数据的函数传入地址参数，而是使用send函数通过连接的TCP socket发送数据：

```
int send(SOCKET sock, const char *buf, int len, int flags)
```

sock是用于发送数据的socket。

buf 是写入缓冲区。请注意，与 UDP 不同，buf 不是一个数据包，不需要作为一个单独的数据单元传输。而是将数据放到 socket 的输出缓冲区中，socket 库来决定在将来某一时间发送出去。如果使用第 2 章中介绍的纳格算法，需要积累到 MSS 大小的数据时再发送出去。

len 是传输的字节数量。与 UDP 不同，不需要保持这个值低于链路层的 MTU。只要 socket 的输出缓冲区有空间，网络库就可以将数据放到缓冲区中，然后等到缓冲区数据块大小合适时再发送出去。

flags 是对控制数据发送标志进行按位或运算的结果。大多数游戏代码中，该参数取值为 0。

如果 send 函数调用成功，返回发送数据的大小。如果 socket 的输出缓冲区有一些空余的空间，但不足以容纳整个 buf 时，这个值可能会比参数 len 小。如果没有空间，默认情况下，调用线程将被阻塞，直到调用超时，或者发送了足够的数据后产生空间。如果发生错误，send 函数返回 −1。请注意，非零的返回值并不代表数据已经成功发送出去了，只能说明数据被存入队列中等待发送。

调用 recv 函数从一个连接的 TCP socket 接收数据：

```
int recv(SOCKET sock, char *buf, int len, int flags);
```

sock 是待接收数据的 socket。

buf 是数据接收缓冲区。被复制 buf 中的数据从 socket 的接收缓冲区删除。

len 是拷贝到 buf 中数据的最大数量。

flags 是对控制数据接收的标志进行按位或运算的结果。可用于 recvfrom 函数的标志都可以用于 recv 函数。大多数游戏代码中，该参数取值为 0。

如果 recv 函数调用成功，返回接收的数据大小。这个值小于等于 len。根据远程调用 send 函数的信息不可能预测接收数据的数量：远程主机的网络库收集数据，然后发送它认为合适大小的报文段。当 len 非零时，如果 recv 返回 0，说明连接的另外一端发送了一个 FIN 数据包，承诺没有更多需要发送的数据。当 len 为零时，如果 recv 返回 0，说明 socket 上有可以读的数据。当有许多 socket 在使用时，这是检查是否有数据到来而不需要占用单独缓冲区的一个简便方法。当 recv 函数已经表明有可用的数据时，你可以保留一个缓冲区，然后再次调用 recv 函数，输入这个缓冲区和非零的 len。

如果发生错误，recv 函数返回 −1。

默认情况下，如果 socket 的接收缓冲区中没有数据，recv 函数阻塞调用线程，直到数据流中的下一组数据到达，或者超时。

> 注释：
>
> 你可以在连接的 socket 上使用 sendto 函数和 recvfrom 函数。但是，地址参数将被忽略，这很令人困惑。同样地，在一些平台上，可以在 UDP socket 上调用 connect 函数，在 socket 的连接数据中存储远程主机的地址和端口。这并没有建立一个可靠的连接，但是允许使用 send 函数给已保存的主机发送数据，而不需要每次都指定地址。这也会导致这个 socket 抛弃来自除这台已保存主机之外的数据报文。

3.5.2 类型安全的 TCP Socket

类型安全的 TCPSocket 类与 UDPSocket 类看起来很像，但是封装了额外的面向连接的功能。清单 3.7 给出了具体实现。

清单 3.7 类型安全的 TCPSocket 类

```
class TCPSocket
{
public:
    ~TCPSocket();
    int                      Connect(const SocketAddress& inAddress);
    int                      Bind(const SocketAddress& inToAddress);
    int                      Listen(int inBackLog = 32);
    shared_ptr< TCPSocket >  Accept(SocketAddress& inFromAddress);
    int                      Send(const void* inData, int inLen);
    int                      Receive(void* inBuffer, int inLen);
private:
    friend class SocketUtil;
    TCPSocket(SOCKET inSocket) : mSocket(inSocket) {}
    SOCKET mSocket;
};
typedef shared_ptr<TCPSocket> TCPSocketPtr;


int TCPSocket::Connect(const SocketAddress& inAddress)
{
    int err = connect(mSocket, &inAddress.mSockAddr, inAddress.GetSize());
    if(err < 0)
    {
        SocketUtil::ReportError(L"TCPSocket::Connect");
        return -SocketUtil::GetLastError();
```

```cpp
    }
    return NO_ERROR;
}
int TCPSocket::Listen(int inBackLog)
{
    int err = listen(mSocket, inBackLog);
    if(err < 0)
    {
        SocketUtil::ReportError(L"TCPSocket::Listen");
        return -SocketUtil::GetLastError();
    }
    return NO_ERROR;
}


TCPSocketPtr TCPSocket::Accept(SocketAddress& inFromAddress)
{
    int length = inFromAddress.GetSize();
    SOCKET newSocket = accept(mSocket, &inFromAddress.mSockAddr, &length);

    if(newSocket != INVALID_SOCKET)
    {
        return TCPSocketPtr(new TCPSocket( newSocket));
    }
    else
    {
        SocketUtil::ReportError(L"TCPSocket::Accept");
        return nullptr;
    }
}


int TCPSocket::Send(const void* inData, int inLen)
{
    int bytesSentCount = send(mSocket,
                             static_cast<const char*>(inData ),
                                inLen, 0);
    if(bytesSentCount < 0 )
    {
        SocketUtil::ReportError(L"TCPSocket::Send");
        return -SocketUtil::GetLastError();
```

```
    }
    return bytesSentCount;
}


int TCPSocket::Receive(void* inData, int inLen)
{
    int bytesReceivedCount = recv(mSocket,
                                  static_cast<char*>(inData), inLen, 0);
    if(bytesReceivedCount < 0)
    {
        SocketUtil::ReportError(L"TCPSocket::Receive");
        return -SocketUtil::GetLastError();
    }
    return bytesReceivedCount;
}
```

TCPSocket 包含 TCP 特有的方法：Send、Receive、Connect、Listen
和 Accept。TCPSocket 的 Bind 函数和析构函数与 UDPSocket 的一样，
所以这里没有显示。Accept 函数返回 TCPSocketPtr，确保当不再引用时，
socket 自动关闭。Send 函数和 Receive 函数不需要地址，因为它们自动使
用存储在连接的 socket 中的地址。

为了能够创建 TCPSocket，必须在 SocketUtil 中添加 CreateTCPSocket
函数。

3.6 阻塞和非阻塞 I/O

从 socket 接收数据是典型的阻塞操作。如果没有可以接收的数据，线程被
阻塞直到有数据到达。在主线程等待数据包的到达是很糟糕的方式。当
socket 还没有准备好时，发送、接受和发起连接操作同样可以被阻塞。对
于实时应用，例如游戏，需要检查到来数据而不降低帧率，这种方式会造
成许多问题。想象一下，一台游戏服务器与五台客户端建立了 TCP 连接。
如果服务器在其中一个 socket 上调用 recv 函数来检查来自相应客户端的新
数据，服务器的线程暂停，直到那个客户端发送了一些数据。这阻止了服
务器检查其他 socket，在监听 socket 上接受新连接和运行游戏模拟。显然
游戏不能使用这种方式。幸运的是有三种常见的方法可以解决这个问题：
多线程、非阻塞 I/O 和 select 函数。

3.6.1 多线程

解决阻塞 I/O 的一种方法是给每一个可能的阻塞调用生成一个线程。在刚才提到的例子中，这个服务器至少需要 7 个线程：每个客户端连接需要一个线程，监听 socket 需要一个线程，模拟需要一个或多个线程。图 3.1 展示了这个过程。

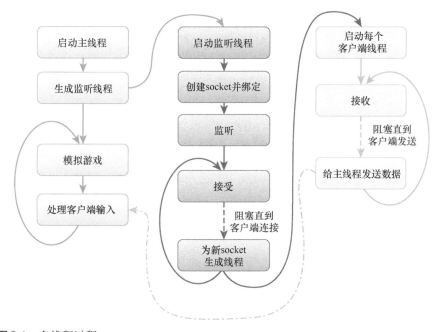

图 3.1 多线程过程

在启动后，监听线程创建一个 socket，绑定，调用 listen，然后调用 accept。accept 阻塞，直到有一个客户端尝试连接。当有一个客户端连接，accept 函数返回一个新 socket。服务器进程为这个 socket 生成一个新线程，循环调用 recv。recv 阻塞，直到客户端发送数据。当客户端发送数据，recv 函数开启，非阻塞线程使用一些回调机制在循环回来再次调用 recv 之前，向主线程发送新的客户数据。同时，在接受新连接的时候，监听 socket 保持阻塞，而主线程在模拟游戏运行。

这种方式有一个缺点是每个客户端需要一个线程，当客户端的数量增加时，不能得到很好的扩展。而且也很难管理，因为所有的客户端数据在并行的线程中进入，这些数据需要以安全的方式输入模拟。最后，如果模拟线程试图从一个 socket 发送数据，此刻接收线程也从这个 socket 接收数据，那么将阻塞模拟线程。这些都不是不能克服的问题，但是有更简单的方法。

3.6.2 非阻塞I/O

默认情况下，socket操作是阻塞模式，正如之前所介绍的。但是，socket也支持**非阻塞**（non-blocking）模式。当非阻塞模式的socket被要求执行一个需要阻塞的操作时，它将立刻返回−1。它还设置系统错误代码errno或WSAGetLastError，分别返回EAGAIN或WSAEWOULDBLOCK。这个代码表示之前的socket行为已经阻塞，没有发生就被终止了。然后调用进程可以做出相应的反应。

在Windows下，使用ioctlsocket函数设置socket为非阻塞模式：

```
int ioctlsocket(SOCKET sock, long cmd, u_long *argp);
```

sock是待被设置为非阻塞模式的socket。

cmd是用于控制的socket参数。在这种情况下，输入FIONBIO。

argp是这个参数的取值。任意非零值将开启非阻塞模式，0将阻止开启。

在POSIX兼容的操作系统下，使用fcntl函数：

```
int fcntl(int sock, int cmd, . . .);
```

sock是非阻塞模式的socket。

cmd是发给socket的命令。在更新的POSIX系统上，必须首先使用F_GETFL获取当前与socket相关的标志，让它们与常数O_NONBLOCK按位或运算之后，使用F_SETFL命令更新socket上的标志。清单3.8展示了如何添加一个方法为UDPSocket开启非阻塞模式。

清单3.8　为类型安全的socket开启非阻塞模式

```
int UDPSocket::SetNonBlockingMode(bool inShouldBeNonBlocking)
{
#if _WIN32
    u_long arg = inShouldBeNonBlocking ? 1 : 0;
    int result = ioctlsocket(mSocket, FIONBIO, &arg);
#else
    int flags = fcntl(mSocket, F_GETFL, 0);
    flags = inShouldBeNonBlocking ?
            (flags | O_NONBLOCK):(flags & ~O_NONBLOCK);
    int result = fcntl(mSocket, F_SETFL, flags);
#endif

    if(result == SOCKET_ERROR)
    {
```

```
        SocketUtil::ReportError(L"UDPSocket::SetNonBlockingMode");
        return SocketUtil::GetLastError();
    }
    else
    {
        return NO_ERROR;
    }
}
```

当socket处于非阻塞模式，调用任何阻塞函数都是安全的，因为我们知道如果它不能在没有阻塞的情况下完成，它会立刻返回。清单3.9展示了一个典型的使用非阻塞socket实现的游戏循环。

清单3.9　**使用非阻塞socket的游戏循环**

```
void DoGameLoop()
{
    UDPSocketPtr mySock = SocketUtil::CreateUDPSocket(INET);
    mySock->SetNonBlockingMode(true);

    while(gIsGameRunning)
    {
        char data[1500];
        SocketAddress socketAddress;

        int bytesReceived = mySock->ReceiveFrom(data, sizeof(data),
                socketAddress);
        if(bytesReceived> 0)
        {
            ProcessReceivedData(data, bytesReceived, socketAddress);
        }
        DoGameFrame();
    }
}
```

socket设置为非阻塞模式，游戏可以检查每帧内是否有准备好的待接收数据。如果有，游戏会先处理第一个挂起的数据报。如果没有，游戏立即进行到其余的帧，没有等待。如果你想要处理更多的数据报，可以添加循环来读取挂起的数据报，直到已经读取了最大数量，或者没有更多的数据报可读。限制每帧读取数据报数量很重要。如果不这样做的话，一个恶意的客户端可以发送大量的单字节数据报，发送的速度大于服务器处理的速度，严重阻碍服务器模拟游戏。

3.6.3　Select

每帧轮询非阻塞 socket 是在不阻塞线程的情况下检查传入数据的一种简单直接的方式。但是，当需要轮询的 socket 数量很大时，这种方式效率很低。作为替代方案，socket 库提供了同时检查多个 socket 的方式，只要其中有一个 socket 准备好了就开始执行。使用 select 函数实现这个操作：

```
int select(int nfds, fd_set *readfds, fd_set *writefds, fd_set *exceptfds,
const timeval *timeout);
```

在 POSIX 平台，nfds 是待检查的编号最大的 socket 的标识符。在 POSIX 平台，每一个 socket 只是一个整数，所以直接将所有 socket 的最大值传入这个函数。在 Windows 平台，socket 表示为指针，而不是整数，所以这个参数不起作用，可以忽略。

readfds 是指向 socket 集合的指针，称为 fd_set，包含要检查可读性的 socket。按如下方法处理一个 fd_set：当数据包到达 readfds 集合中的 socket，select 函数尽快将控制返回给调用线程。首先，将所有还没有收到数据的 socket 从集合中移出，然后当 select 函数返回时，仍然在 readfds 集合中的 socket 保证不会被读操作阻塞。给 readfds 传入 nullptr 来跳过任何 socket 可读性的检查。

writefds 是指向 fd_set 的指针，这个 fd_set 存储待检查可写性的 socket。当 select 函数返回，保留在 writefds 中的所有 socket 都保证可写，不会引起调用线程的阻塞。给 writefds 传入 nullptr 来跳过任何 socket 可写性的检查。通常，只有当 socket 的输出缓冲区有太多数据时，socket 才会阻塞写操作。

exceptfds 是指向 fd_set 的指针，这个 fd_set 存储待检查错误的 socket。当 select 函数返回，保留在 exceptfds 中的所有 socket 都已经发生了错误。给 exceptfds 传入 nullptr 来跳过任何 socket 错误的检查。

timeout 是指向超时之前可以等待最长时间的指针。如果在 readfds 中的任意一个 socket 可读，writefds 中的任意一个 socket 可写，或者 exceptfds 中的任意一个 socket 发生错误之前发生超时，清空所有集合，select 函数将控制返回给调用线程。给 timeout 输入 nullptr 来表明没有超时限制。

select 函数返回执行之后保留在 readfds、writefds 和 exceptfds 中 socket 的数量。如果发生超时，这个值是 0。

要初始化一个空的 fd_set，首先在堆栈上声明，然后使用 FD_ZERO 宏将其赋值为 0：

```
fd_set myReadSet;
FD_ZERO(&myReadSet);
```

使用FD_SET宏给集合添加一个socket：

```
FD_SET(mySocket, &myReadSet);
```

使用FD_ISSET宏检查在select函数返回之后，一个socket是否在集合中：

```
FD_ISSET(mySocket, &myReadSet);
```

select函数不是单一socket的函数，所以它不适合作为类型安全socket的方法。更准确地说，它属于SocketUtil类的一个实用方法。清单3.10展示了与类型安全的TCPSocket共同工作的Select函数。

清单3.10 与类型安全的TCPSocket一起使用的select函数

```
fd_set* SocketUtil::FillSetFromVector(fd_set& outSet,
                                      const vector<TCPSocketPtr>*
                                      inSockets)
{
    if(inSockets)
    {
        FD_ZERO(&outSet);
        for(const TCPSocketPtr& socket : *inSockets)
        {
            FD_SET(socket->mSocket, &outSet);
        }
        return &outSet;
    }
    else
    {
        return nullptr;
    }
}


void SocketUtil::FillVectorFromSet(vector<TCPSocketPtr>* outSockets,
                                   const vector<TCPSocketPtr>*
                                   inSockets,
                                   const fd_set& inSet)
{

    if(inSockets && outSockets)
    {
```

```
            outSockets->clear();
            for(const TCPSocketPtr& socket : *inSockets)
            {
                if(FD_ISSET(socket->mSocket, &inSet))
                {
                    outSockets->push_back(socket);
                }
            }
        }
}

int SocketUtil::Select(const vector<TCPSocketPtr>* inReadSet,
                       vector<TCPSocketPtr>* outReadSet,
                       const vector<TCPSocketPtr>* inWriteSet,
                       vector<TCPSocketPtr>* outWriteSet,
                       const vector<TCPSocketPtr>* inExceptSet,
                       vector<TCPSocketPtr>* outExceptSet)
{
    //build up some sets from our vectors
    fd_set read, write, except;

    fd_set *readPtr = FillSetFromVector(read, inReadSet);
    fd_set *writePtr = FillSetFromVector(write, inWriteSet);
    fd_set *exceptPtr = FillSetFromVector(except, inExceptSet);

    int toRet = select(0, readPtr, writePtr, exceptPtr, nullptr);

    if(toRet > 0)
    {
        FillVectorFromSet(outReadSet, inReadSet, read);
        FillVectorFromSet(outWriteSet, inWriteSet, write);
        FillVectorFromSet(outExceptSet, inExceptSet, except);
    }
    return toRet;
}
```

辅助函数 FillSetFromVector 和 FillVectorFromSet 实现 socket 的 vector
容器与 fd_set 之间的转换。允许给 vector 输入 null，来支持用户可能会给
fd_set 输入 null 的情况。这样做会导致低效率，但是与阻塞 socket 所需要
的时间相比，这不是问题。要想获得稍好的性能，使用 C++ 的数据类型封
装 fd_set，提供一种更好的方式在 select 函数返回之后遍历所有剩余的

socket。让所有相关的 socket 是那个数据类型的一个实例，记得给 select 输入它的一个副本，这样 select 函数就不会改变原来的集合。

清单 3.11 展示了如何使用 Select 函数建立一个简单的 TCP 服务器循环，实现接收老客户端数据的同时监听和接受新的客户端。这个 TCP 服务器循环程序可以运行在主线程或者一个专用线程上。

清单 3.11 运行一个 TCP 服务器循环

```
void DoTCPLoop()
{
    TCPSocketPtr listenSocket = SocketUtil::CreateTCPSocket(INET);
    SocketAddress receivingAddres(INADDR_ANY, 48000);
    if( listenSocket->Bind(receivingAddres ) != NO_ERROR)
    {
        return;
    }
    vector<TCPSocketPtr> readBlockSockets;
    readBlockSockets.push_back(listenSocket);

    vector<TCPSocketPtr> readableSockets;

    while(gIsGameRunning)
    {
        if(SocketUtil::Select(&readBlockSockets, &readableSockets,
                              nullptr, nullptr,
                              nullptr, nullptr))
        {
            //we got a packet-loop through the set ones...
            for(const TCPSocketPtr& socket : readableSockets)
            {
                if(socket == listenSocket)
                {
                    //it's the listen socket, accept a new connection
                    SocketAddress newClientAddress;
                    auto newSocket = listenSocket->Accept(newClientAddress);
                    readBlockSockets.push_back(newSocket);
                    ProcessNewClient(newSocket, newClientAddress);
                }
                else
                {
                    //it's a regular socket-process the data...
                    char segment[GOOD_SEGMENT_SIZE];
```

```
                                int dataReceived =
                                  socket->Receive( segment, GOOD_SEGMENT_SIZE );
                                if(dataReceived > 0)
                                {
                                    ProcessDataFromClient(socket, segment,
                                                          dataReceived);
                                }
                            }
                        }
                    }
                }
}
```

这个程序开始时创建一个监听 socket，并将其添加到待检查可读性的 socket 列表中。然后循环，直到应用程序通知它退出。循环使用 Select 来阻塞，直到数据包到达 readBlockSockets 中的任意一个 socket。当数据包到达，Select 保证 readableSockets 中只包含有传入数据的 socket。然后函数循环遍历每个被 Select 标识为可读的 socket。如果是监听 socket，意味着远程主机调用了 Connect。函数接受这个连接，在 readBlockSockets 中添加新的 socket，通过 ProcessNewClient 通知应用程序。但是如果不是监听 socket，函数调用 Receive 获得新到达的数据块，然后通过 ProcessDataFromClient 发送给应用程序。

> 注释：
> 还有其他的方法来处理在多个 socket 上的传入数据，但是它们是特定于平台的，并且不常用。在 Windows 平台，当支持成千上万的并发连接时，I/O 完成端口是一个可行的方案。关于更多 I/O 完成端口的知识，请参考本章最后列出的阅读资料。

3.7　其他 Socket 选项

各种各样的配置选项控制 socket 的发送和接收行为。调用 setsockopt 函数设置这些选项的取值：

```
int setsockopt(SOCKET sock, int level, int optname, const char *optval, int
optlen);
```

sock 是待配置的 socket。

level 和 optname 描述被设置的选项。level 是一个整数，表示被定义选项的级别，optname 定义选项。

optval是指针，指向选项所设置的值。

optlen是数据的长度。例如，如果指定的选项是整数，optlen应该是4。

setsockopt函数成功时返回0，发生错误时返回-1。

表3.4列举了一些有用的SOL_SOCKET级别的可用选项。

表3.5描述了IPPROTO_TCP级别可用的TCP_NODELAY选项。这个选项只能对TCP socket设置。

表3.4　SOL_SOCKET选项

宏	值类型	描述
SO_RCVBUF	int	指定这个socket分配给接收数据包的缓冲区。传入的数据积累在接收缓冲区，直到相应的进程调用recv或recvfrom来接收它。之前介绍过，TCP带宽受限于接收窗口的大小，而接收窗口不能比socket的接收缓冲区大。这样，控制这个值可以很大程度上影响带宽
SO_REUSEADDR	BOOL/int	表明网络层应该允许这个socket绑定到已经被另外一个socket所绑定的IP地址和端口上。这对调试或包嗅探程序是有用的。一些操作系统需要该调用进程具有提升的权限
SO_RECVTIMEO	DWORD/timeval	指定时间（在Windows平台上以毫秒为单位），在这个时间之后，被阻塞的接收调用应该超时并返回
SO_SNDBUF	int	指定这个socket分配给发送数据包的缓冲区。发送的带宽受限于链路层。如果进程发送数据的速度比链路层可以承受的速度快，socket将把数据存储在发送缓冲区。使用可靠协议（例如TCP）的socket也使用发送缓冲区存储发送数据，直到收到接收者的确认。当发送缓冲区满了，send和sendto函数阻塞，直到出现空余
SO_SNDTIMEO	DWORD/timeval	指定时间（在Windows平台上以毫秒为单位），在这个时间之后，被阻塞的发送调用应该超时并返回
SO_KEEPALIVE	BOOL/int	仅当socket使用面向连接的协议（例如TCP）时有效。这个选项指定了socket应该给连接的另外一端自动定期发送保持连接的数据包。如果这些数据包没有被确认，那么socket产生一个错误状态，下一次进程试图使用这个socket发送数据时，将会被通知连接已经丢失。这不仅有利于检测丢失的连接，还有利于通过防火墙和NAT保持连接，否则可能超时

表3.5 IPPROTO_TCP选项

宏	值类型	描述
TCP_NODELAY	BOOL/int	指定这个socket是否应该忽略纳格尔算法。设置为true表示减少进程要求发送数据和真实发送数据之间的延时。但是，这可能会造成网络的拥塞。关于更多关于纳格算法的知识，请查阅第2章

3.8 总结

伯克利套接字是最常用的实现网络中数据传输的架构。虽然库的接口在不同平台上存在差异，但是核心思想是一样的。

核心的地址数据类型是sockaddr，它可以表示多种网络层协议的地址。在需要指定目的地址或源地址的任何时候都可以使用它。

UDP socket是无连接的、无状态的。通过socket函数创建，使用sendto函数发送数据报。要想从UDP socket接收UDP数据包，必须首先使用bind函数保留一个操作系统的端口，然后使用recvfrom取回传入的数据。

TCP socket是有状态的，在传输数据之前必须建立连接。调用connect初始化一个连接。调用listen监听传入的连接。当一个连接到达监听socket，调用accept创建一个新socket作为连接的本地端点。使用send从连接的socket发送数据，使用recv接收数据。

socket操作可以阻塞调用线程，为实时应用带来了问题。为了避免这个问题，可以在非实时的线程上实现潜在阻塞的调用，或者设置socket为非阻塞模式，或者使用select函数。

使用setsockopt配置socket选项来定制socket行为。一旦完成创建和配置，socket提供通信的路径，使得网络游戏成为可能。第4章将开始应对如何最好地使用通信路径的挑战。

3.9 复习题

1. POSIX兼容的socket库和Windows实现有哪些不同？
2. socket可以访问TCP/IP模型的哪两层？
3. 解释一下为什么TCP服务器要为每一个连接的客户端创建唯一的socket，

是如何实现的？

4. 解释一下如何将 socket 绑定一个端口，这意味着什么？

5. 修改 `SocketAddress` 和 `SocketAddressFactory`，让它们支持 IPv6 地址。

6. 修改 `SocketUtil`，让它支持创建 TCP socket。

7. 实现聊天服务器，它使用 TCP 允许一台主机连接并来回传递消息。

8. 在聊天服务器上添加支持多个客户端的程序。在客户端使用非阻塞 socket，服务器使用 `select` 函数。

9. 解释一下如何调整 TCP 接收窗口的最大值。

3.10 延伸的阅读资料

Information Sciences Institute. (1981, September). Transmission Control Protocol.

I/O Completion Ports.

Porting Socket Applications to WinSock.

Stevens, W. Richard, Bill Fennerl, and Andrew Rudoff. (2003, November 24) Unix Network Programming Volume 1: The Sockets Networking API, 3rd ed. Addison-Wesley.

WinSock2 Reference.

第4章　对象序列化

为了实现多人游戏网络实体之间的对象传输，游戏必须给这些对象规定数据格式，这样它们才能通过传输层协议发送。本章讨论一个鲁棒的序列化系统的必要性和使用方法，探索自引用数据、压缩、代码的易维护性等问题的处理方法，同时满足一个实时系统的运行时性能要求。

4.1　序列化的需求

序列化是一种将对象从内存中的随机访问格式转换为比特流格式的行为。这些比特流可以在硬盘上存储，或者通过网络传输，之后再恢复为原始格式。假设在 *Robo Cat* 游戏中，玩家的 RoboCat 表示为如下代码：

```cpp
class RoboCat: public GameObject
{
public:
    RoboCat(): mHealth(10), mMeowCount(3) {}

private:
    int32_t mHealth;
    int32_t mMeowCount;
};
```

正如第3章所介绍的，伯克利套接字 API 使用 send 和 sendto 函数从一台主机给另外一台主机发送数据。每个函数都包含指向所传输数据的参数。因此，如果没有任何特定的序列化代码，最简单的从一台主机向另外一台主机发送和接收 RoboCat 的代码如下：

```cpp
void NaivelySendRoboCat(int inSocket, const RoboCat* inRoboCat)
{
    send(inSocket,
        reinterpret_cast<const char*>(inRoboCat),
        sizeof(RoboCat), 0 );
}

void NaivelyReceiveRoboCat(int inSocket, RoboCat* outRoboCat)
```

```
{
    recv(inSocket,
        reinterpret_cast<char*>(outRoboCat),
        sizeof(RoboCat), 0);
}
```

NaivelySendRoboCat 将 RoboCat 转换为 char*，这样才能作为 send 函数的输入。对于缓冲区大小参数，输入 RoboCat 类的大小，在这个例子中，取值为 8。接收函数再次将 RoboCat 转换为 char*，以便直接转换为相应的数据结构。假设 TCP 连接使用的是两台主机上的 socket，那么这两个主机之间发送 RoboCat 的状态将是如下过程：

1. 在源主机端调用 NaivelySendRoboCat，输入要发送的 RoboCat；

2. 在目的主机端，创建或寻找一个已经存在的 RoboCat 对象，来接收这个状态；

3. 在目的主机端，调用 NaivelyReceiveRoboCat，输入第 2 步选择的指向 RoboCat 对象的指针。

第 5 章将深入处理第 2 步，解释如何和何时寻找或创建一个目标 RoboCat。现在，假设接收主机上的系统已经找到或者生成目标 RoboCat。

假设主机运行在相同的硬件平台上，一旦完成传输过程，源主机 RoboCat 的状态成功复制到目的主机。一个示例 RoboCat 的内存布局如表 4.1 所示，展示了为什么简单的发送和接收函数对于这样一个简单的类是有效的。

目的主机 RoboCat 的 mHealth 为 10，mMeowCount 为 3，是由 RoboCat 构造函数设置的。源主机 RoboCat 丧失了一半的健康值，还剩 5，已经用掉了一次生命，这取决于运行在这台主机上的游戏逻辑。因为 mHealth 和 mMeowCount 都是基本数据类型，所以简单的发送和接收函数可以正确工作，目的主机 RoboCat 最终获得正确的取值。

表 4.1　示例 RoboCat 的内存布局

地址	字段	源主机取值	目的主机初始值	目的主机最终值
Bytes 0—3	mHealth	0x00000005	0x0000000A	0x00000005
Bytes 4—7	mMeowCount	0x00000002	0x00000003	0x00000002

但是，表示游戏关键元素的对象很少会像表 4.1 中的 RoboCat 那么简单。更实际的 RoboCat 代码将带来更加严峻的挑战，导致这一简单的过程失效，说明了引入更鲁棒的序列化系统的必要性：

```
class RoboCat: public GameObject
{
```

```
public:
    RoboCat(): mHealth(10), mMeowCount(3),
               mHomeBase(0)
    {
        mName[0] = '\0';
    }
    virtual void Update();

    void Write(OutputMemoryStream& inStream) const;
    void Read(InputMemoryStream& inStream);

private:
    int32_t                 mHealth;
    int32_t                 mMeowCount;
    GameObject*             mHomeBase;
    char                    mName[128];

    std::vector<int32_t>    mMiceIndices;

};
```

RoboCat 的这些附加项引入了序列化时应该考虑的问题。表4.2展示了传输前后的内存布局。

表4.2　内存中的一个复杂RoboCat

地址	字段	源主机取值	目的主机初始值	目的主机最终值
Bytes 0—3	vTablePtr	0x0A131400	0x0B325080	0x0A131400
Bytes 4—7	mHealth	0x00000005	0x0000000A	0x00000005
Bytes 8—11	mMeowCount	0x00000002	0x00000003	0x00000002
Bytes 12—15	mHomeBase	0x0D124008	0x00000000	0x0D124008
Bytes 16—143	mName	"Fuzzy\0"	"\0"	"Fuzzy\0"
Bytes 144—167	mMiceIndices	??????	??????	??????

RoboCat 的开始 4 个字节现在是一个虚函数表指针。这里假设编译器是 32 位系统，在 64 位系统上应该是 8 个字节。现在 RoboCat 有一个虚方法 RoboCat::Update()，每个 RoboCat 实例都需要存储一个指向包含 RoboCat 中虚方法实现位置的表指针。对于简单的序列化实现，这将导致一个问题，因为那张表的位置在每个实例的进程中都不一样。在这种情况下，直接将接收到的状态写入目标 RoboCat 将把正确的虚函数表指针改写为错误的。之后，目标 RoboCat 调用 Update 方法时，最好的情况是出现内存访问异常，最坏的情况是导致调用随机位置的代码。

在这个例子中，虚函数表指针不是实例中唯一被重写的指针。从一个进程向另外一个进程复制mHomeBase指针时也会出现类似的荒谬结果。指针，就其本质而言，指的是一个特定进程的内存空间中的一个位置。盲目地从一个进程复制一个指针域到另外一个进程，同时希望这个指针引用目标进程相关的数据是不安全的。鲁棒的代码必须复制相关的数据，并设置指针域指向所复制的数据，或者在目标进程中找到已经存在的相关数据，并设置指针域指向那里。本章后面的"引用数据"部分将进一步讨论这些技术。

RoboCat 简单序列化的另外一个明显问题是强制复制mName字段的所有128个字节。尽管这个数组包含128个字节，但是它有时包含的数据很少，例如在RoboCat例子中mName等于"Fuzzy"。为了满足多人游戏编程者的最优带宽使用的要求，好的序列化系统应该在可能的情况下避免序列化不必要的数据。在这个例子中，需要序列化系统知道mName字段是一个以null结尾的C字符串，仅仅序列化包含null在内的字符即可。这是序列化过程中压缩运行时数据的众多技术之一，本章后面的"压缩"部分将详细讨论这些技术。

RoboCat 新版本中的最后一个序列化问题出现在复制std::vector<int32_t> mMiceIndices 的时候。STL 中 vector 类的内部结构在 C++ 标准中没有详细的定义，所以不清楚从一个进程直接复制这个字段的内存到另外一个进程是否安全。十有八九是不安全的：在 vector 数据结构内部可能存在一个或多个指针指向 vector 内部元素，同时这些指针在设置后必须运行初始化代码。几乎可以肯定的是，简单的序列化将无法正确复制vector。事实上，可以假设简单的序列化在复制任何黑匣子数据结构时都会失败，因为数据结构的内部没有被详细说明，所以按二进制位复制是不安全的。本章将介绍如何妥善处理复杂数据结构的序列化问题。

前面列举的这三个问题表明不应该给 socket 发送一个单独的 RoboCat 二进制数据块，而是应该每个字段单独序列化，以保证正确性和有效性。可以为每个字段创建一个数据包，为每个字段的数据调用一个单独的发送函数，但是这样会导致网络连接的混乱，为不必要的包头数据浪费带宽。相反，最好收集所有相关数据到一个缓冲区，然后发送该缓冲区作为该对象的代表。为了完成这个过程，我们引入了流的概念。

4.2　流

在计算机科学中，**流**（stream）指的是一种数据结构，封装了一组有序的数据元素，并允许用户对其进行数据读写。

流可以是**输出流**（output stream）、**输入流**（input stream）或者两者都是。输出流作为用户数据的输出槽，允许数据流用户顺序插入元素，但不能从中读取数据。相反地，输入流作为数据源，允许用户顺序提取元素，但是不提供插入数据的功能。当一个流既是输入流也是输出流时，同时提供插入和读取数据元素的方法。

通常情况下，一个流是其他数据结构或计算资源的接口。例如，**文件输出流**（file output stream）可以封装一个已经打开准备写的文件，提供顺序存储不同类型的数据到磁盘的简单方法。**网络流**（network stream）可以封装一个socket，提供send()和recv()函数的封装，专门用于与用户相关的特定数据类型。

4.2.1 内存流

内存流（memory stream）封装了内存的缓冲区，通常是动态分配在堆栈上的缓冲区。**输出内存流**（output memory stream）有顺序写入缓冲区的方法，同时提供对缓冲区本身进行读取访问的访问器。通过调用缓冲区访问器，用户可以立即将所有的数据写入流，并发送给另外一个系统，正如socket的send函数。清单4.1展示了一个输出内存流的实现。

清单 4.1　输出内存流

```
class OutputMemoryStream
{
public:
    OutputMemoryStream():
    mBuffer(nullptr), mHead(0), mCapacity(0)
    {ReallocBuffer(32);}
    ~OutputMemoryStream()    {std::free(mBuffer);}

    //get a pointer to the data in the stream
    const    char*    GetBufferPtr()    const    {return mBuffer;}
             uint32_t GetLength()       const    {return mHead;}

    void     Write(const void* inData, size_t inByteCount);
    void     Write(uint32_t inData) {Write(&inData, sizeof( inData));}
    void     Write(int32_t inData) {Write(&inData, sizeof( inData));}

private:
    void        ReallocBuffer(uint32_t inNewLength);
```

```
    char*        mBuffer;
    uint32_t     mHead;
    uint32_t     mCapacity;
};

void OutputMemoryStream::ReallocBuffer(uint32_t inNewLength)
{
    mBuffer = static_cast<char*>(std::realloc( mBuffer, inNewLength));
    //handle realloc failure
    //...
    mCapacity = inNewLength;
}


void OutputMemoryStream::Write(const void* inData,
                                 size_t inByteCount)

{
    //make sure we have space...
    uint32_t resultHead = mHead + static_cast<uint32_t>(inByteCount);
    if(resultHead > mCapacity)
    {

        ReallocBuffer(std::max( mCapacity * 2, resultHead));
    }

    //copy into buffer at head
    std::memcpy(mBuffer + mHead, inData, inByteCount);

    //increment head for next write
    mHead = resultHead;
}
```

Write(const void* inData, size_t inByteCount) 方法是将数据发送
到流的基本方法。重载 Write 方法可以处理特定的数据类型，所以字节数
并不总是需要作为参数传入。为了更完整，一个模板的 Write 方法可以允
许所有的数据类型，但是需要防止非基本数据类型被序列化：记住非基本
数据类型需要特殊的序列化。一个数据类型特征的静态断言可以提供模板
化 Write 方法的一种安全方式：

```
template<typename T> void Write(T inData)
{
    static_assert(std::is_arithmetic<T>::value ||
                  std::is_enum<T>::value,
```

```
                              "Generic Write only supports primitive data types");
    Write(&inData, sizeof(inData));
}
```

不管选择哪种方法，建立一个辅助函数来自动选择字节数有助于防止因用户输入不正确的字节数而导致的错误。

每当mBuffer没有足够的空间容纳被写入的新数据，缓冲区自动扩展为当前容量的两倍和容纳新数据所需空间两者中的最大值。这是一种常见的内存扩展技术，同时可以调整倍数以适合特定的目的。

> 警告：
>
> 尽管GetBufferPtr函数提供了对流内部缓冲区的只读指针，但是流仍然保留缓冲区的所有权。这意味着一旦流被释放，指针就无效了。如果用户需要GetBufferPtr返回的指针在流被释放的情况下也能使用，缓冲区可以用std::shared_ptr<std::vector<uint8_t> >实现，这留作本章最后的练习题。

使用输出内存流，可以实现更加鲁棒的RoboCat发送函数：

```
void RoboCat::Write(OutputMemoryStream& inStream) const
{
    inStream.Write(mHealth);
    inStream.Write(mMeowCount);
    //no solution for mHomeBase yet
    inStream.Write(mName, 128);
    //no solution for mMiceIndices yet
}


void SendRoboCat(int inSocket, const RoboCat* inRoboCat)
{
    OutputMemoryStream stream;
    inRoboCat->Write(stream);
    send(inSocket, stream.GetBufferPtr(),
        stream.GetLength(), 0);
}
```

给RoboCat本身添加一个Write方法可以访问其私有的内部字段，同时将序列化任务从网络发送数据的任务中抽象出来。这种做法允许调用者将一个RoboCat实例作为众多元素的一种写入到流中。当复制多个对象时，这将很有用，第5章将详细展开。

目的主机接收RoboCat需要一个对应的输入内存流和RoboCat::Read方法，如清单4.2所示。

清单4.2 输入内存流

```cpp
class InputMemoryStream
{
public:
    InputMemoryStream(char* inBuffer, uint32_t inByteCount):
    mCapacity(inByteCount), mHead(0)
    {}

    ~InputMemoryStream()    {std::free( mBuffer);}

    uint32_t GetRemainingDataSize() const {return mCapacity - mHead;}

    void    Read(void* outData, uint32_t inByteCount);
    void    Read(uint32_t& outData) {Read(&outData, sizeof(outData));}
    void    Read(int32_t& outData) {Read(&outData, sizeof(outData));}

private:
    char*       mBuffer;
    uint32_t    mHead;
    uint32_t    mCapacity;
};

void RoboCat::Read(InputMemoryStream& inStream)
{
    inStream.Read(mHealth);
    inStream.Read(mMeowCount);
    //no solution for mHomeBase yet
    inStream.Read(mName, 128);
    //no solution for mMiceIndices
}

const uint32_t kMaxPacketSize = 1470;

void ReceiveRoboCat(int inSocket, RoboCat* outRoboCat)
{
    char* temporaryBuffer =
        static_cast<char*>(std::malloc(kMaxPacketSize));
    size_t receivedByteCount =
        recv(inSocket, temporaryBuffer, kMaxPacketSize, 0);
```

```
if(receivedByteCount > 0)
{
    InputMemoryStream stream(temporaryBuffer,
                        static_cast<uint32_t> (receivedByteCount));
    outRoboCat->Read(stream);
}
else
{
    std::free(temporaryBuffer);
}
}
```

ReceiveRoboCat 创建一个临时缓冲区，通过调用 recv 读取来自 socket 的数据来填充这个缓冲区，接着它将缓冲区的所有权转交给输入内存流。之后，流用户可以按照数据写入的顺序提取数据元素。这正是 RoboCat::Read 方法所做的，它给 RoboCat 设置合适的字段。

> 小窍门：
>
> 当一个完整的游戏采用这种模式时，你不会每次数据包到达时都为流分配内存，因为内存分配很慢。而是你有一个预分配的最大尺寸的流，每当数据包到达，你会直接接收到该预分配流的缓冲区，然后从流中读完并处理数据，再设置 mHead 为 0，这样当下一个数据包到达时，流已经准备好接收。
>
> 在这种情况下，给 InputMemoryStream 添加功能来允许它管理自己的内存是很有用的。一个以最大容量为参数的构造函数可以分配流的 mBuffer，然后返回 mBuffer 的访问器允许缓冲区被直接传递到 recv。

流解决了序列化的第一个问题：它提供了一种简单方法来创建缓冲区，使用源对象中各个字段的值来填充缓冲区，给远程主机发送这个缓冲区，顺序提取数据，将它们插入到目标对象的合适字段。此外，这个过程没有干扰到目标对象中不应该被改变的任何字段，例如虚函数表指针。

4.2.2　字节存储次序的兼容性

并不是所有的 CPU 存储多字节数字都是按照一样的字节顺序。字节在一个平台上的存储顺序被称为这个平台的**字节序**（endianness），可以是**小端字节序**（little-endian）或**大端字节序**（big-endian）。小端字节序的平台存储多字节数字是将低序字节存储在起始地址（低位编址）。例如，值为 0x12345678 的整数存储在地址为 0x01000000 的内存中，存储方式如图 4.1 所示。

值	0x78	0x56	0x34	0x12
地址	0x01000000	0x01000001	0x01000002	0x01000003

图4.1 小端字节序 0x12345678

最低序的字节 0x78 首先存储在内存中。这是数字的最小部分，所以这种排列策略称为小端字节序。使用这种策略的平台包括英特尔的 x86、x64 和苹果的 iOS 设备。

大端字节序将高序字节存储在起始地址（高位编址）。同样的数字存储在同样的地址，存储方式如图4.2所示。

值	0x12	0x34	0x56	0x78
地址	0x01000000	0x01000001	0x01000002	0x01000003

图4.2 大端字节序 0x12345678

使用这种策略的平台包括 Xbox 360、PlayStation 3 和 IBM 的 PowerPC 架构。

> 小窍门：
>
> 当编写一个单一平台的单人游戏时，字节序通常是无关紧要的。但是当在不同字节序的平台之间传输数据时，它成为必须考虑的一个因素。当使用流来传输数据时，一个比较好的策略是流本身决定字节序。然后，当写一个多字节数据类型时，如果平台的字节序与所选择的流字节序不匹配时，在写入流时数据的字节序将被颠倒。同样地，当从流中读数据时，如果平台的字节序与流字节序不相同时，字节序应该被颠倒。

大部分的平台提供有效的字节交换算法，有的甚至有内部函数和汇编指令。但是，如果你需要自己来实现，清单4.3提供了高效的字节交换函数。

清单4.3 字节交换函数

```
inline uint16_t ByteSwap2(uint16_t inData)
{
    return (inData >> 8) | (inData << 8);
}
inline uint32_t ByteSwap4(uint32_t inData)
{
    return ((inData >> 24) & 0x000000ff)|
           ((inData >> 8) & 0x0000ff00)|
           ((inData << 8) & 0x00ff0000)|
           ((inData << 24) & 0xff000000);
}


inline uint64_t ByteSwap8(uint64_t inData)
{
```

```
    return ((inData >> 56) & 0x00000000000000ff)|
           ((inData >> 40) & 0x000000000000ff00)|
           ((inData >> 24) & 0x0000000000ff0000)|
           ((inData >> 8) & 0x00000000ff000000)|
           ((inData << 8) & 0x000000ff00000000)|
           ((inData << 24) & 0x0000ff0000000000)|
           ((inData << 40) & 0x00ff000000000000)|
           ((inData << 56) & 0xff00000000000000);
}
```

这些函数可以处理基本的给定大小的无符号整数，但是不能处理需要字节交换的其他类型，例如单精度型浮点数（float）、双精度型浮点数（double）、有符号整数（signed integers）、枚举类型（large enums）等。为了实现这些类型的字节交换，需要一些巧妙的类型别名：

```
template <typename tFrom, typename tTo>
class TypeAliaser
{
public:
    TypeAliaser(tFrom inFromValue):
        mAsFromType(inFromValue) {}
    tTo& Get() {return mAsToType;}

    union
    {
        tFrom      mAsFromType;
        tTo        mAsToType;
    };
};
```

这个类提供了将一种类型，例如float，按照已经实现字节交换函数的类型来处理的方法。然后，如清单4.4所示，模板化一些辅助函数来实现使用合适的函数交换任何基本数据的功能。

清单4.4　模板化的字节交换函数

```
template <typename T, size_t tSize> class ByteSwapper;

//specialize for 2...
template <typename T>
class ByteSwapper<T, 2>
{
public:
    T Swap(T inData) const
```

```
        {
            uint16_t result =
                ByteSwap2(TypeAliaser<T, uint16_t>(inData).Get());
            return TypeAliaser<uint16_t, T>(result).Get();
        }
};

//specialize for 4...
template <typename T>
class ByteSwapper<T, 4>
{
public:
    T Swap(T inData) const
    {
        uint32_t result =
            ByteSwap4(TypeAliaser<T, uint32_t>(inData).Get());
        return TypeAliaser<uint32_t, T>(result).Get();
    }
};

//specialize for 8...
template <typename T>
class ByteSwapper<T, 8>
{
public:
    T Swap(T inData) const
    {
        uint64_t result =
            ByteSwap8(TypeAliaser<T, uint64_t>(inData).Get());
        return TypeAliaser<uint64_t, T>(result).Get();
    }
};

template <typename T>
T ByteSwap(T inData)
{
    return ByteSwapper<T, sizeof(T) >().Swap(inData);
}
```

调用模板化的ByteSwap函数创建ByteSwapper的一个实例，根据参数的
大小来模板化。然后这个实例使用TypeAliaser来调用合适的ByteSwap
函数。理想情况下，编译器优化中间的调用过程，仅仅留下一些操作在寄
存器中交换一些字节的顺序。

> 注释：
> 平台的字节序与流的字节序不匹配并不意味着所有的数据都需要字节交换。例如，单字节字符的字符串不需要字节交换，因为即使该字符串是多个字节，但是每个字符仅有一个字节。只有基本的数据类型应该被字节交换，而且交换需要与其大小匹配。

使用ByteSwapper，通用的Write和Read函数现在可以很好地支持与运行平台的字节序不同的流：

```
template<typename T> void Write(T inData)
{
    static_assert(
        std::is_arithmetic<T>::value||
        std::is_enum<T>::value,
        "Generic Write only supports primitive data types");

    if(STREAM_ENDIANNESS == PLATFORM_ENDIANNESS)
    {
        Write(&inData, sizeof(inData));
    }
    else
    {
        T swappedData = ByteSwap(inData);
        Write(&swappedData, sizeof( swappedData));
    }

}
```

4.2.3 比特流

上一节所描述的内存流的一个限制是它们只能读写整数字节的数据。当写网络代码时，通常希望用尽可能少的比特来表示数值，这就需要以比特的精度来读写。为此，实现**内存比特流**（memory bit stream）是非常有帮助的，它能够序列化任何比特大小的数据。清单4.5包含了一个**输出内存比特流**的类声明。

清单4.5 输出内存比特流的类声明

```
class OutputMemoryBitStream
{
public:
```

```
OutputMemoryBitStream()      {ReallocBuffer(256);}
~OutputMemoryBitStream()     {std::free(mBuffer);}

void    WriteBits(uint8_t inData, size_t inBitCount);
void    WriteBits(const void* inData, size_t inBitCount);

const char* GetBufferPtr()    const   {return mBuffer;}
uint32_t    GetBitLength()    const   {return mBitHead;}
uint32_t    GetByteLength()   const   {return (mBitHead + 7) >> 3;}

void    WriteBytes(const void* inData, size_t inByteCount
                {WriteBits(inData, inByteCount << 3);}

private:
    void        ReallocBuffer(uint32_t inNewBitCapacity);

    char*       mBuffer;
    uint32_t    mBitHead;
    uint32_t    mBitCapacity;
};
```

比特流的接口与字节流的接口类似，除了它包含将比特（而不是字节）作
为输入进行写操作的功能。构造函数、析构函数和用于扩展的再分配函数
也都类似。新功能在于两个新的WriteBits方法，如清单4.6所示。

清单4.6 输出内存比特流的实现

```
void OutputMemoryBitStream::WriteBits(uint8_t inData,
                                        size_t inBitCount)
{
    uint32_t nextBitHead = mBitHead + static_cast<uint32_t>(inBitCount);
    if(nextBitHead > mBitCapacity)
    {
        ReallocBuffer(std::max(mBitCapacity * 2, nextBitHead));
    }

    //calculate the byteOffset into our buffer
    //by dividing the head by 8
    //and the bitOffset by taking the last 3 bits
    uint32_t byteOffset = mBitHead >> 3;
    uint32_t bitOffset = mBitHead & 0x7;

    //calculate which bits of the current byte to preserve
    uint8_t currentMask = ~(0xff << bitOffset);
```

```
    mBuffer[byteOffset] = (mBuffer[byteOffset] & currentMask)
        |(inData << bitOffset);

    //calculate how many bits were not yet used in
    //our target byte in the buffer
    uint32_t bitsFreeThisByte = 8 - bitOffset;

    //if we needed more than that, carry to the next byte
    if(bitsFreeThisByte < inBitCount)
    {
        //we need another byte
        mBuffer[byteOffset + 1] = inData >> bitsFreeThisByte;
    }

    mBitHead = nextBitHead;
}


void OutputMemoryBitStream::WriteBits(const void* inData, size_t inBitCount)
{
    const char* srcByte = static_cast<const char*>(inData);
    //write all the bytes
    while(inBitCount > 8)
    {
        WriteBits(*srcByte, 8);
        ++srcByte;
        inBitCount -= 8;
    }
    //write anything left
    if(inBitCount > 0)
    {
        WriteBits(*srcByte, inBitCount);
    }
}
```

将比特写入流的最内层任务由 WriteBits(uint8_t inData, size_t inBitCount) 方法完成，它输入一个单独的字节，从这个字节中读取给定大小的比特写入比特流中。为了理解这是如何工作的，考虑执行以下代码将发生什么情况：

```
OutputMemoryBitStream mbs;

mbs.WriteBits(13, 5);
mbs.WriteBits(52, 6);
```

这段代码是使用5个比特写数字13，然后使用6个比特写数字52。图4.3展示了这两个数字的二进制形式。

13:	值	0	0	0	0	1	1	0	1
	位	7	6	5	4	3	2	1	0

52:	值	0	0	1	1	0	1	0	0
	位	7	6	5	4	3	2	1	0

图4.3 13和52的二进制表示

因此，当代码运行完，mbs.mBuffer所指向的内存包含了这两个值，如图4.4所示。

值	1	0	0	0	1	1	0	1	0	0	0	0	0	1	1	0
位	7	6	5	4	3	2	1	0	7	6	5	4	3	2	1	0
字节				0								1				

图4.4 流缓冲区，包含占用5比特的13和占用6比特的52

注意到，数字13的5个比特占用了字节0的前5位，接着数字52的6个比特占用了字节0的后3位和字节1的前3位。

逐步运行代码展示了该方法是如何实现的。假设刚刚创建流，那么mBitCapacity是256，mBitHead是0，流中有足够的空间来避免再分配操作。首先，mBitHead，用于表示流中将要被写入的下一个比特的索引，被分解为一个字节索引和一个字节内部的位索引。因为一个字节是8位，字节索引总是可以通过除以8来得到，与右移三位是一样的。同样地，字节内部的位索引可以通过检查上一步被移动的那3比特来得到。因为0x7的二进制是111，与mBitHead按位与运算得到的就是这3比特。第一次调用写数字13时，mBitHead为0，所以byteOffset和bitOffset也都是0。

一旦该方法计算得到byteOffset和bitOffset，就使用byteOffset作为索引到mBuffer数组中寻找目标字节。接着将数据左移位偏移量，与目标字节进行按位或运算。当写数字13时这些操作都太初级，因为这些偏移量都是0。但是，考虑在开始调用WriteBits(52, 6)之前流的状态，如图4.5所示。

值	0	0	0	0	1	1	0	1	0	0	0	0	0	0	0	0
位	7	6	5	4	3	2	1	0	7	6	5	4	3	2	1	0
字节				0								1				

图4.5 在第二次调用WriteBits之前的流缓冲区

此刻,mBitHead是5,意思是byteOffset是0,bitOffset是5。

将52左移5位得到的结果如图4.6所示。

值	1	0	0	0	0	0	0	0
位	7	6	5	4	3	2	1	0

图 4.6 52左移5位的二进制表示

注意到,高阶位被移出该字节的范围,低阶位成为高位。图4.7展示了这些比特与缓冲区字节0进行按位或运算的结果。

值	1	0	0	0	1	1	0	1	0	0	0	0	0	0	0	0
位	7	6	5	4	3	2	1	0	7	6	5	4	3	2	1	0
字节				0								1				

图 4.7 52左移5位后与流缓冲区进行按位或运算的结果

字节0是完整的,但是由于左移时发生了溢出,只有所必需的6比特中的3个比特写入到流中。WriteBits方法的下面几行检测和处理这个问题。该方法通过从8中减去bitOffset得到有多少比特是目标字节中最初空闲的。在这个例子中,结果是3,就是已经写入流中的比特数。如果空闲的比特数比需要写入的比特数少,那么需要执行溢出分支函数。

在溢出分支函数中,目标是下一个字节。为了计算与下一个字节进行按位或运算的比特,该方法将inData右移特定的位数,该位数为前一个字节空闲的比特数。图4.8展示了将52右移3位的结果。

值	0	0	0	0	0	1	1	0
位	7	6	5	4	3	2	1	0

图 4.8 52右移3位的结果

左移时溢出的高阶位现在已经移到右边,成为高阶字节的低阶位。该方法将移动到右边的比特与mBuffer[byteOffset + 1]进行按位或运算之后,就得到了流的最终状态(如图4.9所示)。

值	1	0	0	0	1	1	0	1	0	0	0	0	0	1	1	0
位	7	6	5	4	3	2	1	0	7	6	5	4	3	2	1	0
字节				0								1				

图 4.9 正确的流缓冲区最终状态

WriteBits(uint8_t inData, uint32_t inBitCount)做了上述操作之后,留给WriteBits(const void* inData, uint32_t inBitCount)的工作是将数据分解为字节,然后每个字节调用一次之前的WriteBits方法。

这个输出内存流缓冲区类在功能上是完整的，但是并不理想。它需要指定写入流中的每块数据的比特数。然而，大部分情况下，比特数的上限取决于被写入数据的类型。仅仅在有时需要使用的比特数比上限少时才有用。出于这个原因，它为基本数据类型增加了一些方法，增强代码的清晰度和可维护性。

```cpp
void WriteBytes(const void* inData, size_t inByteCount)
    {WriteBits(inData, inByteCount << 3);}


void Write(uint32_t inData, size_t inBitCount = sizeof(uint32_t) * 8)
    {WriteBits(&inData, inBitCount);}
void Write(int inData, size_t inBitCount = sizeof(int) * 8)
    {WriteBits(&inData, inBitCount);}
void Write(float inData)
    {WriteBits(&inData, sizeof(float) * 8);}


void Write(uint16_t inData, size_t inBitCount = sizeof(uint16_t) * 8)
    {WriteBits(&inData, inBitCount);}
void Write(int16_t inData, size_t inBitCount = sizeof(int16_t) * 8)
    {WriteBits(&inData, inBitCount);}


void Write(uint8_t inData, size_t inBitCount = sizeof(uint8_t) * 8)
    {WriteBits(&inData, inBitCount);}
void Write(bool inData)
    {WriteBits(&inData, 1);}
```

通过这些方法，大多数的基本类型都可以通过直接将它们输入 Write 方法来实现写操作。默认参数需要提供相应的比特数。对于调用者需要更少比特数的情况，这些方法都接受重载参数。一个模板化的函数和类型特性再次提供了比多个重载更加普适的方法：

```cpp
template<typename T>
void Write(T inData, size_t inBitCount = sizeof(T) * 8)
{
    static_assert(std::is_arithmetic<T>::value||
                  std::is_enum<T>::value,
                  "Generic Write only supports primitive data types");
    WriteBits(&inData, inBitCount);
}
```

即使使用模板化的Write方法，为布尔型（bool）专门实现一个重载仍然很有用，因为它默认的位数是1，而不是sizeof(bool) * 8，即8。

> **警告：**
> Write方法仅仅适用于小端字节序平台，这是由它对每个字节处理的方式决定的。如果该方法需要应用于大端字节序平台，那么在数据输入WriteBits之前，在模板Write函数中对数据进行字节交换，或者使用大端字节序兼容的方法进行字节处理。

输入内存比特流，是从流中读比特，与输出内存比特流的工作方式类似。它的实现留作练习题，同时也在本书的配套网站上。

4.3　引用数据

序列化代码现在可以处理各种各样的基本数据和POD数据，但是在需要处理通过指针或其他容器引用的间接数据时将会崩溃。回顾RoboCat类（如下所示）：

```cpp
class RoboCat: public GameObject
{
public:
    RoboCat() mHealth(10), mMeowCount(3),
                mHomeBase(0)
    {
        mName[0] = '\0';
    }
    virtual void Update();

    void Write(OutputMemoryStream& inStream) const;
    void Read(InputMemoryStream& inStream);

private:
    int32_t                 mHealth;
    int32_t                 mMeowCount;
    GameObject*             mHomeBase;
    char                    mName[128];
    std::vector<int32_t>    mMiceIndices;

    Vector3                 mPosition;
    Quaternion              mRotation;
};
```

这里有两个复杂的成员变量是当前的内存流的实现所不能序列化的——mHomeBase和mMiceIndices。每个都需要一个不同的序列化方法，将在下面的小节中讨论。

4.3.1 内联或嵌入

有时，网络代码必须序列化这样的成员变量，即它们引用的数据不与其他对象共享。RoboCat类中的mMiceIndices就是一个很好的例子。它是一个整数的vector，跟踪RoboCat感兴趣的各种老鼠的索引。因为std::vector<int>是一个黑匣子，所以使用标准的OutputMemoryStream::Write函数从std::vector<int>的地址复制到流中是不安全的。这样做的结果是序列化std::vector中所有指针的值，当在远程主机上进行反序列化时将指向错误的地方。

一个自定义的序列化函数应该只写vector所包含的数据，而不是序列化vector本身。RAM中的数据可能实际上与RoboCat本身的数据相差很远。然而，当自定义函数序列化它时，它将数据嵌入到RoboCat中一起写入流。因此，这个过程被称为**内联**（inlining）或**嵌入**（embedding）。例如，序列化std::vector<int32_t>的函数应该如下所示：

```
void Write(const std::vector<int32_t>& inIntVector)
{
    size_t elementCount = inIntVector.size();
    Write(elementCount);
    Write(inIntVector.data(), elementCount * sizeof(int32_t));
}
```

首先，代码序列化vector的长度，接着是vector的所有数据。请注意，Write方法必须首先序列化vector的长度，这样对应的Read方法在反序列化内容之前，可以使用它来给vector分配合适的空间。因为vector仅仅包含基本数据类型整数，所以该方法使用memcpy将它们一起序列化。为了支持更加复杂的数据类型，一个模板化的std::vector Write方法单独序列化每个元素：

```
template<typename T>
void Write(const std::vector<T>& inVector)
{
    size_t elementCount = inVector.size();
    Write(elementCount);
```

```
for(const T& element: inVector)
{
    Write(element);
}
}
```

这里，序列化长度之后，该方法单独嵌入vector的每一个元素。所以这种方法支持vector的vector，或者包含vector的类的vector，等等。反序列化需要一个实现方式类似的Read函数：

```
template<typename T>
void Read(std::vector<T>& outVector)
{
    size_t elementCount;
    Read(elementCount);
    outVector.resize(elementCount);
    for(const T& element: outVector)
    {
        Read(element);
    }
}
```

新增专门的Read和Write函数可以支持其他类型的容器或由指针引用的任何数据，只要这个数据完全由被序列化的父对象拥有。如果数据需要与其他对象共享或者被其他对象引用，那么就需要一个更复杂的解决方案，称为链接（linking）。

4.3.2 链接

有时，序列化的数据需要被一个以上的指针引用，例如RoboCat类中的GameObject* mHomeBase。如果两个RoboCat共享一个大本营，那么使用目前的工具是没有办法表示的。嵌入方法在序列化时仅仅将同一个大本营的副本嵌入到RoboCat中。在反序列化时，将生成两个不同的大本营！

其他时候，数据以这种方式构成，是不能使用嵌入方法的，例如HomeBase类：

```
class HomeBase: public GameObject
{
    std::vector<RoboCat*> mRoboCats;
};
```

HomeBase类包含所有活跃的RoboCat的列表。想一想仅使用嵌入方法序列化RoboCat的函数。当序列化RoboCat时，这个函数嵌入它的

HomeBase，然后HomeBase嵌入它的所有活跃的RoboCat，也包括当前正在序列化的RoboCat。这样由于无限递归将导致堆栈溢出。很明显需要另外一种工具。

该解决方案是给每个多处引用的对象一个唯一的标识符，然后通过序列化标识符实现这些对象引用的序列化。当网络的另一端反序列化这些对象时，修复例程可以使用该标识符查找引用对象，并将其插入到相应的成员变量。正是由于这个原因，这个过程通常被称为**链接**（linking）。

第5章将讨论如何给每个通过网络发送的对象分配唯一的ID，如何保存ID和对象之间的映射。现在，假设每个流都可以访问LinkingContext（如清单4.7所示），它包含网络ID和游戏对象之间的最新映射。

清单4.7 链接上下文

```cpp
class LinkingContext
{
public:

    uint32_t GetNetworkId(GameObject* inGameObject)
    {
        auto it = mGameObjectToNetworkIdMap.find(inGameObject);
        if(it != mGameObjectToNetworkIdMap.end())
        {
            return it->second;
        }
        else
        {
            return 0;
        }
    }


    GameObject* GetGameObject(uint32_t inNetworkId)
    {
        auto it = mNetworkIdToGameObjectMap.find(inNetworkId);
        if(it != mNetworkIdToGameObjectMap.end())
        {
            return it->second;
        }
        else
        {
            return nullptr;
        }
```

```
    }
private:
    std::unordered_map<uint32_t, GameObject*>
        mNetworkIdToGameObjectMap;
    std::unordered_map<GameObject*, uint32_t>
        mGameObjectToNetworkIdMap;
};
```

LinkingContext实现了内存流中的一个简单链接系统：

```
void Write(const GameObject* inGameObject)
{
    uint32_t networkId =
        mLinkingContext->GetNetworkId(inGameObject);
    Write(networkId);
}

void Read(GameObject*& outGameObject)
{
    uint32_t networkId;
    Read(networkId);
    outGameObject = mLinkingContext->GetGameObject(networkId);
}
```

> 注释：
> 当完全实现之后，链接系统和使用它的游戏代码必须容忍收到这样的网络ID，即没有与之映射的对象。因为数据包可以丢失，游戏可能收到一个对象，它的成员变量引用了一个尚未发送的对象。有许多不同的方法来解决这个问题——游戏可以忽略整个对象，或者反序列化这个对象并链接任何可用的引用，将丢失的引用置为空。更复杂的系统可以跟踪空链接的成员变量，这样收到给定网络ID的对象时可以链接它。具体如何选择取决于游戏设计的细节。

4.4 压缩

使用可以序列化所有数据类型的工具，就可以编写通过网络来回发送游戏对象的代码。然而，在网络本身所施加的带宽限制内，它不一定是高效的代码。在多人游戏早期，游戏不得不凑合着使用每秒传输量为2400或者更少字节的网络。现在，游戏工程师们幸运地拥有快出多个数量级的高速连接，但是他们必须仍然关心如何尽可能高效地使用带宽。

一个大型游戏世界可以有上百个运动物体，即使是最高速的带宽连接，给数以百计的连接玩家发送这些对象的所有实时数据也足以将之耗尽。本书详细介绍许多充分利用可用带宽的方法。第9章将着眼于更高层的算法，决定谁应该看到什么数据，需要为哪个客户端更新哪个对象属性。但是，本节从底层开始，介绍在比特级和字节级进行数据压缩的常用技术。也就是说，一旦游戏已经决定了需要发送的数据，如何使用尽可能少的比特来发送它？

4.4.1 稀疏数组压缩

压缩数据的诀窍是去除任何不需要通过网络发送的信息。一个寻找此类信息的好地方是任何稀疏的和不被完全填充的数据结构，例如RoboCat类的mName字段。不管什么原因，原本的RoboCat工程师决定RoboCat名字的最好存储方式是在这个数据类型内使用128个字节的字符数组。流方法WriteBytes(const void* inData, uint32_t inByteCount) 已经可以嵌入这个字符数组，但如果明智地设计，它应该只序列化所需要的数据，而不是完整的128个字节。

大部分的压缩策略归结于分析平均情况，实现算法来利用它，就是这里采取的办法。考虑到英文中的典型名字和 *Robo Cat* 的游戏设计，用户大概率不会使用全部的128个字节来命名RoboCat。对于数组来说也是一样，无论它的长度是多少：正因为数组需要为最坏的情况分配空间，而序列化代码不需要假设每个用户都是这一最坏情况。因此，自定义的序列化代码可以通过查看mName字段并计算该名字真正使用了多少字符来节省空间。如果mName是**null**结尾的，那么使用std :: strlen函数。例如，序列化名字的一个更高效的方式如下所示：

```
void RoboCat::Write(OutputMemoryStream& inStream) const
{
    ...//serialize other fields up here

    uint8_t nameLength =
        static_cast<uint8_t>(strlen(mName));
    inStream.Write(nameLength);
    inStream.Write(mName, nameLength);
    ...
}
```

请注意，正如序列化vector时一样，该方法在写入数据本身之前，首先写入被序列化数据的长度。这样，接收端就知道应该从流中读取多少数据。该方法将字符串本身的长度作为一个单独的字节进行序列化。这是唯一安全的，因为整个数组保存了最多128个字符。

事实上，假设名字相比于RoboCat的其他数据是不经常访问的，从缓存的角度使用std::string来表示对象的名字是更高效的，使得整个RoboCat数据类型需要更少的高速缓存行（cache line）。在这种情况下，字符串的序列化方法，与上一节实现的vector方法类似，能够处理名字的序列化。为清晰起见，这使得这个特定的mName例子有点做作，但是结论是真实的，稀疏容器是压缩中最容易实现的目标。

4.4.2　熵编码

熵编码（entropy encoding）是信息论的一个主题，它利用数据的不确定性进行数据压缩。根据信息论，含有期望数据的数据包比含有非期望数据的数据包蕴含更少的信息或者**熵**。因此，代码在发送期望数据时应当比发送非期望数据需要更少的比特数。

在大多数情况下，花费CPU周期模拟实际游戏比计算数据包中熵的确切取值达到最佳压缩率更重要。但是，有一种非常高效的简单形式的熵编码。当序列化某一种成员变量时更有用，这种变量的某一特定取值比其他取值的频率都高。

举个例子，RoboCat类的mPosition字段，它是Vector3类型，有分量X、Y、Z。X和Z表示猫在地面上的位置，Y表示猫距离地面的高度。一种简单的位置序列化方法如下所示：

```
void OutputMemoryBitStream::Write(const Vector3& inVector)
{
    Write(inVector.mX);
    Write(inVector.mY);
    Write(inVector.mZ);
}
```

上述写法需要3×4=12字节序列化通过网络传输的RoboCat的mPosition。然而，这个简单的代码没有充分利用猫经常活动在地面上这个情况。这意味着大部分mPosition的Y坐标是0。该方法使用一个单独的比特来标识mPosition是0还是其他较少见的取值：

```
void OutputMemoryBitStream::WritePos(const Vector3& inVector)
{
    Write(inVector.mX);
    Write(inVector.mZ);

    if(inVector.mY == 0)
    {
        Write(true);
    }
    else
    {
        Write(false);
        Write(inVector.mY);
    }
}
```

写完X和Z分量之后，该方法检查距离地面的高度是否为0。如果是0，写入一个比特true，表明"是的，该对象是常用的高度0"。如果Y分量不是0，写入一个比特false，表明"高度不是0，所以接下来的32位将表示真正的高度"。请注意在最坏的情况下，现在的方法需要33位表示高度——1位表示是否是常见的取值，32位表示不常见的取值。乍看起来，这种方法是低效的，因为现在的序列化可能比之前使用了更多的比特。然而，计算平均情况下使用的真实比特数需要真正考虑猫在地面上的概率。

游戏中的测量技术可以记录一个用户的猫在地面上的时间——从测试人员现场的实况，或者实际用户玩游戏的早期版本并通过互联网提交分析报告。假设这样一个实验确定了玩家90%的时间在地面上，那么基本的概率决定了表示高度所需的平均比特数：

$$P_{\text{OnGround}} \times Bits_{\text{OnGround}} + P_{\text{InAir}} \times Bits_{\text{InAir}} = 0.9 \times 1 + 0.1 \times 33 = 4.2$$

序列化Y分量的平均比特数从32降为4.2：每个位置节省了3字节。如果一秒钟有32名玩家变换位置30次，那么仅这一个成员变量就能节省一大笔资源。

压缩还可以更高效。假设分析表明如果猫不在地上，通常就在天花板上，即高度是100。那么下面序列化代码支持第二种常见的取值来压缩天花板的位置：

```
void OutputMemoryBitStream::WritePos(const Vector3& inVector)
{
    Write(inVector.mX);
```

```
    Write(inVector.mZ);

    if(inVector.mY == 0)
    {
        Write(true);
        Write(true);
    }
    else if(inVector.mY == 100)
    {
        Write(true);
        Write(false);
    }
    else
    {
        Write(false);
        Write(inVector.mY);
    }
}
```

该方法仍然使用一个比特来表示高度是否是常用的取值，但是添加了第二个比特来表示使用的是哪个常见的取值。这里常见的取值是在函数中写死的，但是如果有太多的取值，这种方法会非常混乱。在那种情况下，赫夫曼编码的一种简化实现可以使用一个常见取值的查找表，用一些比特来存储查找表的索引。

但是，问题是这种优化是否是好的——仅仅因为天花板是猫的第二个常见位置，这种优化方法不一定是有效的，所以需要一些计算。假设分析表明猫在天花板上的时间占7%，那么用于表示高度的新平均比特数可以使用如下公式计算：

$$P_{\text{OnGround}} \times Bits_{\text{OnGround}} + P_{\text{InAir}} \times Bits_{\text{InAir}} + P_{\text{OnCeiling}} \times Bits_{\text{OnCeiling}} = 0.9 \times 2 + 0.07 \times 2 + 0.03 \times 33 = 2.93$$

平均比特数是2.93，比第一次优化少了1.3比特。因此该优化是值得的。

熵编码有许多形式，从简单的，如这里介绍的写死在函数中的，到复杂的，如常用的赫夫曼编码、算术编码、gamma编码、行程编码等。考虑到游戏开发的方方面面，分配给熵编码的CPU与分配给其他方面的CPU之间的权衡是设计决定的。其他的编码方法请参考本章最后列出的延伸的阅读资料。

4.4.3　定点

32位浮点数的快速计算是当前计算时代的基准。然而，仅仅游戏模拟执行浮点运算这个因素并不意味着通过网络发送时需要所有的32位来表示这些数字。一种常见和有用的方法是检查已知的范围和被发送数字所需要的精度，然后将它们转换为定点格式，这样数据就可以使用所必需的最少比特来发送。要做到这一点，你必须和设计师与游戏工程师坐下来一起找出游戏真正需要的。一旦知道了，就可以开始构建一个尽可能高效的系统。

再次以mPosition为例。序列化代码已经很大程度地压缩了Y分量，但是还没有压缩X和Z分量：它们仍然使用完整的32位。与游戏设计者讨论得到了*Robo Cat*游戏世界的尺寸是4000乘4000个游戏单位，并且游戏世界以原点为中心，意思是X和Z分量的最小取值是−2000，最大取值是2000。进一步的讨论和游戏测试表明，客户端的位置只需要精确到0.1个游戏单位。这并不是说权威游戏服务器中的位置不能更精确，只是给客户端发送数值时仅需要精确到0.1个单位。

这些限制提供了确定序列化该数值所需要比特数的所有信息。下面的公式计算了X分量所有可能取值的总数：

$(MaxValue − MinValue)/Precision + 1 = (2000 + 2000)/0.1 + 1 = 40001$

这意味着序列化该分量时有40001个可能的取值。如果有一个从小于40001的整数到相应可能的浮点数取值的映射，那么该方法就可以直接通过序列化合适的整数来实现X和Z分量的序列化。

幸运的是，一种称为**定点**（fixed point）数的方法可以将这个任务变得相当简单。定点数是一个数，看起来像整数，但实际上会将其进行缩放和加减来表示一个浮点数。在这个例子中，常数取决于所需要的精度。所以，该方法序列化的比特数只需要能够存储小于40001的整数。因为$\log_2 40001$是15.3，所以只需要16位来序列化X和Z分量。将这些结果写入下列代码：

```
inline uint32_t ConvertToFixed(
    float inNumber, float inMin, float inPrecision)
{
    return static_cast<uint32_t> (
        (inNumber - inMin)/inPrecision);
}


inline float ConvertFromFixed(
    uint32_t inNumber, float inMin, float inPrecision )
{
    return static_cast<float>(inNumber) *
        inPrecision + inMin;
}
```

```
void OutputMemoryBitStream::WritePosF(const Vector3& inVector)
{
    Write(ConvertToFixed(inVector.mX, -2000.f, 0.1f), 16);
    Write(ConvertToFixed(inVector.mZ, -2000.f, 0.1f), 16);
    ... //write Y component here ...
}
```

游戏存储vector的分量为完整的浮点数，但是当需要通过互联网发送它们时，序列化代码将它们转换为0到40000之间的定点数，然后仅使用16位来发送。该方法节省了vector的另外32位，将平均大小从96位降为35位。

> 注释：
>
> 一些CPU，例如Xbox 360和PS3的PowerPC，实现浮点数和整数之间的转换计算是非常昂贵的。但是，与所节省的带宽相比，这往往也是值得的。正如大多数的优化，这是一个权衡，由所开发游戏的特性决定。

4.4.4 几何压缩

定点压缩利用游戏特定的信息来实现使用尽可能少的比特进行数据序列化。有趣的是，这里再次用到了信息论：因为变量的可能取值有了约束，所以需要较少的比特就可以表示那个信息。序列化任何数据结构时，只要它的内容有约束，就可以使用这种技术。

许多几何数据类型就属于这种情况。本节讨论四元数和变换矩阵。**四元数**（quaternion）是一种数据结构，包括四个浮点数，用于表示三维空间中的旋转。四元数的确切用途超出了本书的范围，但是更多的内容可以参考本章最后列出的延伸的阅读资料。这里讨论的重点是当表示一个旋转时，四元数是归一化的，那么每个分量都在-1和1之间，所有分量的平方和是1。因为所有分量的平方和是固定的，所以序列化四元数只需要序列化四个分量中的三个，同时使用一个比特表示第四个分量的符号。那么反序列化代码可以通过1减去其他分量的平方来得到最后一个分量。

此外，所有的分量取值都在-1和1之间，如果在不影响游戏的前提下有一个可接受的精度损失，那么定点表示可以进一步提高压缩率。通常，16位的精度是足够的，所以使用65535个可能的取值来表示范围-1到1。这意味着在内存中需要128位的四元数用49位就可以精确地序列化：

```
void OutputMemoryBitStream::Write(const Quaternion& inQuat)
{
```

```
    float precision = (2.f / 65535.f);
    Write(ConvertToFixed(inQuat.mX, -1.f, precision), 16);
    Write(ConvertToFixed(inQuat.mY, -1.f, precision), 16);
    Write(ConvertToFixed(inQuat.mZ, -1.f, precision), 16);
    Write(inQuat.mW < 0);
}

void InputMemoryBitStream::Read(Quaternion& outQuat)
{
    float precision = (2.f / 65535.f);

    uint32_t f = 0;

    Read(f, 16);
    outQuat.mX = ConvertFromFixed(f, -1.f, precision);
    Read( f, 16 );
    outQuat.mY = ConvertFromFixed(f, -1.f, precision);
    Read(f, 16);
    outQuat.mZ = ConvertFromFixed(f, -1.f, precision);

    outQuat.mW = sqrtf(1.f -
                        outQuat.mX * outQuat.mX -
                        outQuat.mY * outQuat.mY -
                        outQuat.mZ * outQuat.mZ );
    bool isNegative;
    Read(isNegative);

    if(isNegative)
    {
        outQuat.mW *= -1;
    }
}
```

几何压缩在序列化仿射变换矩阵时也是很有用的。变换矩阵由16个浮点数组成，但为了满足仿射的要求，它必须能够分解成用3个浮点数表示的平移变换、用四元数表示的旋转和3个浮点数表示的缩放变换，共10个浮点数。如果序列化的典型矩阵有更多的限制，那么熵编码可以帮助节省更多的带宽。例如，如果矩阵通常是未缩放的，那么程序用一个比特来标识这一点。如果缩放是均匀的，那么程序用另外一个不同的比特来标识这一点，然后仅序列化一个分量，而不是所有三个分量。

4.5 可维护性

仅仅关注带宽效率可能会导致某些地方出现丑陋的代码。所以需要一些权衡考虑，牺牲一点点效率来换取代码的可维护性。

4.5.1 抽象序列化方向

前面介绍的每个新的数据结构或压缩技术都同时需要读方法和写方法。这不仅意味着为每个新的功能都实现两个方法，而且这些方法必须彼此保持同步：如果改变了一个成员变量的写法，那么必须改变它的读法。每个数据结构都有两个这样耦合的方法有点令人头疼。如果每个结构体只有一个能同时处理读和写的方法，代码将会更清晰。

幸运的是，可以通过使用继承和虚函数来实现。一种实现方式是使Output MemoryStream和InputMemoryStream都继承自带有Serialize方法的基类MemoryStream：

```cpp
class MemoryStream
{
    virtual void Serialize(void* ioData,
                           uint32_t inByteCount) = 0;
    virtual bool IsInput() const = 0;
};


class InputMemoryStream: public MemoryStream
{
    ...//other methods above here
    virtual void Serialize(void* ioData, uint32_t inByteCount)
    {
        Read(ioData, inByteCount);
    }
    virtual bool IsInput() const {return true;}

};


class OutputMemoryStream: public MemoryStream
{
    ...//other methods above here
    virtual void Serialize(void* ioData, uint32_t inByteCount)
```

```
    {
        Write(ioData, inByteCount);
    }


    virtual bool IsInput() const {return false;}
}
```

通过实现 Serialize，这两个子类可以得到一个指向数据的指针和数据大小，然后采取合适的行为，即读或者写。使用 IsInput 方法，函数可以检查传入的是输入流还是输出流。接着，基类 MemoryStream 可以实现一个模板化的 Serialize 方法，假设非模板化的版本由子类恰当地实现。

```
template<typename T> void Serialize(T& ioData)
{
    static_assert(std::is_arithmetic<T>::value||
                  std::is_enum<T>::value,
    "Generic Serialize only supports primitive data types");

    if(STREAM_ENDIANNESS == PLATFORM_ENDIANNESS)
    {
        Serialize(&ioData, sizeof(ioData) );
    }
    else
    {
        if(IsInput())
        {
            T data;
            Serialize(&data, sizeof(T));
            ioData = ByteSwap(data);
        }
        else
        {
            T swappedData = ByteSwap(ioData);
            Serialize(&swappedData, sizeof(swappedData));
        }
    }
}
```

模板化的 Serialize 方法使用通用数据作为参数，可以读或写，取决于子类的非模板化 Serialize 方法。这有利于使用相应的 Serialize 方法替换每对自定义的读和写方法。自定义的 Serialize 方法需要 MemoryStream

作为参数，可以使用流的 Serialize 虚方法实现合适的读或写。这样，一个单独的方法可以为一个自定义类同时处理读和写，保证输入和输出代码永远同步。

警告：

这种实现方式比之前的方法稍微低效一点，因为需要进行虚函数调用。该系统还可以使用模板来代替虚函数，这样可以提高一些性能，这部分留作练习题，由你来尝试完成。

4.5.2　数据驱动的序列化

大部分对象序列化代码采用相同的模式：对于对象类中的每一个成员变量，序列化该成员变量的值。这里可能有一些优化，但是代码的一般结构都是相同的。事实上，它们是如此相似，如果游戏有一些关于运行时对象成员取值的数据，它可以使用单一的序列化方法来处理大部分序列化需求。

一些语言，例如 C# 和 Java，有内置的反射系统，允许运行时访问类结构。然而，C++ 在运行时反射类成员需要一个自定义构建的系统。幸运的是，构建一个基本的反射系统并不复杂（如清单 4.8 所示）。

清单 4.8　基本的反射系统

```
enum EPrimitiveType
{
    EPT_Int,
    EPT_String,
    EPT_Float
};


class MemberVariable
{
public:
    MemberVariable(const char* inName,
        EPrimitiveType inPrimitiveType, uint32_t inOffset):
    mName(inName),
    mPrimitiveType(inPrimitiveType),
    mOffset(inOffset) {}

    EPrimitiveType    GetPrimitiveType() const {return mPrimitiveType;}
    uint32_t          GetOffset()        const {return mOffset;}
```

```
private:
    std::string        mName;
    EPrimitiveType     mPrimitiveType;
    uint32_t           mOffset;
};


class DataType
{
public:
    DataType(std::initializer_list<const MemberVariable& > inMVs):
    mMemberVariables(inMVs)
    {}

    const std::vector<MemberVariable>& GetMemberVariables() const
    {
        return mMemberVariables;
    }
private:
    std::vector< MemberVariable >    mMemberVariables;
};
```

EPrimitiveType表示成员变量的基本类型。该系统只支持整型、浮点型和字符串类型，但是可以很容易扩展到任何需要的基本类型。

MemberVariable类表示复合数据类型中的一个单独的成员变量。它包括成员变量的名字（用于调试）、它的基本类型和在父数据类型中的内存偏移。存储偏移是非常关键的：序列化代码可以为给定对象的基址添加偏移，用于寻找那个对象的成员变量值在内存中的位置。这就是实现这个成员变量数据读写的方式。

最后，DataType类包含一个特定类的所有成员变量。对于每一个支持数据驱动的序列化方法的类，都有一个相应的DataType实例。有了反射的基本实现，下面的代码为一个类加载反射数据：

```
#define OffsetOf(c, mv) ((size_t) & (static_cast<c*>(nullptr)->mv))


class MouseStatus
{
public:
    std::string    mName;
    int            mLegCount, mHeadCount;
```

```
    float           mHealth;

    static DataType* sDataType;
    static void InitDataType()
    {
        sDataType = new DataType(
        {
            MemberVariable("mName",
                EPT_String, OffsetOf(MouseStatus,mName)),
            MemberVariable("mLegCount",
                EPT_Int, OffsetOf(MouseStatus, mLegCount)),
            MemberVariable("mHeadCount",
                EPT_Int, OffsetOf(MouseStatus, mHeadCount)),
            MemberVariable("mHealth",
                EPT_Float, OffsetOf(MouseStatus, mHealth))
        });
    }
};
```

这里的类跟踪RoboMouse的状态。静态的InitDataType函数必须在某个时刻被调用，以初始化sDataType成员变量。这个函数创建DataType来表示MouseStatus填充mMemberVariables实体。请注意自定义OffsetOf宏的使用方法，这个宏为每个成员变量计算合适的偏移量。内置在C++中的offsetof宏对于非POD类有未定义的行为。所以，实际上当offsetof用于包含虚函数或其他非POD类型时，一些编译器会返回编译错误。只要类没有自定义一元运算符&，类的层次结构中没有使用虚继承和引用型成员变量，那么该自定义宏就能使用。理想情况下，不必在反射数据中手工写代码，最好有工具能够分析C++头文件并自动为类生成反射数据。

从这里开始，实现一个简单的序列化函数，循环遍历一个数据类型中的成员变量：

```
void Serialize(MemoryStream* inMemoryStream,
            const DataType* inDataType, uint8_t* inData)
{
    for(auto& mv: inDataType->GetMemberVariables())
    {
        void* mvData = inData + mv.GetOffset();
        switch(mv.GetPrimitiveType())
        {
```

```
      EPT_Int:
        inMemoryStream->Serialize(*(int*) mvData);
        break;
      EPT_String:
        inMemoryStream->Serialize(*(std::string*) mvData);
        break;
      EPT_Float:
        inMemoryStream->Serialize(*(float*) mvData);
        break;
      }
   }
}
```

每个成员变量的 GetOffset 方法计算指向这个成员变量实体数据的指针。接着，GetPrimitiveType 的 **switch** 语句将数据分到合适的类型中，让类型化的 Serialize 函数实现真正的序列化。

通过扩展 MemberVariable 类中跟踪的元数据，该技术可以更强大。例如，可以存储用于每个变量自动压缩的比特数。此外，可以为成员变量存储可能的自定义取值，支持一些熵编码的程序实现。

总的来说，该方法以性能换可维护性：有更多的分支可能会导致流水线清空，但是代码更少了，因此错误减少了。除了网络序列化，反射系统作为一个额外的福利，还可以用于许多地方，例如实现到磁盘的序列化、垃圾收集、GUI 对象编辑器，等等。

4.6 总结

序列化是将复杂的数据结构拆解成线性字节数组的过程，可以通过网络发送给另外一台主机。最简单的方法是使用 memcpy 将数据结构复制到字节缓冲区，但是这种方法并不常用。流，序列化的主要场所，使得序列化复杂数据结构成为可能，包括引用其他数据结构并在反序列化之后重新链接这些引用。

有许多技术来实现高效的数据序列化。稀疏数据结构可以被序列化为更紧凑的形式。成员变量的频繁取值可以通过熵编码无损压缩。几何数据结构或者其他类似的受约束数据结构可以通过使用这些限制被无损压缩，仅仅发送重构该数据结构所必需的数据。当可以接受略微有损的压缩时，可以根据已知的范围和所需精度将浮点数转换为定点数。

效率通常以牺牲可维护性为代价，有时是值得将可维护性重新考虑到序列化系统中的。一个数据结构的 Read 和 Write 方法可以缩减为一个 Serialize 方法，根据所操作的流来区分读还是写。同时序列化可以是数据驱动的，使用自动或手动生成的元数据来序列化对象，而不需要自定义的每个数据结构的读写函数。

使用这些工具，可以将你需要的任何东西打包成一个对象，并发送给远程主机。下一章将讨论两个问题：如何封装这个数据，使得远程主机可以创建或者找到合适的对象接收该数据；当游戏仅仅需要进行序列化对象数据的一个子集时，如何高效地处理部分序列化问题。

4.7 复习题

1．为什么简单使用 memcpy 将一个对象复制到字节缓冲区并给远程主机发送这个缓冲区是不安全的？

2．什么是字节序（endianness）？为什么它是数据序列化时的一个问题？解释一下如何处理数据序列化中的字节序问题。

3．描述一下如何高效地压缩稀疏数据结构。

4．给出针对包含指针的对象的两种序列化方法。举例说明每种方法使用的场合。

5．什么是熵编码？举一个如何使用它的基本示例。

6．解释一下，序列化浮点数时，如何使用定点数来节省带宽。

7．彻底解释一下为什么本章实现的 WriteBits 函数只适用于小端字节序平台。同时实现一个适用于大端字节序平台的函数。

8．实现 OutputMemoryStream :: Write(const unordered_map<int, int >&) 方法，将一个整数到整数的映射写入流中。

9．实现相应的 OutputMemoryStream::Read(unordered_map<int, int >&) 方法。

10．模板化复习题9实现的 OutputMemoryStream::Read，使其适用于 template <tKey, tValue> unordered_map<tKey, tValue>。

11．为仿射变换矩阵实现高效的 Read 和 Write 方法，利用它的放缩（scale）通常为1的条件，如果不为1，通常至少也是均匀的（uniform）。

12．实现一个带有通用序列化方法的模块，这个序列化方法基于模板而不是虚函数。

4.8　延伸的阅读资料

Bloom, Charles. (1996, August 1). Compression: Algorithms: Statistical Coders.

Blow, Jonathan. (2004, January 17). Hacking Quaternions.

Ivancescu, Gabriel. (2007, December 21). Fixed Point Arithmetic Tricks.

第5章 对象复制

对象序列化仅仅是主机之间状态传输的第一步。本章研究一个通用的复制框架，支持远程进程之间游戏世界和对象状态的同步。

5.1 世界状态

要想成功，多人游戏必须让同时在线的玩家感觉他们处于同一个世界中。当一个玩家打开门或杀死僵尸，在这个范围内的所有玩家必须看到门打开了，僵尸爆了。通过在每台主机上构建一个**世界状态**（world state）并交换任何所需要的信息来保持主机之间状态的一致性，多人游戏提供了这种共享体验。

根据第6章讲解的游戏网络拓扑，有多种不同方法来创建和实施远程主机之间世界状态的一致性。一种常见的方法是有一台服务器给所有相连的客户端发送世界状态。客户端收到这个状态来更新自己的世界状态。这样，客户端主机上的所有玩家最终体验了相同的世界状态。

假设我们采用某种面向对象的游戏对象模型，世界状态可以定义为那个世界中所有游戏对象的状态。这样，传输世界状态的任务可以被分解为传输每个对象的状态。

本章讨论主机之间传输对象状态的任务，试图为多个远程玩家保持一致的世界状态。

5.2 复制对象

从一台主机向另一台主机传输对象状态的行为称为**复制**（replication）。复制比第4章讨论的序列化要求更苛刻。为了成功地复制一个对象，主机必须在序列化对象的内部状态之前实现三步预处理：

1. 标记数据包为包含对象状态的数据包。
2. 唯一标识复制对象。
3. 指明被复制对象的类型。

首先发送方将数据包标记为包含对象状态的数据包。主机之间通信可能不仅仅是为了对象复制，所以假设每个传入的数据包都包含对象复制数据是不安全的。因此，创建一个枚举类型 PacketType 来标识每个数据包的类型是很有帮助的。清单 5.1 给出了一个例子。

清单 5.1　枚举类型 PacketType

```
enum PacketType
{
    PT_Hello,
    PT_ReplicationData,
    PT_Disconnect,
    PT_MAX
};
```

对于每个要发送的数据包，主机首先序列化相应的 PacketType 到数据包的 MemoryStream。这样，接收方可以从每个到达的数据包中立即读取数据包类型，然后决定如何处理。习惯上，主机之间交换的第一个数据包被标记为 "hello" 数据包，用于建立连接、分配状态，并有可能开始一个验证过程。PT_Hello 作为传入数据包的第一个字节表示了数据包的这种类型。同样地，PT_Disconnect 作为第一个字节表明请求断开处理。PT_MAX 用在后续需要知道数据包枚举类型中元素最大数量的代码中。为了复制对象，发送方序列化 PT_ReplicationData 作为数据包的第一个字节。

接下来，发送方需要给接收方标识序列化的对象，这样接收方可以确定它是否已经有这个传入对象的副本。如果有，可以使用序列化的状态更新这个对象，而不需要实例化一个新的对象。还记得第 4 章中介绍的 Linking Context 已经依赖具有唯一标识符的对象。这些标识符也可以用于状态复制时的对象标识。事实上，可以扩展 LinkingContext，如清单 5.2 所示，给当前还没有标识符的对象赋予唯一的网络标识符。

清单 5.2　扩展的 LinkingContext

```
class LinkingContext
{
public:
    LinkingContext():
    mNextNetworkId(1)
    {}

    uint32_t GetNetworkId(const GameObject* inGameObject,
                          bool inShouldCreateIfNotFound)
```

```
    {
        auto it = mGameObjectToNetworkIdMap.find(inGameObject);
        if(it != mGameObjectToNetworkIdMap.end())
        {
            return it->second;
        }
        else if(inShouldCreateIfNotFound)
        {
            uint32_t newNetworkId = mNextNetworkId++;
            AddGameObject(inGameObject, newNetworkId);
            return newNetworkId;
        }
        else
        {
            return 0;
        }
    }

    void AddGameObject(GameObject* inGameObject, uint32_t inNetworkId)
    {
        mNetworkIdToGameObjectMap[inNetworkId] = inGameObject;
        mGameObjectToNetworkIdMap[inGameObject] = inNetworkId;
    }

    void RemoveGameObject(GameObject *inGameObject)
    {
        uint32_t networkId = mGameObjectToNetworkIdMap[inGameObject];
        mGameObjectToNetworkIdMap.erase(inGameObject);
        mNetworkIdToGameObjectMap.erase(networkId);
    }

    //unchanged ...
    GameObject* GetGameObject(uint32_t inNetworkId);

private:
    std::unordered_map<uint32_t, GameObject*> mNetworkIdToGameObjectMap;
    std::unordered_map<const GameObject*, uint32_t>
        mGameObjectToNetworkIdMap;

    uint32_t mNextNetworkId;
}
```

新的成员变量mNextNetworkId跟踪下一个未被使用的网络标识符，每使用一个自动加1。因为它是一个4字节的无符号整数，所以假设它不会溢出通常是安全的：如果在一个游戏的持续时间中有多于40亿个不同的对象，那么你需要实现一个更复杂的系统。现在，假设增加当前的计数器可以安全地提供唯一的网络标识符。

当主机准备好将inGameObject的标识符写入对象状态数据包，它调用mLinkingContext->GetNetworkId(inGameObject, true)，告诉链接上下文（linking context）有必要的话生成一个网络标识符。然后将这个标识符写入到数据包中PacketType的后面。当远程主机收到这个数据包，它读取标识符，并使用自己的链接上下文来查找引用对象。如果接收方找到一个对象，直接用反序列化数据更新对象。如果没有找到对象，则需要创建它。

为远程主机创建对象，需要待创建对象的类信息。发送方通过在对象标识符后面序列化某种类标识符来提供该信息。实现它的一种粗暴方法是使用动态类型转换从集合中选择一个硬编码的类标识符，如清单5.3所示。然后接收方使用如清单5.4所示的switch语句根据类标识符实例化正确的类。

清单5.3　硬编码、紧密耦合的类识别

```
void WriteClassType(OutputMemoryBitStream& inStream,
                    const GameObject* inGameObject)
{
    if(dynamic_cast<const RoboCat*>(inGameObject))
    {
        inStream.Write(static_cast<uint32_t>('RBCT'));
    }
    else if(dynamic_cast<const RoboMouse*>(inGameObject))
    {
        inStream.Write(static_cast<uint32_t>('RBMS'));
    }
    else if(dynamic_cast<const RoboCheese*>(inGameObject))
    {
        inStream.Write(static_cast<uint32_t>('RBCH'));
    }
}
```

清单5.4　硬编码、紧密耦合的对象实例化

```
GameObject* CreateGameObjectFromStream(InputMemoryBitStream& inStream)
{
    uint32_t classIdentifier;
    inStream.Read(classIdentifier);
```

```
switch(classIdentifier)
{
    case 'RBCT':
        return new RoboCat();
        break;
    case 'RBMS':
        return new RoboMouse();
        break;
    case 'RBCH':
        return new RoboCheese();
        break;
}
return nullptr;
}
```

虽然该方法可行，但是有许多不足。首先，使用 dynamic_cast 通常需要 C++ 的内置 RTTI 是启动状态。RTTI 在游戏中往往是被禁用的，因为对于每一个多态类型它都需要额外的存储空间。更重要的是，该方法的不足是因为它使得游戏对象系统和复制系统相互依赖。每次添加一个新的可能被复制的游戏类，都必须在网络代码中同时编辑 WriteClassType 和 CreateGameObjectFromStream 函数。这是很容易被忘记的，从而导致代码不同步。另外，如果想要在新游戏中重新使用你的复制系统，需要完全重写这些函数，因为这些函数里面引用了旧游戏中的游戏类代码。最后，这种耦合使得单元测试变得更加困难，因为在没有加载游戏单元时不能加载网络单元。通常情况下，最好是游戏代码依赖网络代码，但是网络代码应该几乎不依赖游戏代码。

减少游戏代码和网络代码之间耦合的一种清晰的方式是使用对象创建注册表将对象识别和创建例程从复制系统中抽象出来。

5.2.1 对象创建注册表

一个**对象创建注册表**（object creation registry）是将一个类标识符映射到一个函数，该函数创建一个特定类的对象。使用该注册表，网络模块可以通过 id 查找创建函数，并且执行它来创建想要的对象。如果你的游戏已经有一个映射系统，你可能已经实现了这样一个系统，如果没有，也不难创建。每个可复制类都必须为对象创建注册表做准备。首先，给每个类赋予一个唯一的标识符，并将其存储在名为 kClassId 的静态常数中。每个类可以使用 GUID 来保证标识符之间不重复，当然考虑到需要复制的类不多，128

位标识符显得有些没必要。另外一个好的选择是使用基于类名的四字符文本，然后在类提交给注册表的时候检查名字是否冲突。最后一个选择是在编译时使用构建工具创建类标识符，构建工具自动生成代码来保证唯一性。

> 警告：
>
> 四字符文本是依赖于实现的。使用四字符文本如"DXT5"或"GOBJ"来指定32位值是实现有良好区分性标识符的一种简单方法。它们是非常好的，因为当它们出现在你的数据包内存转储时，它们依然保持易见性。因此，许多第三方引擎，从Unreal到C4，都使用它作为标记和标识符。不幸的是，在C++标准中，它们被归类为依赖于实现的，意思是并不是所有的编译器都使用同样的方式实现字符到整型的转换。大部分的编译器，包括GCC和Visual Studio，使用相同的转换方式，但是如果你在使用不同编译器编译的进程之间进行多字符文本通信时，首先运行一些测试示例来保证两个编译器以同样的方式转换文本。

每个类都有唯一的标识符后，为GameObject添加一个虚函数GetClassId。为GameObject的每个子类重写该函数，以便返回类标识符。最后，为每个子类添加一个静态函数，用于创建和返回一个类的实例。清单5.5展示了GameObject和其两个子类是如何为注册表做准备的。

清单5.5 支持对象创建注册表的类

```cpp
class GameObject
{
public:
    //...
    enum{kClassId = 'GOBJ'};
    virtual uint32_t GetClassId() const {return kClassId;}
    static GameObject* CreateInstance() {return new GameObject();}
    //...
};

class RoboCat: public GameObject
{
public:
    //...
    enum{kClassId = 'RBCT'};
    virtual uint32_t GetClassId() const {return kClassId;}
    static GameObject* CreateInstance() {return new RoboCat();}
    //...
};

class RoboMouse: public GameObject
```

```
{
    //...
    enum{kClassId = 'RBMS'};
    virtual uint32_t GetClassId() const {return kClassId;}
    static GameObject* CreateInstance() {return new RoboMouse();}
    //...
};
```

注意每个子类都需要实现GetClassId虚函数。虽然代码看起来一模一样，但返回值不同，因为常量kClassId不同。因为每个类的代码都是相同的，一些开发者喜欢使用预处理宏来生成它。复杂的预处理宏通常是不推荐的，因为现在的调试器不能处理得很好，但是可以减少来回复制和粘贴代码所造成错误的机会。此外，如果需要修改复制的代码，只改变宏就可以将这个修改传播到所有类。清单5.6展示了如何在这种情况下使用宏。

清单5.6　使用宏来支持对象创建注册表的类

```
#define CLASS_IDENTIFICATION(inCode, inClass) \
enum{kClassId = inCode}; \
virtual uint32_t GetClassId() const {return kClassId;} \
static GameObject* CreateInstance() {return new inClass();}

class GameObject
{
public:
    //...
    CLASS_IDENTIFICATION('GOBJ', GameObject)
    //...
};

class RoboCat: public GameObject
{
    //...
    CLASS_IDENTIFICATION('RBCT', RoboCat)
    //...
};
class RoboMouse: public GameObject
{
    //...
    CLASS_IDENTIFICATION('RBMS', RoboMouse)
    //...
};
```

宏定义中每行结尾的反斜杠告诉编译器该定义延续到下一行。

在类识别系统的合适位置，创建类ObjectCreationRegistry来保存类标识符到创建函数的映射。游戏代码完全独立于复制系统，并可以用可复制类来填充它，如清单5.7所示。ObjectCreationRegistry从技术上来说并不一定需要是单例，它仅仅需要保证游戏代码和网络代码能够访问它。

清单5.7 `ObjectCreationRegistry`单例和映射

```cpp
typedef GameObject* (*GameObjectCreationFunc)();

class ObjectCreationRegistry
{
public:
    static ObjectCreationRegistry& Get()
    {
        static ObjectCreationRegistry sInstance;
        return sInstance;
    }

    template<class T>
    void RegisterCreationFunction()
    {
        //ensure no duplicate class id
        assert(mNameToGameObjectCreationFunctionMap.find(T::kClassId) ==
                mNameToGameObjectCreationFunctionMap.end());
        mNameToGameObjectCreationFunctionMap[T::kClassId] =
                T::CreateInstance;
    }

    GameObject* CreateGameObject(uint32_t inClassId)
    {
        //add error checking if desired- for now crash if not found
        GameObjectCreationFunc creationFunc =
            mNameToGameObjectCreationFunctionMap[inClassId];
        GameObject* gameObject = creationFunc();
        return gameObject;
    }

private:
    ObjectCreationRegistry() {}
    unordered_map<uint32_t, GameObjectCreationFunc>
        mNameToGameObjectCreationFunctionMap;
```

```
    };

void RegisterObjectCreation()
{
    ObjectCreationRegistry::Get().RegisterCreationFunction<GameObject>();
    ObjectCreationRegistry::Get().RegisterCreationFunction<RoboCat>();
    ObjectCreationRegistry::Get().RegisterCreationFunction<RoboMouse>();
}
```

GameObjectCreationFunc类型是函数指针，对应于每个类中的Create
Instance静态成员函数。RegisterCreationFunction是一个模板，用于
防止类标识符与创建函数之间的不匹配。在游戏启动代码中的某个位置，
调用RegisterObjectCreation来基于类标识符和实例化函数填充对象创
建注册表。

有了这个系统，当发送方需要为GameObject写类标识符时，仅仅调用它
的GetClassId方法即可。当接收方需要创建一个给定类的实例时，直接
调用对象创建注册表的Create，并传入类标识符。

实际上，这个系统代表了C++的RTTI系统的一个定制版本。因为它是为
此目的而手动创建的，所以在内存使用、类型标识符大小和交叉编译器的
兼容性方面比只使用C++的typeid操作符有更多的控制权。

> 小窍门：
>
> 如果你的游戏使用了类似第4章通用序列化小节中的反射系统，你可以在那个系
> 统的基础上添加，而不需要使用这里讲解的方法。仅仅在每个GameObject中添
> 加一个GetDataType虚函数，返回对象的DataType，而不是类标识符。然后为每
> 个DataType添加唯一的标识符和实例化函数。与从类标识符到创建函数的映射不
> 同，对象创建注册表变成了数据类型注册表，实现了从数据类型标识符到DataType
> 的映射。要复制一个对象，先通过GetDataType方法获得其DataType，再序列化
> DataType的标识符。要实例化一个对象，先在注册表中通过标识符查找DataType，
> 然后使用DataType的实例化函数。这样做的好处是在接收端可以利用DataType做
> 通用序列化。

5.2.2　一个数据包中的多个对象

记住发送大小与MTU尽可能接近的数据包是非常高效的。并不是所有的
对象都很大，所以在一个数据包中发送多个对象是可以提升效率的。为了
做到这一点，一旦主机已经标记一个数据包为PT_ReplicationData数据
包，仅需要为每个对象重复执行以下步骤。

1. 写对象的网络标识符。
2. 写对象的类标识符。
3. 写对象的序列化数据。

当接收端完成反序列化一个对象，数据包中剩下的任何未使用的数据必然是另一个对象的。所以，主机重复这个接收过程，直到没有剩余未使用的数据。

5.3　朴素的世界状态复制方法

有了多对象复制代码，复制整个世界状态的直接方法是复制世界里的每个对象。如果你有一个足够小的游戏世界，例如最初的《雷神之锤》(*Quake*)，那么整个世界状态可以完全装入一个数据包中。清单5.8介绍了以这种方式复制整个世界的复制管理器。

清单5.8　复制世界状态

```
class ReplicationManager
{
public:
    void ReplicateWorldState(OutputMemoryBitStream& inStream,
                             const vector<GameObject*>& inAllObjects);

private:
    void ReplicateIntoStream(OutputMemoryBitStream& inStream,
                             GameObject* inGameObject);
    LinkingContext* mLinkingContext;
};

void ReplicationManager::ReplicateIntoStream(
    OutputMemoryBitStream& inStream,
    GameObject* inGameObject)
{
    //write game object id
    inStream.Write(mLinkingContext->GetNetworkId(inGameObject, true));

    //write game object class
    inStream.Write(inGameObject->GetClassId());

    //write game object data
```

```
        inGameObject->Write(inStream);
}

void ReplicationManager::ReplicateWorldState(
    OutputMemoryBitStream& inStream,
    const vector<GameObject*>& inAllObjects)
{
    //tag as replication data
    inStream.WriteBits(PT_ReplicationData, GetRequiredBits<PT_MAX>::Value );

    //write each object
    for(GameObject* go: inAllObjects)
    {
        ReplicateIntoStream(inStream, go);
    }
}
```

ReplicateWorldState是公有函数，调用者可以用来将一组对象的复制数据写入输出流中。首先标记数据为复制数据，然后使用私有方法Replicate IntoStream分别写每个对象。ReplicateIntoStream利用链接上下文写每个对象的网络ID，利用虚方法GetClassId写对象的类标识符。接着根据游戏对象的虚函数Write序列化真实的数据。

序列化值时使用必要的比特

记住比特流允许使用任意数量的比特来序列化一个字段的值。比特的数量必须足够大以表示这个字段可能的最大值。当序列化枚举类型时，编译器可以真实地计算在编译阶段所需的最佳比特数，排除从枚举类型中添加或删除元素时产生错误的可能。一个小技巧是保证让枚举的最后一个元素以_MAX为后缀。例如，枚举类型PacketType命名为PT_MAX。这样，当增加或删除元素时，_MAX元素的值总是自动增加或减少，你更容易跟踪枚举类型的最大值。

ReplicateWorldState方法将最后的枚举值作为模板参数传给GetRequiredBits，计算表示数据包类型最大值所需的比特数。为了处理地更高效，在编译阶段，使用称为**模板元编程**（template metaprogramming）的方法，这是C++工程中有点黑色艺术的方法。C++模板语言如此复杂，以至于它是图灵完备的。只要在编译时输入已知，编译器就可以计算任意函数。在这个例子中，计算表示数据包类型最大值所需比特数的代码可以写成：

```
template<int tValue, int tBits>
struct GetRequiredBitsHelper
```

```
{
    enum {Value = GetRequiredBitsHelper<(tValue >> 1),
                    tBits + 1>::Value};
};

template<int tBits>
struct GetRequiredBitsHelper<0, tBits>
{
    enum {Value = tBits};
};

template<int tValue>
struct GetRequiredBits
{
    enum {Value = GetRequiredBitsHelper<tValue, 0>::Value};
};
```

模板元编程没有显式的循环功能，所以必须使用递归来替代迭代。这样，GetRequired Bits 依赖递归的 GetRequiredBitsHelper 来得到参数值的最高比特位，接着计算用于表示所需的比特数。这通过每次将 tValue 右移一位时便将 tBits 加 1 来实现。当 tValue 最终为 0 时，模板特例化被调用，直接返回存储在 tBits 中的累计值。

随着 C++11 的出现，关键字 constexpr 允许以较小的复杂性实现一些模板元编程的功能。但是在写这本书的时候，这种方法还没有被主流编译器（例如 Visual Studio 2013）支持，所以基于兼容性考虑，使用模板更加安全。

当接收端检测到状态复制数据包，将它传给复制管理器，循环访问数据包中每个序列化的游戏对象。如果游戏对象不存在，客户端创建这个对象并反序列化状态。如果游戏对象存在，客户端找到这个对象并反序列化状态到对象中。当客户端处理完这个数据包，销毁所有未出现在数据包中的本地数据对象，因为数据包中未出现表明这个游戏对象不再存在于发送端的世界中。清单 5.9 展示了复制管理器的添加内容，允许处理标记为复制状态的传入数据包。

清单 5.9　复制世界状态

```
class ReplicationManager
{
public:
    void ReceiveReplicatedObjects(InputMemoryBitStream& inStream);

private:
    GameObject* ReceiveReplicatedObject(InputMemoryBitStream& inStream);
```

```
        unordered_set<GameObject*> mObjectsReplicatedToMe;
};

void ReplicationManager::ReceiveReplicatedObjects(
    InputMemoryBitStream& inStream)
{
    unordered_set<GameObject*> receivedObjects;

    while(inStream.GetRemainingBitCount() > 0)
    {
        GameObject* receivedGameObject = ReceiveReplicatedObject(inStream);
        receivedObjects.insert(receivedGameObject);
    }

    //now run through mObjectsReplicatedToMe.
    //if an object isn't in the recently replicated set,
    //destroy it
    for(GameObject* go: mObjectsReplicatedToMe)
    {
        if(receivedObjects.find(go)== receivedObjects.end())
        {
            mLinkingContext->Remove(go);
            go->Destroy();
        }
    }

    mObjectsReplicatedToMe = receivedObjects;
}

GameObject* ReplicationManager::ReceiveReplicatedObject(
    InputMemoryBitStream& inStream)

{
    uint32_t networkId;
    uint32_t classId;
    inStream.Read(networkId);
    inStream.Read(classId);

    GameObject* go = mLinkingContext->GetGameObject(networkId);
    if(!go)
    {
        go = ObjectCreationRegistry::Get().CreateGameObject(classId);
```

```
                mLinkingContext->AddGameObject(go, networkId);
        }

        //now read update
        go->Read(inStream);

        //return gameobject so we can track it was received in packet
        return go;
}
```

一旦数据包接收代码读取数据包类型，并判断数据包是复制数据，它就将数据流传给 ReceiveWorld。ReceiveWorld 使用 ReceiveReplicated Object 接收每个对象，并在集合中跟踪每个接收对象。一旦接收了所有的对象，它检查是否存在上一个数据包中接收的对象没有出现在这个数据包中，销毁这样的对象以保持世界同步。

以这种方式发送和接收世界状态非常简单，但是有局限性，即要求整个世界状态必须能够装入一个数据包中。为了支持更大的世界，你需要另外的方法来复制状态。

5.4 世界状态中的变化

因为每台主机都保存自己的世界状态副本，所以没必要在一个数据包中复制整个世界状态。实际上，发送方创建表示世界状态变化的数据包，然后接收方在自己的世界状态中更新这些变化。这样，发送方可以使用多个数据包与远程主机同步一个非常大的世界。

当以这种方式复制世界状态时，可以称每个数据包都包含**世界状态增量**（world state delta）。因为世界状态由对象状态组成，所以世界状态增量包含需要改变的每个对象的**对象状态增量**（object state delta）。每个对象状态增量表示以下三种复制行为中的一种。

1. 创建游戏对象。
2. 更新游戏对象。
3. 销毁游戏对象。

复制对象状态增量与复制整个对象状态类似，除了发送方需要向数据包中写入对象行为。这时，序列化数据的前缀变得复杂，以至于我们需要创建包含对象网络标识符、对象行为和必要类信息的复制头。清单 5.10 展示了复制头的实现。

清单5.10　复制头

```
enum ReplicationAction
{
    RA_Create,
    RA_Update,
    RA_Destroy,
    RA_MAX
};

class ReplicationHeader
{
public:
    ReplicationHeader() {}

    ReplicationHeader(ReplicationAction inRA, uint32_t inNetworkId,
                      uint32_t inClassId = 0):
    mReplicationAction(inRA),
    mNetworkId(inNetworkId),
    mClassId(inClassId)
    {}

    ReplicationAction    mReplicationAction;
    uint32_t             mNetworkId;
    uint32_t             mClassId;

    void Write(OutputMemoryBitStream& inStream);
    void Read(InputMemoryBitStream& inStream);
};

void ReplicationHeader::Write(OutputMemoryBitStream& inStream)
{
    inStream.WriteBits(mReplicationAction, GetRequiredBits<RA_MAX>::Value );
    inStream.Write(mNetworkId);
    if( mReplicationAction!= RA_Destroy)
    {
        inStream.Write(mClassId);
    }
}

void ReplicationHeader::Read(InputMemoryBitStream& inStream)
{
```

```
        inStream.Read(mReplicationAction, GetRequiredBits<RA_MAX>::Value);
        inStream.Read(mNetworkId);
        if(mReplicationAction!= RA_Destroy)
        {
            inStream.Read(mClassId);
        }
};
```

方法 Read 和 Write 辅助将复制头在对象数据之前序列化到数据包的内存流中。需要注意的是，在对象销毁时，不需要序列化对象的类标识符。

当发送方需要复制对象状态增量的集合时，创建内存流，并标记为 PT_ReplicationData 数据包，然后针对每个改变序列化 ReplicationHeader 和恰当的对象数据。ReplicationManager 应该包含三种不同的方法，分别实现复制创建、复制更新和复制销毁，如清单 5.11 所示。这些代码封装了 ReplicationHeader 的创建和序列化，这样它们就不会暴露在 Replication Manager 之外了。

清单 5.11 对象状态增量的复制

```
ReplicationManager::ReplicateCreate(OutputMemoryBitStream& inStream,
                                    GameObject* inGameObject)
{
    ReplicationHeader rh(RA_Create,
                         mLinkingContext->GetNetworkId(inGameObject,
                                                       true),
                         inGameObject->GetClassId());
    rh.Write(inStream);
    inGameObject->Write(inStream);
}


void ReplicationManager::ReplicateUpdate(OutputMemoryBitStream&inStream,
                                         GameObject* inGameObject)
{
    ReplicationHeader rh(RA_Update,
                         mLinkingContext->GetNetworkId(inGameObject,
                                                       false),
                         inGameObject->GetClassId());
    rh.Write(inStream);
    inGameObject->Write(inStream);
}


void ReplicationManager::ReplicateDestroy(OutputMemoryBitStream&inStream,
```

```
                                        GameObject* inGameObject)
{
    ReplicationHeader rh(RA_Destroy,
                         mLinkingContext->GetNetworkId(inGameObject,
                                                       false));
    rh.Write(inStream);
}
```

当接收方处理数据包时，必须采取恰当的动作。清单5.12展示了如何实现。

清单5.12 处理复制动作

```
void ReplicationManager::ProcessReplicationAction(
    InputMemoryBitStream& inStream)
{
    ReplicationHeader rh;
    rh.Read(inStream);

    switch(rh.mReplicationAction)
    {
        case RA_Create:
        {
            GameObject* go =
            ObjectCreationRegistry::Get().CreateGameObject(rh.mClassId);
            mLinkingContext->AddGameObject(go, rh.mNetworkId);
            go->Read(inStream);
            break;
        }
        case RA_Update:
        {
            GameObject* go =
            mLinkingContext->GetGameObject(rh.mNetworkId);
            //we might have not received the create yet,
            //so serialize into a dummy to advance read head
            if(go)
            {
                go->Read(inStream);
            }
            else
            {
                uint32_t classId = rh.mClassId;
                go =
                ObjectCreationRegistry::Get().CreateGameObject(classId);
                go->Read(inStream);
                delete go;
```

```
            }
            break;
        }
        case RA_Destroy:
        {
            GameObject* go = mLinkingContext->GetGameObject(rh.mNetworkId);
            mLinkingContext->RemoveGameObject(go);
            go->Destroy();
            break;
        }
        default:
            //not handled by us
            break;
    }
}
```

将一个数据包识别为包含对象状态之后，接收方循环访问每个头部和序列
化的对象数据块。如果头部指示动作为创建，那么接收方确保对象不存在。
如果对象不存在，那么根据序列化数据创建这个对象。

如果复制头指示动作为对象更新，那么接收方找到这个对象并反序列化数据
到对象中。由于各种原因，包括网络的不可靠，都有可能导致接收方没有找
到目标游戏对象。在这种情况下，接收方仍然需要处理数据包中剩余数据，
所以必须跳过内存流中恰当数量的数据。可以通过创建临时虚拟对象来实现，
序列化对象状态到这个虚拟对象中，然后删除这个虚拟对象。如果这种方法
效率太低，或者由于对象构造的方式导致这种方法不可能实现，可以在对象
复制头添加一个字段记录序列化数据的大小。这样，接收方可以为没有找到
的对象查找序列化数据的大小，跳过内存流中对应数量的数据。

> 警告：
> 部分世界和对象状态复制仅仅适用于发送方可以精确地表示接收方的当前世界状态。
> 这个精确度帮助发送方确定需要复制的变化。因为互联网本身是不可靠的，所以不
> 能简单假设接收方的世界状态是基于发送方上一次发送的数据包。发送方和接收方
> 都需要通过TCP发送数据包，这样可靠性才能得到保证。或者在UDP的上层使用应
> 用层协议来提供可靠性。第7章中讨论这个话题。

局部对象状态的复制

当发送对象更新时，发送方不需要发送对象的每个属性。发送方可能只想
序列化自上次更新以来变化的属性。为了做到这一点，你可以使用位域来

表示序列化属性。每一位表示一个需要序列化的属性或属性组。例如，第4章中的MouseStatus类可以使用如清单5.13所示的枚举类型为每个属性分配一位。

清单5.13 MouseStatus类的属性枚举

```
enum MouseStatusProperties
{
    MSP_Name      = 1 << 0,
    MSP_LegCount  = 1 << 1,
    MSP_HeadCount = 1 << 2,
    MSP_Health    = 1 << 3,
    MSP_MAX
};
```

这些枚举值可以通过按位或运算组合在一起表示多个属性。例如，包含mHealth和mLegCount的对象状态增量可以使用MSP_Health|MSP_LegCount。需要注意的是，位域中每一位都是1表示所有的属性都需要被序列化。

应该修改类的Write方法，添加一个属性位域来指示序列化哪些属性到流中。清单5.14为MouseStatus类提供了一个示例。

清单5.14 使用属性位域实现写属性

```
void MouseStatus::Write(OutputMemoryBitStream& inStream,
                        uint32_t inProperties)
{
    inStream.Write(inProperties, GetRequiredBits<MSP_MAX >::Value);
    if((inProperties & MSP_Name) != 0)
    {
        inStream.Write(mName);
    }
    if((inProperties & MSP_LegCount)!= 0)
    {
        inStream.Write(mLegCount);
    }
    if((inProperties & MSP_HeadCount) != 0)
    {
        inStream.Write(mHeadCount);
    }
    if((inProperties & MSP_Health)!= 0)
    {
        inStream.Write(mHealth);
    }
}
```

在写任意属性之前，该方法将 inProperties 写入流，这样反序列化过程可以仅仅读取被写的属性。然后检查位域中单独的比特来写所需的属性。清单 5.15 展示了反序列化过程。

清单 5.15　局部对象更新的反序列化

```
void MouseStatus::Read(InputMemoryBitStream& inStream)
{
    uint32_t writtenProperties;
    inStream.Read(writtenProperties, GetRequiredBits<MSP_MAX>::Value);
    if((writtenProperties & MSP_Name) != 0)
    {
        inStream.Read(mName );
    }
    if((writtenProperties & MSP_LegCount) != 0)
    {
        inStream.Read(mLegCount);
    }
    if((writtenProperties & MSP_HeadCount) != 0)
    {
        inStream.Read(mHeadCount);
    }
    if((writtenProperties & MSP_Health) != 0)
    {
        inStream.Read(mHealth);
    }
}
```

Read 方法首先读 writtenProperties 位域，然后使用其取值仅仅反序列化对应的属性。

局部对象状态复制的位域方法也可以用于第 4 章结尾给出的更加抽象的、双向的、数据驱动的序列化例程。清单 5.16 扩展了第 4 章中 Serialize 的实现，支持局部对象状态复制的位域方法。

清单 5.16　双向的、数据驱动的局部对象更新

```
void Serialize(MemoryStream* inStream, const DataType* inDataType,
               uint8_t* inData, uint32_t inProperties)
{
    inStream->Serialize(inProperties);

    const auto& mvs = inDataType->GetMemberVariables();
    for(int mvIndex = 0, c = mvs.size(); mvIndex < c; ++mvIndex)
```

```
    {
        if(((1 << mvIndex) & inProperties) != 0)
        {
            const auto& mv = mvs[mvIndex];
            void* mvData = inData + mv.GetOffset();
            switch(mv.GetPrimitiveType())
            {
                case EPT_Int:
                    inStream->Serialize(*reinterpret_cast<int*>(mvData));
                    break;
                case EPT_String:
                    inStream->Serialize(
                        *reinterpret_cast<string*>(mvData));
                    break;
                case EPT_Float:
                    inStream->Serialize(
                        *reinterpret_cast<float*>(mvData));
                    break;
            }
        }
    }
}
```

和使用枚举类型手工定义每一位的含义不同，数据驱动的方法使用比特的索引表示需要序列化的成员变量的索引。需要注意的是，在获取 inProperties 的值之后立刻调用 Serialize 将其序列化。对于输出流，这将位域写入流中。但是，对于输入流，会读取写属性位域到这个变量中，并覆盖传入的位域数据。这是正确的行为，因为输入操作需要使用序列化的位域数据，该数据对应每个序列化的属性。如果有多于32个可能的属性需要序列化，那么使用 uint64_t。如果有多于64个属性，那么考虑将多个属性合并成组，然后使用同一个比特，或者拆分类。

5.5 RPC作为序列化对象

在复杂的多人游戏中，一台主机向另外一台主机发送的可能不仅仅是对象状态。考虑一下这种情况，主机想要发送一个爆炸的声音，或者在另外一台主机的屏幕上闪烁。这种动作的传输最好使用**远程过程调用**（remote procedure call，RPC）。远程过程调用是一台主机可以在另一台或多台远程主机上执行程序的动作。有许多应用层的协议支持它，从基于文本的，如XML-RPC到二进制的，如ONC-RPC。然而，如果游戏已经支持本章所描述的对象复制系统，那么在此基础上添加一个RPC层非常容易。

每个过程调用都可以被认为是一个唯一的对象，每个参数对应一个成员变量。要调用一个远程主机上的RPC，调用主机复制一个恰当类型的对象，为目标主机正确填写成员变量。例如函数 PlaySound：

```
void PlaySound(const string& inSoundName, const Vector3& inLocation,
               float inVolume);
```

结构体 PlaySoundRPCParams 有三个成员变量：

```
struct PlaySoundRPCParams
{
    string  mSoundName;
    Vector3 mLocation;
    float   mVolume;
};
```

为了在远程主机上调用 PlaySound，调用主机创建 PlaySoundRPCParams 对象，设置成员变量，然后序列化这个对象到对象状态数据包。如果大量使用RPC，会导致代码复杂错乱，而且带来大量不必要的网络对象标识符，因为RPC调用对象不需要被唯一标识。

一种清晰的解决方案是为RPC系统创建一个模块化的封装器，将其与复制系统集成。为了实现这种方法，首先添加一个复制动作类型 RA_RPC。这个复制动作表示序列化的数据是一个RPC调用，允许接收端直接将其传递给专用的RPC处理模块。同时也告诉 ReplicationHeader 序列化代码这个动作不需要网络标识符，即不需要序列化网络标识符。当 ReplicationManager 的 ProcessReplicationAction 检测到 RA_RPC 动作，应该将数据包直接传递给RPC模块做进一步处理。

RPC模块应该包含这样一个数据结构，功能是从每个RPC标识符到解封装胶水函数的映射，用于反序列化和调用恰当的函数。清单5.17展示了一个RPCManager示例。

清单5.17 **RPCManager 示例**

```
typedef void (*RPCUnwrapFunc)(InputMemoryBitStream&)

class RPCManager
{
public:
```

```
void RegisterUnwrapFunction(uint32_t inName, RPCUnwrapFunc inFunc)
{
    assert(mNameToRPCTable.find(inName) == mNameToRPCTable.end());
    mNameToRPCTable[inName] = inFunc;
}

void ProcessRPC(InputMemoryBitStream& inStream)
{
    uint32_t name;
    inStream.Read(name);
    mNameToRPCTable[name](inStream);
}
    unordered_map<uint32_t, RPCUnwrapFunc> mNameToRPCTable;
};
```

在这个例子中，每个RPC被一个四字符无符号数标识。如果需要,RPCManager
可以使用字符串：虽然字符串可以有更多的变化，但是需要使用更多的带宽。
请注意与对象创建注册表的相似之处。通过哈希表注册函数是一种解耦表面
相关系统的常用方法。

当ReplicationManager检测到RA_RPC动作时，将收到的内存流传给RPC
模块做处理，其接着解封装并调用本地正确的函数。为了支持这一操作，
游戏代码必须为每个RPC注册一个解封装函数。清单5.18展示了如何注册
函数PlaySound。

清单5.18　注册一个RPC

```
void UnwrapPlaySound(InputMemoryBitStream& inStream)
{
    string soundName;
    Vector3 location;
    float volume;

    inStream.Read(soundName);
    inStream.Read(location);
    inStream.Read(volume);
    PlaySound(soundName, location, volume);
}

void RegisterRPCs(RPCManager* inRPCManager)
{
    inRPCManager->RegisterUnwrapFunction('PSND', UnwrapPlaySound);
}
```

UnwrapPlaySound是一个胶水函数，处理反序列化参数和用这些参数调用PlaySound。游戏代码应该调用RegisterRPCs函数，并传入一个恰当的RPCManager。根据需要，RegisterRPCs函数也可以用于添加其他RPC。PlaySound函数可能在其他地方实现。

最后，为了调用RPC，调用者需要一个函数实现将恰当的ObjectReplicationHeader和参数写到输出数据包中。根据实现方式不同，可以创建数据包并发送，也可以检查游戏代码或网络模块，查看是否有其他数据包等待被发送到远程主机。清单5.19给出了一个封装函数的示例，将RPC调用写入输出数据包。

清单5.19　**将PlaySoundRPC写入数据包**

```
void PlaySoundRPC(OutputMemoryBitStream& inStream,
                  const string&inSoundName,
                   const Vector3& inLocation, float inVolume)
{
    ReplicationHeader  rh(RA_RPC);
    rh.Write(inStream);
    inStream.Write( inSoundName);
    inStream.Write(inLocation);
    inStream.Write(inVolume);
}
```

手工生成封装和解封装胶水函数，与RPCManager注册，保持它们的参数与底层函数同步是一项工作量繁重的任务。所以，大部分支持RPC的引擎使用构建工具，自动生成胶水函数并与RPC模块注册。

> 注释：
>
> 有时，主机希望在一个特定对象上调用一个方法，而不仅仅调用一个自由函数。虽然类似，但是这种方法在技术上称为**远程方法调用**（remote method invocation，RMI），而不是远程过程调用。支持它的游戏可以在ObjectReplicationHeader中使用网络标识符来标识RMI的目标对象。标识符为0表示一个自由RPC函数，不为0表示特定游戏对象的RMI。此外，为节省带宽，以牺牲代码长短为代价，新的复制动作RA_RMI强调了网络标识符字段，而动作RA_RPC仍然继续忽略它。

5.6　自定义解决方案

无论引擎包含多少种通用的对象复制方法或RPC调用工具，一些游戏仍然会调用自定义的复制和消息代码。可能通用框架无法满足一些所需的功能，或者对于某些快速变化的值，通用的对象复制框架太笨重，浪费过多的带宽。在这些情况下，你可以随时添加自定义的复制动作，通过扩展 ReplicationAction 枚举类型，并在 ProcessReplicationFunction 中的 switch 语句中添加 case。通过为你的对象特别处理 ReplicationHeader 序列化，你可以根据需要添加或删除相应的网络标识符和类标识符。

如果你的自定义方式完全在 ReplicationManager 的权限之外，你也可以扩展 PacketType 枚举类型来创建全新的数据包类型和管理器来处理它们。参考 ObjectCreationRegistry 和 RPCManager 中使用的注册表设计模式，很容易插入高层代码来处理这些自定义数据包，而不需要破坏底层的网络系统。

5.7　总结

对象复制不仅仅涉及从一台主机向另外一台主机发送序列化数据。首先，应用层协议必须定义所有可能的数据包类型，网络模块应该标记数据包为包含对象数据的数据包，等等。每个对象需要一个唯一的标识符，这样接收者可以将传入的状态指向恰当的对象。最后，每个对象的类需要一个唯一的标识符，这样如果接收者不存在这个对象，可以基于正确的类创建对象。网络代码不依赖游戏类，所以使用某种形式的间接映射来向网络模块注册类和创建函数。

小规模的游戏可以通过在输出数据包中装入世界中的每个对象来实现主机之间共享一个世界。大规模的游戏没办法将所有对象的复制数据装入一个数据包，所以必须使用一个协议来支持世界状态增量的传输。每个增量包含复制动作，即创建对象、更新对象和销毁对象。为了提高效率，更新对象动作所发送的序列化数据可以是对象属性的子集。合适的子集依赖于整个网络拓扑和应用层协议的可靠性。

有时，游戏需要复制的不仅仅是主机之间的对象状态数据。经常需要在彼此的主机上触发远程过程调用。支持 RPC 调用的一种简单方法是引入 RPC 复制动作，并将 RPC 数据插入到复制数据包中。RPC 模块可以处理 RPC 封装、解封装和调用函数的注册，复制管理器可以将任何传入的 RPC 请求传递给 RPC 模块。

对象复制是多人游戏底层工具箱中的关键部分，也将是第 6 章中讲解的为一些高层网络拓扑提供实现支持的关键元素。

5.8 复习题

1. 除了对象的复制数据，数据包中的复制对象状态应该包含哪三个关键值？

2. 为什么网络代码依赖游戏代码是不可取的？

3. 解释一下，如何在网络代码不依赖游戏代码的情况下，在接收端支持复制对象的创建。

4. 实现一个包含5个移动游戏对象的简单游戏。通过以每秒15次的频率给远程主机发送世界状态数据包，来给远程主机复制这些对象。

5. 考虑问题4中的这个游戏，当游戏对象数量增加时会出现什么问题？如何解决这个问题？

6. 实现一个系统，支持给远程主机发送一个对象部分属性的更新。

7. 什么是RPC？什么是RMI？两者的区别是什么？

8. 使用本章的框架，实现RPC的`SetPlayerName(const string& inName)`方法，告诉其他主机本地玩家的名字。

9. 实现一个自定义数据包类型，使用合理有效的带宽复制玩家当前在键盘上按下的键。解释一下，如何将该实现融入到本章的复制框架中。

5.9 延伸的阅读资料

Carmack, J. (1996, August). Here Is the New Plan.

Srinivasan, R. (1995, August). RPC: Remote Procedure Call Protocol Specification Version 2.

Van Waveren, J. M. P. (2006, March 6). The DOOM III Network Architecture.

Winer, Dave (1999, June 15). XML-RPC Specification.

第6章 网络拓扑和游戏案例

本章第一部分介绍在一个网络游戏中多台计算机通信时可使用的两种主要配置：客户端-服务器和对等网络。本章其余部分将本书中涉及这一点的所有内容组合在一起，创建两个游戏案例的最初版本。

6.1 网络拓扑

总的来说，第1章到第5章集中关注的问题是两台计算机在互联网上通信及分享消息，以一种有利于网络游戏的方式进行。尽管有两人的网络游戏，但是许多更流行的游戏有更多的玩家数量。然而，即使只有两个玩家，也会出现一些重要的问题。玩家如何给对方发送游戏更新消息？会不会有第5章中所介绍的对象复制，还是只复制输入状态？如果不同计算机在游戏状态上有歧义将会发生什么？任何网络多人游戏都必须解决这些重要的问题。

网络拓扑（network topology）决定了网络中的计算机之间是如何连接的。就游戏而言，拓扑决定了参与游戏的计算机是如何组织在一起的，目标是保证所有玩家都可以看到游戏状态的最新版本。正如决定网络协议一样，在不同的拓扑结构之间需要做出权衡。本节讨论游戏中使用的两种主要类型的拓扑结构：客户端-服务器和对等网络，和这些类型中存在的小的变化。

6.1.1 客户端-服务器

在**客户端-服务器**的拓扑结构中，一个游戏实例被指定为服务器，其他所有的游戏实例被指定为客户端。每个客户端只能和服务器通信，同时服务器负责与所有客户端通信。图6.1展示了这种拓扑结构。

在客户端-服务器的拓扑结构中，给定 n 个客户端，总共会有 $O(2n)$ 个连接。但这种结构是不对称的，服务器有 $O(n)$ 个连接（每个连接对应一个客户端），但每个客户端与服务器只有一个连接。就带宽而言，如果有 n 个客户端，每个客户端每秒发送 b 个字节的数据，服务器必须有足够的带宽处理每秒 $b \times n$ 个字节的传入数据。同样地，如果服务器需要每秒发送 c 个字节的数据给每个客户端，那么服务器必须支持每秒 $c \times n$ 个字节的输出。然而，每个客户端仅仅需要支持每秒 c 个字节的下载流和 b 个字节的上传流。这意味着当客户端的数量增加时，服务器的带宽要求是线性增加的。理论上，随着客户端数量的增加，客户端的带宽要求不变。但是，实际上支持更多的客户端会导致需要复制的世界对象数目增加，导致每个客户端的带宽要求略有增加。

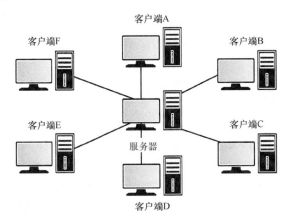

图6.1　客户端-服务器拓扑结构

尽管不是客户端-服务器的唯一方式，但是实现客户端-服务器模式的大部分游戏使用一台**权威**（authoritative）服务器。这意味着我们认为游戏服务器上的游戏模拟是正确的。如果客户端发现自己的游戏状态与服务器的不同，那么它应该根据服务器的游戏状态更新自己的状态。例如，在本章后面讨论的游戏案例《机器猫行动》（*Robo Cat Action*）中，每个玩家的猫可以扔一个线球。但是在有权威服务器的模式下，客户端不能自己决定这个线球是否击中了另外一个玩家。客户端必须通知服务器它想要扔一个线球。然后服务器决定是否允许这个客户端扔线球，如果允许，那么服务器接着决定这个线球是否击中了另外一个玩家。

采用设置权威服务器方案，意味着客户端的行为会有一些滞后或延迟。延迟问题将在第7章详细论述，但在这里做简单讨论。在扔球的例子中，服务器是唯一被允许决定接下来发生什么的游戏实例。但是给服务器发送一个扔球请求需要时间，然后服务器在给所有客户端发送结果之前要处理这个请求。导致这种延迟的一个重要原因是**往返时间**（round trip time，RTT），即数据包从发送端到目的主机，再从目的主机到发送端总共经历的时间（一般用毫秒表示）。理想的情况下，RTT是100毫秒或更少，尽管有现代互联网连接，也有许多因素可能不允许如此低的RTT。

假设一个游戏有一台服务器和两个客户端，客户端A和B。因为服务器给每个客户端发送所有的游戏数据，意思是如果客户端A扔一个线球，那么包含扔线球请求的数据包首先被传递给服务器。接着，服务器在给客户端A和B反馈结果之前先处理这个扔线球请求。在这种情况下，客户端B经历的是最坏的网络延迟，等于客户端A的RTT的1/2，加上服务器的处理时间，再加上客户端B的RTT的1/2。在快速网络的情况下，这可能不是一个问题，但实际上，大多数游戏必须使用多种技术来隐藏这个延迟。第8章将详细讲解这个问题。

服务器还可以被细分。一些服务器是**专用的**（dedicated），意思是它们只运行游戏状态并与所有客户端通信。专用服务器进程与运行游戏的所有客户端进程是完全分开的。这意味着专用服务器是无外设的，实际上不显示任何图像。这种类型的服务器通常用于预算较多的游戏，如战地（*Battlefield*），允许开发者在一台高性能的计算机上运行多个专用服务器进程。

专用服务器的另外一种替代方案是**监听服务器**（listen server）。在这个设置中，服务器也是游戏本身的积极参与者。监听服务器方案的一个优点是降低部署成本，因为不需要在数据中心租用服务器，相反地，玩家可以使用自己的计算机既作为服务器也作为客户端。但是，监听服务器的不足是作为监听服务器的计算机性能必须足够高，而且需要足够快的网络连接以应付服务器的额外负载。监听服务器方案有时被错误地称为对等网络连接，但是一个更准确的说法是对等托管（peer hosted）。仍然有一台服务器，只是恰巧由游戏玩家托管。

需要注意的是，我们假设监听服务器是权威的，保存完整的游戏状态。这意味着运行监听服务器的玩家可能使用该信息来欺骗。进一步地，在客户端-服务器模型中，通常只有服务器知道所有活动客户端的网络地址。如果服务器断开——无论是由于网络问题，还是恶意玩家退出游戏，都将导致巨大的问题。一些使用监听服务器的游戏实现一种**主机迁移**（host migration）的概念，意思是如果监听服务器断开，客户端中的一个被晋升为新的服务器。但是，要想实现这一点，客户端之间需要有一定量的通信。这意味着主机迁移需要有一个结合客户端-服务器拓扑和对等网络拓扑的混合模型。

6.1.2　对等网络

在**对等网络**拓扑中，每个单独的参与者都与其他所有的参与者连接。如图6.2所示，意味着客户端之间有大量数据来回传输。连接的数量是一个二次函数。换句话说，给定n个对等体，每个对等体必须有$O(n-1)$个连接，所

以网络中产生 $O(n^2)$ 个连接。这也意味着，每个对等体的带宽需求增加到与连接到游戏中的对等体个数一致。但是，与客户端-服务器不同，带宽需求是对称的，所以每个对等体需要上传和下载的可用带宽数量是一样的。

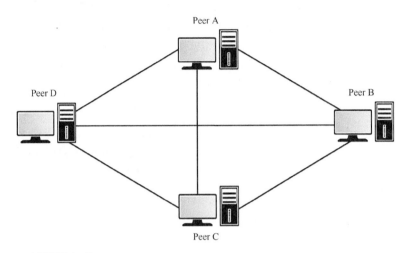

图6.2 对等网络拓扑

在对等网络游戏中，权威的概念更加模糊。一种可行的方法是某些对等体对游戏的某些部分有权限，但是在实际中，这样的系统难以实现。在对等游戏中更常见的做法是每个对等体共享所有动作，每个对等体都模拟这些动作的执行。这种模式有时也被称为**输入共享**（input sharing）模型。

对等网络拓扑让输入共享更可行的一个方面是更少的延迟。与客户端-服务器模型不同，对等网络的客户端之间没有中介，所有对等体彼此之间直接通信。这意味着最坏情况下，对等体之间的延迟是 RTT 的 1/2。但是仍存在一定的延迟，这可能会导致对等网络游戏中最大的技术挑战——确保所有对等体保持彼此同步。

回想一下，第 1 章中讨论的确定性锁步模型展示了这种方法。回顾一下，在《帝国时代》（Age of Empires）的实现中，游戏被细分为 200 毫秒一轮。这 200 毫秒中所有的输入命令被放入队列中，当 200 毫秒结束，再将这些命令发送给所有对等体。此外，有一个一轮的延迟，这样当每个对等体在显示第 1 轮的结果时，队列中的命令等到第 3 轮再被执行。尽管这种轮同步的方式概念上很简单，但是真正实现的细节非常复杂。本章后面讨论的《机器猫 RTS》（Robo Cat RTS）游戏案例实现了一个非常类似的模型。

更重要的是，保证所有对等体之间的游戏状态一致。这意味着游戏的实现需要十分确定。换句话说，一组给定的输入必须始终得到同样的输出。

该问题的几个重要方面包括使用检验和来验证对等体之间游戏状态的一致性和在所有对等体之间同步随机数发生器，本章后面将详细讨论这两个问题。

对等网络的另外一个问题是连接新玩家。因为每个对等体都必须知道其他所有对等体的地址，所以理论上新玩家连接到任意一个对等体即可。但是，一般来说提供当前可玩游戏的游戏匹配服务通常只接受一个地址——在这种情况下，只有一个对等体被选为所谓的主对等体，可以欢迎新玩家的唯一对等体。

最后，服务器-客户端中考虑的服务器断开问题在对等网络中不存在。通常情况下，如果与一个对等体通信中断，游戏暂停几秒，将该对等体从游戏中去除。一旦这个对等体断开了，剩下的对等体继续玩这个游戏。

6.2　客户端-服务器的实现

综合本书关于这一点所讲解的所有概念，现在创建一个网络游戏的最初版本。本节讨论这样一个游戏，《机器猫行动》（*Robo Cat Action*），这是一个自上而下的游戏，猫竞相收集尽可能多的老鼠，同时还能互相投掷线球，如图6.3所示。该游戏代码的第一个版本在在线代码库的Chapter6/RoboCatAction目录下。

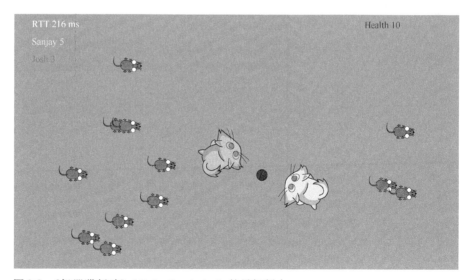

图6.3　《机器猫行动》（*Robo Cat Action*）的最初版本

《机器猫行动》的控制并不复杂。D键和A键分别用来对猫进行顺时针和逆时针旋转。W键和S键用于猫的前后移动。K键用于投球，去伤害其他猫。通过移动到老鼠的位置来收集老鼠。

该游戏代码的第一个版本做了一个重大的假设：网络延迟很小或者没有，并且所有的数据包都能到达目的地。对于任何网络游戏，这显然都是不切实际的假设，随后的章节，特别是第7章将会讨论删除这些假设。但是现在，有必要讨论客户端 - 服务器的最基本内容，无需担心处理延迟和丢包所增加的复杂性。

6.2.1　服务器和客户端的代码分离

具有权威服务器的客户端 - 服务器模型的一个基础是服务器上运行的代码与每个客户端上运行的代码不同。以这个游戏中的主要角色——机器猫为例。猫的一个属性是变量mHealth，记录剩余生命值。服务器需要知道每只猫的生命值，因为如果生命值是0，那么这只猫将进入重生状态（毕竟猫至少有9条命）。同样地，客户端需要知道这只猫的生命值，因为在屏幕的右上角需要显示剩余生命值。虽然服务器实例的mHealth是该变量的权威版本，客户端仍然需要本地存储这个变量，以便显示在用户界面上。

同样，函数也具有这样的特点。RoboCat类中有一些成员函数只是服务器需要，有一些只是客户端需要，有一些两者都需要。考虑到这一点，机器猫行动游戏充分利用了继承和虚函数。这样，有一个RoboCat基类和两个派生类：RoboCatServer和RoboCatClient，这两个派生类在必要时重写和实现新的函数。从性能的角度看，使用虚函数的方式可能无法得到最高的性能，但是从易用性的角度看，继承的体系结构可能是最简单的。

将代码分离成独立类的思想进一步深化——仔细看代码将会发现该代码被分成三个独立的目标代码。第一个目标代码是RoboCat库，包含服务器和客户端都能使用的共享代码。这包括第3章实现的UDPSocket类和第4章实现的OutputMemoryBitStream类。接下来，有两个可执行的目标代码——服务器的RoboCatServer和客户端的RoboCatClient。

> 注释：
>
> 因为服务器和客户端有两个分离的可执行代码，所以为了测试机器猫行动游戏，必须分别运行这两部分代码。服务器需要一个命令行参数指定接收连接的端口。例如：
>
> RoboCatServer 45000
>
> 这指明服务器应该在45000端口监听客户端连接请求。

客户端可执行代码需要两个命令行参数：服务器的详细地址（包括端口）和请求连接的客户端的名字。因此，例如：

RoboCatClient 127.0.0.1:45000 John

这指明客户端想要连接本地端口为45000的服务器，玩家名字为"John"。当然，多个客户端可以连接到一台服务器，因为该游戏没有使用很多资源，所以可以在一台机器上测试游戏的多个实例。

以 RoboCat 类的层次结构为例，在不同的目标代码中有三个不同类型的类——共享库中的基类 RoboCat、服务器和客户端相应可执行代码中的 RoboCatServer 类和 RoboCatClient。这种方法使得代码清晰地分离，代码很明确地只属于服务器或客户端。为了可视化这种方法，图6.4展示了机器猫行动游戏中 GameObject 类的层次结构。

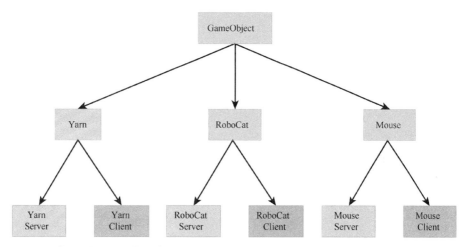

图6.4 《机器猫行动》游戏中 GameObject 类的层次结构（金色底的为共享类，蓝色底的为客户端可执行代码，绿色底的为服务器可执行代码）

6.2.2 网络管理器和欢迎新客户端

NetworkManager 类和派生类 NetworkManagerClient 和 NetworkManager Server 在与网络交互方面做了许多繁重的工作。例如，读入可用数据包到一个数据包队列等待处理的所有代码都在基类 NetworkManager 中。处理数据包的这部分代码与第3章中讲解的代码非常类似，所以这里不再赘述。NetworkManager 的另一个职责是处理新客户端加入游戏。因为《机器猫行动》游戏的设计是多人玩家随时加入和退出，所以在任何时候都允许新的客户端加入比赛。正如你可能想象的，在欢迎新客户端时，服务器和客户端的任务是不同的，所以NetworkManagerClient和NetworkManagerServer的功能是分开的。

在我们深入到代码之前，有必要从高层看一下连接过程。大体上包含以下四步：

1．当一个客户端想要加入游戏，首先向服务器发送一个"hello"数据包。该数据包仅仅包含文本"HELO"（用于识别数据包的类型）和表示玩家名字的序列化字符串。该客户端在收到服务器的应答之前持续发送这些hello数据包。

2．一旦服务器接收到hello数据包，服务器就给新玩家分配一个玩家ID，同时做一些记录工作，例如将传入的SocketAddress与玩家ID关联。然后服务器向该客户端发送一个"welcome"数据包。该数据包包含文本"WLCM"和分配给玩家的ID。

3．当客户端收到welcome数据包，它保存自己的玩家ID，并开始给服务器发送复制信息和接收服务器的复制信息。

4．在未来的某个时刻，服务器会给新客户端和已有的客户端发送任何由新客户端产生的对象信息。

在这种特殊情况下，为数据包丢失构建冗余系统是非常简单的。如果客户端没有收到welcome数据包，它会继续给服务器发送hello数据包。如果服务器收到来自文件中已有SocketAddress的客户端的hello数据包，它只会重新发送welcome数据包。

我们更仔细地看一下代码，会发现有两个文本用于标识数据包，所以在基类NetworkManager中都被初始化为常量：

```
static const uint32_t kHelloCC = 'HELO';
static const uint32_t kWelcomeCC = 'WLCM';
```

特别在客户端，NetworkManagerClient定义了一个枚举类型来标识客户端的当前状态：

```
enum NetworkClientState
{
    NCS_Uninitialized,
    NCS_SayingHello,
    NCS_Welcomed
};
```

当初始化 NetworkManagerClient 时，设置它的成员变量 mState 为 NCS_SayingHello。在 NCS_SayingHello 状态时，客户端持续给服务器发送 hello 数据包。另外，如果客户端已经加入到游戏中，那么它需要给服务器发送更新信息。在这种情况下，更新信息是输入数据包，很快将会讨论到。

此外，客户端根据用于识别数据包的四字符文本，还知道所接收数据包的类型。在《机器猫行动》游戏的例子中，接收的数据包只有两种类型：welcome 数据包和包含复制数据的状态数据包。处理发送和接收数据包的代码与状态机的方式类似，如清单 6.1 所示。

清单 6.1　客户端发送和接收数据包

```
void NetworkManagerClient::SendOutgoingPackets()
{
    switch(mState)
    {
    case NCS_SayingHello:
        UpdateSayingHello();
        break;
    case NCS_Welcomed:
        UpdateSendingInputPacket();
        break;
    }
}


void NetworkManagerClient::ProcessPacket
(
    InputMemoryBitStream& inInputStream,
    const SocketAddress& inFromAddress
)
{
    uint32_t packetType;
    inInputStream.Read(packetType);
    switch(packetType)
    {
    case kWelcomeCC:
        HandleWelcomePacket(inInputStream);
        break;
    case kStateCC:
        HandleStatePacket(inInputStream);
        break;
    }
}
```

在发送 hello 数据包方面，唯一需要注意的是，客户端保证发送 hello 数据包不能过于频繁。通过检查自上一次 hello 数据包发送到现在所经过的时间来实现。真实的数据包本身非常简单，因为客户端只需要写文本"HELO"和它的名字。同样地，welcome 数据包只包含玩家 ID，所以客户端只需保存这个 ID。这部分代码如清单 6.2 所示。需要注意的是，HandleWelcomePacket 是如何测试并确认客户端在期望的状态才处理 welcome 数据包。这是为了保证在客户端已经加入游戏之后，再次接收 welcome 数据包不会导致错误。同样的测试方法也用于 HandleStatePacket。

清单 6.2　客户端发送 Hello 数据包和读取 Welcome 数据包

```
void NetworkManagerClient::UpdateSayingHello()
{
    float time = Timing::sInstance.GetTimef();

    if(time > mTimeOfLastHello + kTimeBetweenHellos)
    {
        SendHelloPacket();
        mTimeOfLastHello = time;
    }
}


void NetworkManagerClient::SendHelloPacket()
{
    OutputMemoryBitStream helloPacket;

    helloPacket.Write(kHelloCC);
    helloPacket.Write(mName);

    SendPacket(helloPacket, mServerAddress);
}


void NetworkManagerClient::HandleWelcomePacket(InputMemoryBitStream&
                                               inInputStream)
{
    if(mState == NCS_SayingHello)
    {
        //if we received a player id, we've been welcomed!
        int playerId;
        inInputStream.Read(playerId);
        mPlayerId = playerId;
```

```
        mState = NCS_Welcomed;
        LOG("'%s' was welcomed on client as player %d",
            mName.c_str(), mPlayerId);
    }
}
```

服务器端的事情要复杂一些。首先，服务器有一个称为mAddressToClientMap
的哈希表，用于保存所有已知的客户端。这个表的关键字是SocketAddress，
取值为指向ClientProxy的指针。我们将在本章的后面详细讨论客户端代理，
但是现在，你可以认为它是服务器用于跟踪所有已知客户端状态的类。请记
住，因为我们直接使用套接字地址，所以可能会产生之前在第2章讨论的NAT
穿越问题。我们不会为《机器猫行动》游戏担心代码中的穿越处理问题。

当服务器首先收到一个数据包，它到地址映射表中查找发送方是否已知。
如果发送方未知，那么服务器检查数据包是否为hello数据包。如果数据包
不是hello数据包，那么直接忽略。

此外，服务器为新客户端创建一个客户端代理，并发送一个welcome数据
包。如清单6.3所示，因为发送welcome数据包的代码与发送hello数据包
的代码一样简单，所以这里省略。

清单6.3 服务器处理新客户端

```
void NetworkManagerServer::ProcessPacket
(
    InputMemoryBitStream& inInputStream,
    const SocketAddress& inFromAddress
)
{
    //do we know who this client is?
    auto it = mAddressToClientMap.find(inFromAddress);
    if(it == mAddressToClientMap.end())
    {
        HandlePacketFromNewClient(inInputStream, inFromAddress);
    }
    else
    {
        ProcessPacket((*it).second, inInputStream);
    }
}


void NetworkManagerServer::HandlePacketFromNewClient
(
```

```
        InputMemoryBitStream& inInputStream,
        const SocketAddress& inFromAddress
    )
    {
        uint32_t packetType;
        inInputStream.Read(packetType);
        if(packetType == kHelloCC)
        {
            string name;
            inInputStream.Read(name);

            //create a client proxy
            // ...

            //and welcome the client ...
            SendWelcomePacket(newClientProxy);

            //init replication manager for this client
            // ...
        }
        else
        {
            LOG("Bad incoming packet from unknown client at socket %s",
                inFromAddress.ToString().c_str());
        }
    }
```

6.2.3　输入共享和客户端代理

《机器猫行动》中游戏对象复制的实现与第5章中讨论的方法非常类似。共有三种复制命令：创建、更新和销毁。此外，实现局部对象复制系统来减少更新数据包中发送的信息量。因为该游戏使用权威服务器模型，对象仅从服务器复制到客户端——所以服务器负责发送复制更新数据包（被分配为文本"STAT"），同时客户端在必要时负责处理复制命令。为了保证正确的命令被发送给每个客户端，还有一些工作要做，稍后本节会讨论。

目前，考虑一下客户端需要给服务器发送什么。因为服务器是权威的，所以理想情况下，客户端不用发送任何对象复制命令。但是，为了使服务器准确地模拟每个客户端，它需要知道每个客户端都在试图做什么。这就产生了输入数据包的概念。在每一帧中，客户端处理输入事件。如果这些输入事件的任何一个导致了需要服务器端处理的事件，例如猫的移动或投掷线球，客户端都会给服务器发送输入事件。然后服务器接收这个输入数据包，将输入状态保存到**客户端代理**（client proxy）中。客户端代理是服务器用于跟踪特定客户端的一个对象。最后，当服务器更新游戏模拟的时候，将会考虑存储在客户端代理中的所有输入。

InputState类跟踪某一特定帧上的客户端输入快照。在每一帧，Input Manager类根据客户端的输入更新InputState。不同游戏存储在InputState中的内容不同。在这个例子中，被存储的信息只是在东南西北四个方向上想要移动的距离和玩家是否按下按钮来投掷线球。这产生了一个只有少数成员变量的类，如清单6.4所示。

清单6.4　**InputState**类声明

```cpp
class InputState
{
public:
    InputState():
    mDesiredRightAmount(0),
    mDesiredLeftAmount(0),
    mDesiredForwardAmount(0),
    mDesiredBackAmount(0),
    mIsShooting(false)
    {}

    float GetDesiredHorizontalDelta() const
    {return mDesiredRightAmount - mDesiredLeftAmount;}
    float GetDesiredVerticalDelta() const
    {return mDesiredForwardAmount - mDesiredBackAmount;}
    bool IsShooting() const
    {return mIsShooting;}
    bool Write(OutputMemoryBitStream& inOutputStream) const;
    bool Read(InputMemoryBitStream& inInputStream);

private:
    friend class InputManager;
    float mDesiredRightAmount, mDesiredLeftAmount;
    float mDesiredForwardAmount, mDesiredBackAmount;
    bool mIsShooting;
};
```

函数GetDesiredHorizontalDelta和GetDesiredVerticalDelta是辅助函数，用来确定每个坐标轴上的整体偏移。举个例子，如果玩家同时按下了A键和D键，整体的水平偏移应该为0。Read和Write函数的代码没有显示在清单6.4中，因为这些函数只是利用所提供的内存比特流读写成员变量。记住，InputState是由InputManager每一帧更新一次。对于大多数游戏，以相同的频率给服务器发送InputState是不现实的。理想情况下，将经历几个帧的InputState合并成为一个动作。为了简单起见，机器猫行动游戏中没有以任何形式合并InputState，而是每个*x*秒，抓取一次当前的InputState，并将其保存为Move。

Move类实质上是InputState的封装，增加了两个浮点数：一个用于跟踪Move的时间戳，一个用于跟踪当前动作与上一次动作的时间差，如清单6.5所示。

清单6.5　Move类

```cpp
class Move
{
public:
    Move() {}
    Move(const InputState& inInputState, float inTimestamp,
            float inDeltaTime):
        mInputState(inInputState),
        mTimestamp(inTimestamp),
        mDeltaTime(inDeltaTime)
    {}

    const InputState& GetInputState() const {return mInputState;}
    float GetTimestamp() const {return mTimestamp;}
    float GetDeltaTime() const {return mDeltaTime;}
    bool Write(OutputMemoryBitStream& inOutputStream) const;
    bool Read(InputMemoryBitStream& inInputStream);
private:
    InputState mInputState;
    float mTimestamp;
    float mDeltaTime;
};
```

这里的Read和Write函数将会读写输入状态和从/到所提供流的时间戳。

> 注释:
> Move类仅仅是InputState加上时间变量的轻量级封装，做出这样的区别是为了在帧到帧的基础上允许更清晰的代码。InputManager以帧的频率轮询键盘，并将数据保存到InputState中。只有当客户端实际需要创建一个Move，时间戳才有意义。

接下来，一系列的动作存储在 MoveList 中。毋庸置疑，这个类包含动作的列表和列表上一个动作的时间戳。在客户端这边，当客户端确定了它应该存储一个新的动作，它就会将这个动作添加到动作列表中。然后 Network ManagerClient 将会在合适的时间将动作序列写出到输入数据包。需要注意的是，通过假设不会同时写三个以上的动作，写动作序列的代码优化到了比特级别。它可以根据设定动作和输入数据包的频率这样的恒定因素来做这个假设。与动作列表相关的客户端代码如清单 6.6 所示。

清单 6.6　动作列表的客户端代码

```
const Move& MoveList::AddMove(const InputState& inInputState,
                              float inTimestamp)
{
   //first move has 0 delta time
   float deltaTime = mLastMoveTimestamp >= 0.f ?
                       inTimestamp - mLastMoveTimestamp: 0.f;

   mMoves.emplace_back(inInputState, inTimestamp, deltaTime);
   mLastMoveTimestamp = inTimestamp;
   return mMoves.back();
}


void NetworkManagerClient::SendInputPacket()
{
   //only send if there's any input to send!
   MoveList& moveList = InputManager::sInstance->GetMoveList();

   if(moveList.HasMoves())
   {
      OutputMemoryBitStream inputPacket;
      inputPacket.Write(kInputCC);
      //we only want to send the last three moves
      int moveCount = moveList.GetMoveCount();
      int startIndex = moveCount > 3 ? moveCount - 3 - 1: 0;
      inputPacket.Write(moveCount - startIndex, 2);
      for(int i = startIndex; i < moveCount; ++i)
      {
         moveList[i].Write(inputPacket);
      }

      SendPacket(inputPacket, mServerAddress);
      moveList.Clear();
   }
}
```

请注意，SendInputPacket 代码使用 MoveList 的数组索引操作符。MoveList 内部使用 deque 数据结构，所以这个操作是常数时间。在冗余方面，SendInputPacket 的容错的确不是很好。客户端只发送一次动作消息。举个例子，如果输入数据包包含一个"扔"的输入请求，但是这个数据包没有到达服务器，那么客户端永远不会抛球。很显然，这在多人游戏中是不合理的。

在第7章中，你会看到如何给输入数据包添加冗余。特别地，为了给服务器三次识别动作的机会，每个动作会被发送三次。这增加了服务器端的复杂度，因为服务器在收到输入动作时需要判断是否已经处理过了。

正如之前所提到的，客户端代理是服务器用于跟踪每个客户端状态的。客户端代理的最重要职责之一是它为每个客户端创建一个单独的复制管理器。允许服务器完全掌握它已经有了什么信息，或者还没有发送给客户端什么信息。因为服务器不是每帧都给每个客户端发送一个复制数据包，所以每个客户端有一个单独的复制管理器是十分必要的。这一点在添加冗余时显得尤其重要，因为服务器可以知道需要给特定客户端重发的确切变量。

每个客户端代理也保存了对应玩家的套接字地址、名字和 ID。客户端代理还存储对应客户端的动作信息。当收到输入数据包时，与客户端相关的所有动作被添加到表示该客户端的 ClientProxy 实例中。清单 6.7 展示了 ClientProxy 类的部分声明。

清单 6.7　**ClientProxy** 类的部分声明

```
class ClientProxy
{
public:
    ClientProxy(const SocketAddress& inSocketAddress, const string& inName,
                int inPlayerId);
    // Functions omitted
    // ...
    MoveList& GetUnprocessedMoveList() {return mUnprocessedMoveList;}
private:
    ReplicationManagerServer mReplicationManagerServer;
    // Variables omitted
    // ...
    MoveList mUnprocessedMoveList;
    bool mIsLastMoveTimestampDirty;
};
```

最后,RoboCatServer类将在它的Update函数中使用这些未被处理的动作数据,如清单6.8所示。需要注意的是,每次调用ProcessInput和Simulate Movement时传入的增量时间是根据两次动作之间的增量时间,而不是服务器帧的增量时间。这使得服务器即使在一个数据包中收到多个动作,也可以试图保证尽可能模拟客户端的行为。这样还允许服务器和客户端以不同的帧率运行。对于需要以设定时间步长模拟的物理对象,这样做可能会增加一些复杂性。如果你的游戏中存在这种情况,你会锁定物理对象的帧率,与其他帧率分隔开。

清单6.8 更新RoboCatServer类

```
void RoboCatServer::Update()
{
   RoboCat::Update();
   // Code omitted
   // ...

   ClientProxyPtr client = NetworkManagerServer::sInstance->
                           GetClientProxy(GetPlayerId());
   if( client )
   {
      MoveList& moveList = client->GetUnprocessedMoveList();
      for( const Move& unprocessedMove: moveList)
      {
         const InputState& currentState = unprocessedMove.GetInputState();
         float deltaTime = unprocessedMove.GetDeltaTime();
         ProcessInput(deltaTime, currentState);
         SimulateMovement(deltaTime);
      }

      moveList.Clear();
   }
   HandleShooting();
   // Code omitted
   // ...
}
```

6.3 对等网络的实现

《机器猫RTS》(*Robo Cat RTS*)是即时战略游戏,最多同时支持4名玩家。

每个玩家给3只猫。单击鼠标左键来选择一只猫，接着右键选择一个目标。如果目标是一个位置，那么这只猫移动到那个位置。如果目标是敌人的猫，那么在攻击之前先移动到敌人猫的势力范围。作为动作游戏，猫之间通过投掷线球来互相攻击。运行中的《机器猫RTS》如图6.5所示。该游戏最初版本的代码在Chapter6/RoboCatRTS目录下。

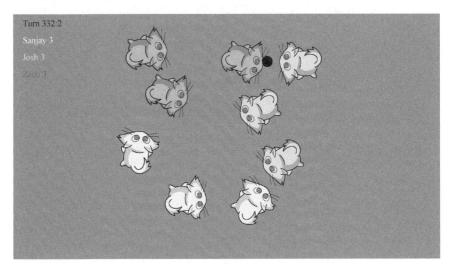

图6.5 运行中的《机器猫RTS》（*Robo Cat RTS*）

尽管这两个游戏都使用UDP，但是《机器猫RTS》使用的网络模型与《机器猫行动》游戏不同。作为动作游戏，RTS的最初版本假设不存在数据包丢失。但是，由于锁步回合的本质，游戏仍然存在一定量的延迟——如果延迟太高，在体验质量上肯定有所下降。

因为《机器猫RTS》使用对等网络模型，所以不需要将代码分离成多个工程。每个对等体都使用相同的代码。这样减少了文件的数量，也意味着游戏中所有的玩家使用相同的可执行文件。

> 注释：
> 有两种不同的方式启动机器猫RTS，虽然两者都使用相同的可执行文件。要初始化为主对等体，那么指定一个端口号和玩家的名字：
> RoboCatRTS 45000 John
> 要初始化为普通对等体，指定主对等体的详细地址（包括端口号）和玩家的名字：
> RoboCatRTS 127.0.0.1:45000 Jane
> 需要注意的是，如果指定的地址不是主对等体，玩家仍然能成功连接，但是指定主对等体要更快一些。

但是，《机器猫RTS》使用了**主对等体**（master peer）的思想。主对等体的主要目的是提供游戏中已知对等体的IP地址。当使用了游戏匹配服务来保存已知的可用游戏列表时，这是非常重要的。此外，只有主对等体可以给新玩家分配玩家ID。这主要是为了避免在两个不同玩家同时连接多个对等体时所产生的竞争。除了这一个特例，主对等体与其他所有对等体行为一致。因为每个对等体独立存储整个游戏的状态，所以如果主对等体断开了，游戏仍然可以继续。

6.3.1 欢迎新对等体和开始游戏

对等网络游戏中的欢迎过程比客户端-服务器模式复杂一点。正如在《机器猫行动》游戏中，新对等体首先发送一个带有各自玩家名字的"hello"数据包。但是，这里的hello数据包（"HELO"）可以有以下三种响应中的一种：

1. Welcome（'WLCM'）——意味着主对等体已经收到hello数据包，并欢迎新对等体进入游戏。这个欢迎数据包包括新对等体的玩家ID、主对等体的玩家ID和游戏中玩家的个数（不包括新玩家）。此外，这个数据包还包括所有对等体的名字和IP地址。

2. Not joinable（'NOJN'）——意味着游戏已经在进行中，或者游戏玩家已满。如果新玩家收到这个数据包，游戏退出。

3. Not master peer（'NOMP'）——如果hello数据包发送给了非主对等体，就会收到这个响应。在这种情况下，数据包将包括主对等体的地址，使得新玩家可以给主对等体发送hello数据包。

然而，即使新对等体收到了欢迎数据包，这个过程还是不完整的。新对等体还要负责给游戏中的其他所有对等体发送一个介绍数据包（"INTR"）。该数据包包括新对等体的玩家ID和名字。这样保证了游戏中每个对等体都在它们用于跟踪游戏玩家的数据结构中存储了这个新对等体。

因为每个对等体存储的地址是根据传入数据包收集的地址，所以当一个或多个对等体连接在局域网时就可能会出现潜在的问题。例如，假设Peer A是主对等体，Peer B与Peer A在同一个局域网中。这意味着Peer A的对等体地图中将包括Peer B的局域网地址。现在假设一个新的对等体Peer C，通过外部IP连接到Peer A。Peer A将欢迎Peer C加入游戏，并向Peer C发送Peer B的地址。但是所提供的Peer B的地址是不能被Peer C访问的，因为Peer C与Peer A和Peer B在不同的局域网。这样Peer C不能与Peer B通信，所以不能正确地加入游戏中。该问题的描述如图6.6(a)所示。

回想一下第2章讲解的通过NAT穿越的方式解决这个问题。其他方法还包括以某种方式使用外部服务器。在一种方法中，外部服务器，有时被称为**集中服务器**（rendezvous server），仅仅用于对等体之间的初始化通信。通过这种方式，保证了对等体之间的连接是通过外部可访问的IP地址。集中服务器的使用如图6.6（b）所示。

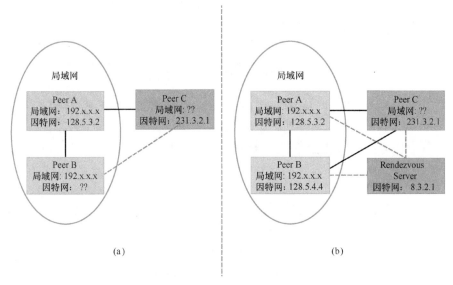

图6.6（a）对等体C不能连接对等体B；（b）集中服务器用于对等体之间的初始化通信

一些游戏服务使用的另外一种方法是有一个中央服务器处理对等体之间的整个数据包路由过程。意思是所有对等体的数据首先通过中央服务器，然后再被路由到正确的对等体。虽然第二种方法需要一个更强大的服务器，但是保证了任何一个对等体都不知道其他对等体的公网IP地址。从安全的角度看，这可能是优选的，例如，它会阻止一个对等体通过分布式拒绝服务攻击的方式来断开另外一个对等体。

另外一个值得考虑的边缘情况是，如果一个对等体只能连接游戏中的部分玩家，将会发生什么。即使是在集中服务器或中央服务器路由数据包的情况下也会发生。最简单的解决方案是不让这个对等体进入游戏，但是你需要额外的代码来跟踪这种情况。因为本章假设不担心连接的问题，所以没有提供处理这个问题的代码。但是商业的对等网络游戏中绝对需要包含处理这一情况的代码。

当所有对等体都进入了游戏，它们的NetworkManager进入了就绪状态。当主对等体按下回车键，将给游戏中的每个对等体发送一个开始数据包

("STRT")，通知所有对等体进入3秒倒计时状态。一旦倒计时为零，比赛正式开始。

需要注意的是，这种开始方法非常简单，因为计时器并没有真正弥补主对等体和其他对等体之间的延迟。因此，主对等体总会在其他对等体之前开始游戏。由于锁步模型，所以不会影响游戏的同步，但是可能意味着主对等体的游戏不得不暂停等待其他对等体。解决这个问题的一种方法是每个对等体从计时器时间中减去1/2的RTT时间。所以如果到Peer A的主对等体的RTT是100毫秒，那么Peer A从总计时时间中减去50毫秒，这样允许它更好地同步。

6.3.2　命令共享和锁步回合制

为了简化，《机器猫RTS》以锁定的30帧每秒的速率运行，同时锁定的增量时间是～33毫秒。意思是某个对等体以多于33毫秒的时间渲染一帧，但是模拟仍然认为它是以33毫秒运行。《机器猫RTS》将33毫秒标记为"子轮"。每一轮有三个子轮。这样，每一轮的长度是100毫秒，换句话说，每秒有10轮。理想情况下，轮和子轮的持续时间应该根据网络和性能条件而变。事实上，这是Bettner和Terrano在讨论《帝国时代》（*Age of Empires*）的论文中探讨的问题之一。但是，为了简化，《机器猫RTS》不会调整轮和子轮的持续时间。

对于复制而言，每个对等体运行游戏世界的完整模拟。这意味着，对象不以任何方式进行复制。而是在游戏中只传输"轮"数据包。这些数据包包含在某一轮中每个对等体发出的一系列命令和其他一些关键数据。

应当指出的是，"命令"和输入之间有清晰的界限。例如，左键单击一只猫是选中这只猫。但是，因为这个选择动作不会以任何方式影响到游戏状态，所以不会产生命令。另外，如果选中了一只猫，并单击右键，那么意味着玩家想让这只猫移动或发出攻击。因为这两个动作将影响到游戏状态，所以都会产生命令。

此外，命令不是在发出的一瞬间就被执行了。而是，每个对等体将某一轮中发生的所有命令存储到队列中。在这轮结束的时候，每个对等体给其他所有对等体发送自己的命令列表。这个命令列表在未来的某一轮中被执行。具体而言，在第x轮发生的命令将在第x+2轮被执行。允许每个对等体在大约100毫秒的时间里接收和处理数据包。这意味着，在正常的情况下，从命令发出到执行有高达200毫秒的延迟。但是，因为延迟是一致的，所以并不会影响游戏体验，至少在RTS这个例子中没有受到影响。

命令的思想导致它自然是一个继承的结构。具体而言，有一个Command基类，如清单6.9所示。

清单6.9　**Command类的声明**

```
class Command
{
public:
   enum ECommandType
   {
      CM_INVALID,
      CM_ATTACK,
      CM_MOVE
   };

   Command():
   mCommandType(CM_INVALID),
   mNetworkId(0),
   mPlayerId(0)
   {}

   //given a buffer, will construct the appropriate command subclass
   static shared_ptr<Command> StaticReadAndCreate(
                              InputMemoryBitStream& inInputStream);
   //getters/setters
   // ...

   virtual void Write(OutputMemoryBitStream& inOutputStream);
   virtual void ProcessCommand() = 0;
protected:
   virtual void Read(InputMemoryBitStream& inInputStream) = 0;
   ECommandType mCommandType;
   uint32_t mNetworkId;
   uint32_t mPlayerId;
};
```

Command类的实现是自解释的。有一个枚举类型指明命令的类别，无符号整数存储发出命令单元的网络ID。当实际执行命令时，使用纯虚函数ProcessCommand。函数Read和Write用于读写命令到内存字节流。函数StaticReadAndCreate首先从内存比特流中读取命令类型的枚举。然后基于枚举类型的取值，构建一个合适子类的实例，并调用子类的Read函数。

在这个例子中只有两个子类。命令"move"将猫移动到目标位置。命令"attack"告诉猫攻击敌人的猫。在移动命令的情况下，一个额外的成员变量Vector3存储移动的目标。每个子类命令都有一个自定义的函数StaticCreate，辅助创建命令的shared_ptr。移动命令StaticCreate和ProcessCommand的实现如清单6.10所示。

清单6.10 MoveCommand的选择函数

```cpp
MoveCommandPtr MoveCommand::StaticCreate(uint32_t inNetworkId,
                                         const Vector3& inTarget)
{
    MoveCommandPtr retVal;
    GameObjectPtr go = NetworkManager::sInstance->
                                    GetGameObject(inNetworkId);
    uint32_t playerId = NetworkManager::sInstance->GetMyPlayerId();

    //can only issue commands to this unit if I own it, and it's a cat
    if (go && go->GetClassId() == RoboCat::kClassId &&
        go->GetPlayerId() == playerId)
    {
        retVal = std::make_shared<MoveCommand>();
        retVal->mNetworkId = inNetworkId;
        retVal->mPlayerId = playerId;
        retVal->mTarget = inTarget;
    }
    return retVal;
}


void MoveCommand::ProcessCommand()
{
    GameObjectPtr obj = NetworkManager::sInstance->
                                    GetGameObject(mNetworkId);

    if (obj && obj->GetClassId() == RoboCat::kClassId &&
        obj->GetPlayerId() == mPlayerId)
    {
        RoboCat* rc = obj->GetAsCat();
        rc->EnterMovingState(mTarget);
    }
}
```

函数StaticCreate的参数是接收命令猫的网络ID和目标位置。该函数做了一些验证，以确保命令发送给了真实存在的游戏对象，游戏对象是一只猫，并且由发出命令的对等体控制。函数ProcessCommand做了一些基本的验证，以确保收到的网络ID是猫的网络ID，并且玩家ID对应控制这只猫的玩家。EnterMovingState的调用简单地告诉这只猫开始执行移动行为，其将会在一个或多个子轮过程中完成。移动状态的实现与单人游戏类似，所以这里不再赘述。

命令存储在CommandList中。正如在行动游戏中的MoveList类，Command List只是命令的双端队列的封装。它也有一个ProcessCommands函数，针对列表中的每个命令调用ProcessCommand。

每个对等体的输入管理器都有一个CommandList的实例。当本地对等体使用键盘或鼠标请求命令时，输入管理器将这个命令添加到列表中。名为TurnData的类用于对每一个完成的100毫秒的轮，封装对等体的命令列表和与同步相关的数据。然后，网络管理器有一个向量（vector），向量的索引对应轮的序号。在每个索引处，网络管理器存储一个映射，映射的关键字为玩家ID，值为这个玩家的TurnData。这样，对于每一轮，每个玩家的轮数据都是分开的。这样，网络管理器可以验证是否已经收到了每个对等体的数据。

当每个对等体完成了一个子轮，就检查是否整个轮都结束了。如果结束了，那么准备轮数据，发送给每个对等体。这个函数有点麻烦，显示在清单6.11中。

清单6.11　给每个对等体发送轮数据包

```
void NetworkManager::UpdateSendTurnPacket()
{
    mSubTurnNumber++;
    if (mSubTurnNumber == kSubTurnsPerTurn)
    {
        //create our turn data
        TurnData data(mPlayerId,
                    RandGen::sInstance->GetRandomUInt32(0, UINT32_MAX),
                    ComputeGlobalCRC(),
                    InputManager::sInstance->GetCommandList());


        //we need to send a turn packet to all of our peers
        OutputMemoryBitStream packet;
        packet.Write(kTurnCC);
        //we're sending data for 2 turns from now
        packet.Write(mTurnNumber + 2);
        packet.Write(mPlayerId);
        data.Write(packet);
```

```
        for (auto &iter: mPlayerToSocketMap)
        {
            SendPacket(packet, iter.second);
        }

        //save our turn data for turn + 2
        mTurnData[mTurnNumber + 2].emplace(mPlayerId, data);
        InputManager::sInstance->ClearCommandList();

        if (mTurnNumber >= 0)
        {
            TryAdvanceTurn();
        }
        else
        {
            //a negative turn means there's no possible commands yet
            mTurnNumber++;
            mSubTurnNumber = 0;
        }
    }
}
```

传入 TurnData 构造函数的两个参数——随机数和 CRC，将在下一节中介绍。目前需要注意的主要事项是，对等体准备轮数据包，内容包括从现在开始两轮之后执行的所有命令的列表。然后将这个轮数据包发送给所有对等体。此外，对等体在清空输入管理器的命令列表之前，本地保存自己的轮数据。

最后，有代码来检查是否存在负数的轮序号。当游戏开始时，设置轮的序号为−2。这样，在第−2轮发出的命令将会在第0轮执行。这意味着在头200毫秒，没有命令执行，但是，没有办法避免这种初始延迟，它是锁步回合制的一个属性。

函数 TryAdvanceTurn，如清单6.12所示，如此命名的原因是不能保证轮能够继续推进。这是因为 TryAdvanceTurn 的责任是确保轮的锁步属性。事实上，如果当前是第 x 轮，并且已经收到第 $x+1$ 轮的所有数据，那么 TryAdvanceTurn 将推进到第 $x+1$ 轮。如果第 $x+1$ 轮的有些数据丢失了，那么网络管理器将进入延迟状态。

清单6.12　函数 **TryAdvanceTurn**

```
void NetworkManager::TryAdvanceTurn()
{
```

```
//only advance the turn IF we received the data for everyone
if (mTurnData[ mTurnNumber + 1].size() == mPlayerCount)
{
   if (mState == NMS_Delay)
   {
      //throw away any input accrued during delay
      InputManager::sInstance->ClearCommandList();
      mState = NMS_Playing;
      //wait 100ms to give the slow peer a chance to catch up
      SDL_Delay(100);
   }

   mTurnNumber++;
   mSubTurnNumber = 0;

   if (CheckSync(mTurnData[mTurnNumber]))
   {
      //process all the moves for this turn
      for (auto& iter: mTurnData[mTurnNumber])
      {
         iter.second.GetCommandList().ProcessCommands(iter.first);
      }
   }
   else
   {
      //for simplicity, just end the game if it desyncs
      Engine::sInstance->SetShouldKeepRunning(false);
   }
}
else
{
   //don't have all player's turn data, we have to delay:(
   mState = NMS_Delay;
}
}
```

当处于延迟状态时，不能更新游戏世界中的对象。而是网络管理器等待需要接收的轮数据。在延迟状态时，每当接收了新的轮数据包，网络管理器都会再一次调用TryAdvanceTurn，希望新的轮数据包填补轮数据的缺口。重复这个过程，直到收到了所有需要的数据。同样地，如果在延迟时连接被重置了，游戏中删除重置的对等体，其他对等体将试图继续。

不要忘了《机器猫 RTS》的初始版本假设所有的数据包都能最终到达。如果有数据包丢失，将会加剧延迟状态，所以在延迟时，对等体确定谁的命令数据丢失了。然后给存在问题的对等体发送一个重传命令数据的请求。如果该重传请求几次被忽略，那么放弃这个对等体。此外，后续的轮数据包可能包括之前的轮数据，所以在之前的轮数据包丢失的情况下，随后传入的轮数据包可能包含所需要的数据。

6.3.3 保持同步

设计每个对等体独立模拟游戏的对等网络游戏的最大挑战之一是保证游戏中所有实例保持同步。即使轻微的出入，例如不一致的位置，都会在未来演变成更加严重的问题。如果允许这些出入存在，随着时间的推移，对等体之间的模拟将会出现分歧。在某一时刻，这些模拟的差异如此大，以至于感觉在玩不同的游戏。很显然，这是不能被允许的，所以保证和验证同步非常重要。

6.3.3.1 同步伪随机数生成器

一些不同步的原因很明显。例如，使用**伪随机数生成器**（pseudo-random number generator，PRNG）是计算机获取看似随机的数字的唯一方法。随机元素是许多游戏的基石，因此完全去掉随机数是不可行的。但是，在对等网络游戏中，有必要保证在特定的轮，两个对等体总是从一个随机数生成器收到相同的结果。

如果你在 C 或 C++ 程序中使用过随机数，那么一定熟悉函数 rand 和 srand。函数 rand 生成一个伪随机数，而函数 srand 设置伪随机数生成器的种子。给定一个种子，一个特定的伪随机数生成器保证总是生成相同的数字序列。一种典型的方法是使用当前时间作为函数 srand 的种子参数。理论上，这意味着每次产生的数字都不同。

在对等体保持同步方面，为了保证每个对等体产生相同的数字，主要有两件事情需要做：

- 为每个对等体的随机数生成器设置相同的种子。在《机器猫 RTS》例子中，当主对等体发送开始数据包时，选择一个种子。开始数据包中包含这个种子，所以每个对等体都知道开始游戏时的种子取值。
- 必须保证，每个对等体在每一轮总是调用相同次数的伪随机数生成器，同样的顺序，在代码中同样的位置。这意味着几乎不能创建游戏的不同版本，这些版本使用伪随机生成器的次数有所差异，例如为跨平台运行中不同硬件编写的版本。

但是，还有第三个最初看起来不太明显的问题。事实证明，函数rand和srand不是特别适合用于保证同步。C标准中没有指定函数rand必须使用哪种伪随机数生成器算法。也就是说不同平台（甚至只是不同编译器）的C语言库的不同实现不能保证使用的是同一个伪随机数生成器算法。如果是这种情况，随机数种子是否一样就没有区别了，不同的算法将给出不同的结果。此外，因为函数rand不能保证使用的伪随机数生成器算法，所以随机数的质量和所得值的**熵**（entropy）都是不可信的。

在过去，定义不清的函数rand意味着大多数游戏都实现自己的伪随机数生成器。值得感激的是，C++11引入了标准化和高质量的伪随机数生成器。尽管所提供的伪随机数生成器没有考虑安全加密（安全加密意味着随机数作为安全协议的一部分使用时是安全的），但是用在游戏中已经绰绰有余了。具体而言，机器猫RTS的代码实现了伪随机数生成器的梅森旋转算法（Mersenne Twister PRNG algorithm）。被称为MT19937的32位梅森旋转算法的取值区间为2^{19937}，意味着事实上在给定游戏的过程中随机数序列是不会重复的。

C++11随机数生成器的接口比之前的rand和srand函数要复杂一点，所以机器猫RTS将其封装在RandGen中，如清单6.13所示。

清单6.13　RandGen类的声明

```
class RandGen
{
public:
    static std::unique_ptr<RandGen> sInstance;

    RandGen();
    static void StaticInit();
    void Seed(uint32_t inSeed);
    std::mt19937& GetGeneratorRef() {return mGenerator;}

    float GetRandomFloat();
    uint32_t GetRandomUInt32(uint32_t inMin, uint32_t inMax);
    int32_t GetRandomInt(int32_t inMin, int32_t inMax);
    Vector3 GetRandomVector(const Vector3& inMin, const Vector3& inMax);
private:
    std::mt19937 mGenerator;
    std::uniform_real_distribution<float> mFloatDistr;
};
```

一些RandGen中函数的实现如清单6.14所示。

清单6.14 RandGen中的函数实现

```
void RandGen::StaticInit()
{
    sInstance = std::make_unique<RandGen>();
    //just use a default random seed, we'll reseed later
    std::random_device rd;
    sInstance->mGenerator.seed(rd());
}

void RandGen::Seed(uint32_t inSeed)
{
    mGenerator.seed(inSeed);
}

uint32_t RandGen::GetRandomUInt32(uint32_t inMin, uint32_t inMax)
{
    std::uniform_int_distribution<uint32_t> dist(inMin, inMax);
    return dist(mGenerator);
}
```

需要注意的是，当RandGen首先被初始化时，它使用random_device类产生随机数种子。这将产生一个平台特定的随机数。随机数设备可以被用作产生一个随机数生成器的种子，但是设备本身不应该被用作生成器。在一个函数中使用的uniform_int_distribution类简单地说就是指定一个范围，并获得在这个范围内的伪随机数。这种方法非常适用于以整数作为随机数结果的常见场合。C++11引入了一些其他分布类型。

为了同步随机数，主对等体生成一个随机数，用作倒计时开始时的新种子。这个随机数被发送给所有的其他对等体，来保证当第−2轮开始时，所有对等体的生成器种子都相同。

```
//select a seed value
uint32_t seed = RandGen::sInstance->GetRandomUInt32(0, UINT32_MAX);
RandGen::sInstance->Seed(seed);
```

此外，在每轮结束创建轮数据包时，每个对等体生成一个随机数。这个随机数作为轮数据包中轮数据的一部分被发送。这样便于对等体验证在轮推进的过程中，所有的随机数生成器保持同步。

请记住，如果你的游戏代码需要不以任何形式影响游戏状态的随机数时，对于这些情况可以维护一个不同的生成器。一个例子是模拟随机的数据包丢失——不应该使用游戏的随机数生成器，因为这意味着每个对等体都在同一时刻模拟数据包丢失。但是，当有多个生成器时要格外小心。你必须确保工作在你的游戏中的其他任何程序员都理解什么时候用哪个伪随机数生成器。

6.3.3.2　检查游戏同步

不同步的其他原因可能就没有伪随机数生成器那么明显了。例如，浮点数的实现是确定的，但是根据硬件实现的不同会有出入。例如，更快的SIMD指令可能和普通的浮点指令产生不同的结果。通常也可以在处理器上设置不同的标志来改变浮点数的行为，例如是否严格遵循IEEE 754的实现。

同步的其他问题可能只是由程序员引起的一个意外错误。也许程序员不知道同步如何工作，或者只是犯了一个错误。无论哪种方式，重要的是，游戏中有用于定期检查同步的代码。这样，在引入不同步之后有希望尽快找到不同步的错误原因。

一种常见的方法是使用**检验和**（checksum），与网络中用于保证数据包数据完整性的检验和类似。本质上，在每一轮结束时，就计算好了游戏状态的检验和。检验和被放入轮数据包中并发送，这样每个对等体可以验证所有游戏实例在每轮结束时是否计算得到相同的检验和。

在检验和算法选择方面，有许多不同的选项。机器猫RTS使用**循环冗余检验**（cyclic redundancy check，CRC），生成一个32位的检验和值。这个游戏不是从头实现CRC函数，而是使用来自开源库zlib的函数crc32。这是很方便的方法，因为为了使用PNG图像文件，我们已经依赖zlib了。此外，因为zlib是被设计用于高效处理大规模数据的，所以按理说CRC的实现既是经过检验的，也是高效的。

在进一步代码重用思想的影响下，清单6.15所示的ComputeGlobalCRC代码使用OutputMemoryBitStream类。游戏世界中的每个对象通过函数WriteForCRC写其相关的数据到所提供的比特流中。按照网络ID的升序写这些对象。一旦每个对象已写入它的相关数据，那么将流缓冲区作为整体来计算CRC。

清单6.15　函数ComputeGlobalCRC

```
uint32_t NetworkManager::ComputeGlobalCRC()
{
    OutputMemoryBitStream crcStream;

    uint32_t crc = crc32(0, Z_NULL, 0);
    for (auto& iter: mNetworkIdToGameObjectMap)
    {
```

```
    iter.second->WriteForCRC(crcStream);
  }

  crc = crc32 (crc, reinterpret_cast<const Bytef*>
              (crcStream.GetBufferPtr()),
               crcStream.GetByteLength());
  return crc;
}
```

关于 ComputeGlobalCRC，有几个额外的事项需要考虑。首先，并不是每个游戏对象的每个值都需要写入流中。在 RoboCat 类的例子中，写入的值包括控制玩家的 ID、网络 ID、位置、生命值、状态和目标网络 ID。一些其他成员变量，例如用于跟踪投掷线球之间的冷却的变量，不被同步。这种选择降低了计算 CRC 所花费的时间。

此外，因为 CRC 函数可以部分（增量）计算，所以实际上没有必要在计算 CRC 之前将所有的数据写入流中。事实上，复制数据可能比立即计算 CRC 的每个值更低效。甚至有可能写出类似 OutputMemoryBitStream 的接口——本质上只是计算被写入值的 CRC 的类实例，但是并不将数据保存到内存缓冲区。但是，为了保持代码简洁，重用现在的 OutputMemoryBitStream。

回到手头的任务，回想一下清单 6.12 中的 TryAdvanceTurn，在推进轮的时候调用函数 CheckSync。这个函数循环遍历每个对等体轮数据的所有随机数和 CRC 值，保证每个对等体在发送轮数据包时，计算得到相同的随机数和相同的 CRC 值。

如果 CheckSync 检测到不同步，机器猫 RTS 直接立即结束游戏。一个更鲁棒的系统将采用投票的形式。假设游戏中有四个玩家。如果玩家 1 到 3 计算的检验和是 A，玩家 4 计算的检验和是 B，这意味着有三个玩家仍然是同步的。这样如果玩家 4 退出游戏，那么游戏还可能继续。

> 警告：
> 当开发一个独立模拟形式的对等网络游戏时，不同步是焦虑的根源。不同步的错误往往是最难解决的。为了帮助调试这些错误，重要的是实现一个日志系统，用于查看每个对等体所执行命令的细节。
> 在开发机器猫 RTS 示例代码时，如果猫移动时客户端进入延迟状态，那么将发生不同步。原因是当延迟的玩家继续游戏时，他们错过了一个子轮。这是确定的，幸亏有日志系统，可以记录什么时候对等体执行了一个子轮，以及在每个子轮结束时每只猫的位置。这样就可以查看那个错过子轮的对等体。如果没有日志，查找和解决这个问题是非常耗时的。

在相同的情况下，一个更加复杂的方法是为了重新同步游戏而复制整个游戏状态到玩家4。根据游戏的数据量，这可能是不切实际的。但是需要记住的是，当玩家不同步时，不让他们退出游戏是很重要的。

6.4 总结

选择网络拓扑是创建网络游戏时做出的最重要的决定之一。在客户端 - 服务器拓扑中，一个游戏实例被标记为服务器，一般是整个游戏的权威。其他所有的游戏实例是客户端，只能与服务器通信。这通常意味着，对象数据的发送是从服务器到客户端。在对等网络拓扑中，每个游戏实例几乎是平等的。对等网络游戏的一种方式是每个对等体独立模拟这个游戏。

深入研究机器猫行动游戏的代码发现，它涉及多个不同的主题。为了帮助模块化代码，将代码分成三个独立的目标：共享库、服务器和客户端。服务器欢迎新客户端的过程包括给服务器发送hello数据包和给客户端反馈welcome数据包。输入系统让客户端发送包含客户端所执行动作的输入数据包，这里的动作包括移动一只猫和投掷线球。服务器为每个客户端维护一个客户端代理，既是为了跟踪需要给每个客户端发送的复制数据，也是为了有一个能存储待处理行为的对象。

机器猫RTS章节讨论在设计独立模拟对等网络游戏时的许多重要挑战。主对等体的使用让一个已知的IP地址与一个特定的游戏关联。每个对等体维护一个游戏中其他所有对等体的地址列表。这里欢迎新对等体比在客户端 - 服务器模式的游戏中要复杂一点，因为新对等体需要通知现有的其他所有对等体。在每一轮100毫秒结束时对等体通过发送轮数据包保持锁步。这些轮数据包中的命令计划两轮之后被执行。每个对等体在收到下一轮所有数据之后，进入下一轮。最后，同步随机数生成器和使用游戏状态的检验和在保持每个对等体的游戏实例同步方面十分必要。

6.5 复习题

1. 在客户端-服务器模型中，客户端的职责是如何区别于服务器的？

2. 在客户端-服务器模型的游戏中，可能的最坏延迟是什么？与对等网络模型游戏中的最坏延迟相比怎样？

3. 相比于客户端-服务器模型，对等网络需要的连接数是多少？

4. 对等网络游戏中模拟游戏状态的一种方法是什么？

5. 当前的机器猫行动游戏实现中，创建移动时没有平均多个帧的输入状态。实现这个功能。

6. 以什么方式可以改进机器猫RTS游戏的启动过程？实现这一改进。

6.6　延伸的阅读资料

Bettner, Paul and Mark Terrano. 1500 Archers on a 28.8: Network Programming in Age of Empires and Beyond. Presented at the Game Developer's Conference, San Francisco, CA, 2001.

第7章 延迟、抖动和可靠性

网络游戏处于非常恶劣的环境，在过时的网络上竞争带宽，给遍布在全世界的服务器和客户端发送数据包。这导致了通常不会发生在本地网络的数据丢失和延迟。本章介绍了一些多人游戏面临的网络问题，并提出了这些问题的解决方案，包括如何在UDP传输协议的基础上建立一个自定义的可靠层。

7.1 延迟

你的游戏一旦发布到外界，就必须对付许多不利的因素，这是在被严格控制的本地网络中所不存在的。这些因素中的第一个就是**延迟**（latency）。延迟这个词在不同的情况中有不同的含义。在电脑游戏的上下文中，指的是从可观察的原因到看到结果之间的时间。根据游戏的类型，可以是从实时战略（real-time strategy，RTS）游戏中鼠标单击和单元响应命令之间的时间间隔到用户移动头部和虚拟现实（virtual reality，VR）显示更新之间的时间间隔。

一定量的延迟是不可避免的，并且不同的游戏类型对于延迟的容忍程度也是不同的。虚拟现实游戏是对延迟最敏感的，因为我们人类只要头旋转了，眼睛就期望看到不同的事物。在这些情况下，保证用户感觉在虚拟现实世界中就要求延迟少于20毫秒。格斗游戏、第一人称射击游戏和其他动作频繁的游戏是对延迟第二敏感的。这些游戏的延迟范围可以从16毫秒到150毫秒，不考虑帧速率，在这么少的延迟下用户是感觉不到的。RTS游戏是对延迟容忍度最高的，这个容忍度通常很有用，正如第6章所介绍的。这些游戏的延迟可以高达500毫秒，而不影响用户体验。

作为游戏开发者，降低延迟是提升用户体验的一种方式。要做到这一点，首先需要理解导致延迟的多种因素。

7.1.1 非网络延迟

有一个很普遍的误解是，网络延迟是游戏延迟的主要来源。尽管网络上数据包交换是延迟的一个显著来源，但是绝对不是唯一的来源。至少有5个其他类型的延迟来源，其中一些不是我们能控制的：

- **输入采样延迟**（input sampling latency）。从用户按下一个按钮到游戏检测到这个按钮被按下之间的时间可以很长。考虑这种情况，一个游戏以每秒60帧运行，在每一帧开始时检测输入，然后在最后渲染游戏世界之前相应地更新所有对象。如图7.1（a）所示，如果用户在游戏检测完输入之后2毫秒按下跳跃按钮，几乎过了一帧游戏才能更新基于这个按钮被按下的游戏状态。对于驱动视角旋转的输入，可以在帧结束时再次对输入进行采样，然后根据改变的角度渲染输出，但是这通常只限于对延迟非常敏感的应用。以上意味着平均情况下，从按下按钮到游戏响应那个按钮有半帧时间的延迟。

- **渲染流水线延迟**（render pipeline latency）。GPU不是在CPU批量发布绘制命令之后马上执行这些命令。事实上，驱动程序将这些命令插入到命令缓冲区，GPU在将来的某个时刻执行这些命令。如果有许多渲染任务要做，GPU给用户显示渲染图像可能会滞后CPU一帧的时间。图7.1（b）展示了这样一个在单线程游戏中常见的时间轴。以上又引入了一帧延迟。

- **多线程渲染流水线延迟**（multithreaded render pipeline latency）。多线程游戏将更多的延迟引入到了渲染流水线中。通常情况下，一个或多个线程运行游戏模拟，更新游戏世界时要发送给一个或多个渲染线程。然后在模拟线程准备模拟下一帧时，这些渲染线程批量处理GPU请求。图7.1（c）展示了多线程渲染如何给用户体验添加了额外一帧的延迟。

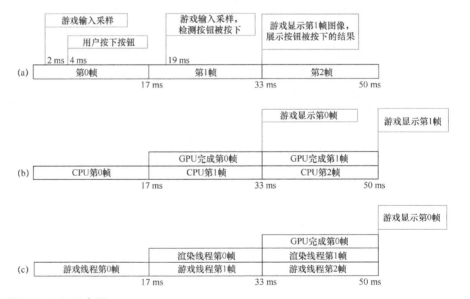

图7.1 延迟时序图

- **垂直同步**（VSync）。为了避免画面撕裂，通常的做法是仅仅在显示器的垂直消隐间隙改变由视频卡显示的图像。这样显示器就不会同时显示这一帧的部分图像和下一帧的部分图像。这意味着GPU的更新图像调用必须等到用户显示器的垂直消隐间隙，通常每1/60秒一次。如果游戏的帧只需要16毫秒，那么这是没有问题的。但是，即使一帧的渲染时间延长1毫秒，那么在视频卡准备更新显示的时候不能完成渲染。在这种情况下，将后台缓冲区内容展示到显示器的命令将延迟，等待额外的15毫秒直到下一个垂直消隐间隙。一旦发生这种情况，用户将感受到另外一帧延迟。

注释：

在显示器正在刷新屏幕上的图像，GPU同时将后台缓冲区内容呈现至屏幕时会发生画面撕裂。通常情况下，显示器在屏幕上更新图像是从上至下逐行更新。如果绘制在屏幕上的图像在更新过程中改变了，那么用户将观察到屏幕下半部分显示的是新图像，上半部分显示的是上一次的图像。如果摄像机在世界中频繁地转动，那么将导致撕裂效果，使得看起来好像图像印在一张纸上，被撕成两半，其中一半略有偏移。

大部分电脑游戏会给用户禁用垂直同步的选项以增强性能。一些新的LCD显示器，被称为G-SYNC，实际上具有可变的刷新率，可以根据帧率调节，并避免垂直同步的潜在延迟。

- **显示延迟**（display lag）。大部分的HDTV和LCD显示器在真正显示图像之前，都会在一定程度上处理输入。这个过程包括去隔行、HDCP以及DRM处理，还包括一些图像效果，例如视频缩放、降噪、自适应亮度、图像过滤等。这个处理是有代价的，很容易给用户体验增加几十毫秒的延迟。一些电视有"游戏"模式，减少视频处理以便最小化延迟，但是你不能默认它是被启用的。
- **像素响应时间**（pixel response time）。LCD显示还有一个问题是像素亮度的改变需要时间。通常情况下，这个时间在几毫秒级别，但是老的显示器，可以很容易地添加额外的半帧延迟。幸运的是，这种延迟更像是图像重影，而非绝对意义上的延迟——改变立刻开始，但是需要几毫秒时间。

非网络延迟是一个很严重的问题，严重影响游戏的用户体验。John Carmack曾经有个著名言论是"我给欧洲发送一个IP数据包都比向屏幕发送一个像素还快。怎么会这样？"。在单人游戏中已经有一定量的延迟了，当引入多人游戏功能时，我们需要尽可能减轻网络延迟。要做到这一点，理解网络延迟的根源很有帮助。

7.1.2　网络延迟

尽管有许多延迟的原因，数据包从源主机传输到目的主机的延迟往往是多人游戏中延迟的最显著原因。在数据包的传输过程中，有四种主要的延迟：

1. **处理延迟**（processing delay）。请记住，网络路由器的工作是：读取来自网络接口的数据包、检查目的IP地址、找出应该接收数据包的下一台机器，然后从合适的接口将数据包转发出去。检查源地址和确定合适路由的时间称为处理延迟。处理延迟也包括路由器提供的其他功能，例如NAT或者加密。

2. **传输延迟**（transmission delay）。路由器转发数据包时，必须有一个链路层接口允许它通过一些物理介质传输数据包。链路层协议控制写入物理介质的平均速率。例如，1MB的以太网连接允许大约每秒向以太网电缆写入100万比特。这样，向1MB的以太网电缆写一个比特需要花费1秒的百万分之一，即1微秒（1μs），因此写一个1500字节的数据包需要12.5毫秒。向物理介质写比特流所花费的时间被称为传输延迟。

3. **排队延迟**（queuing delay）。路由器在一个时间点只能处理有限个数的数据包。如果数据包到达的速度比路由器处理的速度快，那么数据包将进入接收队列，等待被处理。同样地，网络接口一次只能输出一个数据包，所以数据包被处理之后，如果合适的网络接口繁忙，那么它将进入传输队列。在队列中消耗的时间被称为排队延迟。

4. **传播延迟**（propagation delay）。在大多数的情况下，无论什么物理介质，信息的传输也不可能比光速还快。这样，发送数据包的延迟至少是0.3ns/m（纳秒/米）乘以数据包必须传输的距离。这意味着，即使在理想的情况下，一个数据包要穿越美国至少需要12毫秒。在传播过程中花费的时间被称为传播延迟。

这些延迟中的一些可以被优化，一些不能被优化。处理延迟是很小的因素，因为现在大部分路由器是非常快的。

传输延迟通常依赖于终端用户链路层连接的类型。因为当数据包接近互联网的骨干时，带宽能力通常会增加，传输延迟在互联网边缘时是最大的。保证你的服务器使用高带宽的连接是最重要的。之后，通过鼓励终端用户升级到高速互联网连接可以很好地降低网络延迟。发送尽可能大的数据包也会有帮助，因为可以减少数据包头部的数据量。如果这些头部占你的数据包大小的很大一部分，那么其也将带来很大一部分传输延迟。

排队延迟是数据包等待被传输和处理的结果。最小化处理延迟和传输延迟有助于最小化排队延迟。值得注意的是，因为通常的路由器仅仅需要检查数据包的头部，所以通过发送少量大的数据包来代替许多小的数据包可以降低总的排队延迟。例如，包含1400字节负载的数据包与包含200字节负载的数据包通常经历相同时间的处理延迟。如果你发送7个包含200字节负载的数据包，最后那个数据包将不得不在队列中等待前面6个数据包的处理，这样将经历比一个大数据包更多的累积网络延迟。

传播延迟通常是优化的良好对象。因为它依赖于主机之间交换数据的电缆长度，最好的方法是移动主机使得彼此之间距离非常近。在对等网络游戏中，这意味着在匹配玩家时优先优化几何位置。在客户端-服务器游戏中，这意味着要保证游戏服务器离客户端近。请注意，有时物理位置不足以保证低的传播延迟：两个位置之间的直接连接可能不存在，这就要求路由器在迂回线路中路由，而不是通过直线连接。重要的是在规划你的游戏服务器时，要考虑到现有和未来的路由路线。

在网络的上下文中，工程师有时使用延迟这个词来描述以上四种延迟的组合。因为延迟是这样一个重载的术语，所以游戏开发者更经常讨论**往返时间**（round trip time，RTT）。RTT指的是数据包从一台主机传输到另一台主机的时间，加上响应数据包返回的时间。这不仅反映了两个方向的处理延迟、排队延迟、传输延迟和传播延迟，还反映了远程主机的帧率，因为这影响了它发送响应包的速度。请注意，在每个方向上传输的速度不一定相同。RTT几乎不可能是数据包从一台主机到另外一台主机时间的两倍。尽管这样，游戏往往用一半的RTT来近似单向的传输时间。

注释：

在一些情况下，将游戏服务器分布在一个地理区域是不可行的，因为你想让整个大陆所有的玩家能够一起玩。拳头游戏公司（Riot Games）在他们的主打游戏《英雄联盟》（League of Legends）中曾遇到过这样的情况。因为游戏服务器分散在全国不是一个很好的选择，他们采用另外的方案，建立自己的网络基础设施，与整个北美的ISP互联，保证他们可以尽可能地控制路由和降低网络延迟。这是一个巨大的工程，但是如果你能承受，那么它可以清晰可靠地解决以上四个网络延迟问题。

7.2　抖动

一旦很好地估计了RTT，那么就可以采取第8章（改进的延迟处理）中讲解的内容来减少延迟，并给客户端提供最好的体验。但是，在写网络代码的时候，必须留意RTT不一定是一个常数。对于任意的两个客户端，它们之间的RTT一般围绕着一个基于平均延迟的特定值变化。但是，这些延迟随着时间的推移会变化，导致RTT与期望值有偏差。这个偏差被称为**抖动**（jitter）。

这四个网络延迟都能导致抖动，尽管一些比另外一些更可能变化：

- **处理延迟**（processing delay）。因为处理延迟是网络延迟中最小的组成部分，所以它对抖动的贡献也是最小的。因为路由器动态调整数据包的路线，所以处理延迟可能会变化，但这是一个次要问题。
- **传输延迟和传播延迟**（transmission delay and propagation delay）。这两种延迟都是数据包所采用的路由导致的：链路层协议决定了传输延迟，路由长度决定了传播延迟。这样，当路由器动态进行负载均衡和改变路由以避免严重拥堵区域时，这些延迟会改变。这在网络堵塞时可以迅速波动，路由改变可以显著地改变往返时间。
- **排队延迟**（queuing delay）。排队延迟是路由器必须处理多个数据包导致的。这样，到达路由器的数据包的数量变化了，排队延迟也改变了。突发的网络流量将导致排队延迟，并改变往返时间。

抖动会影响RTT抑制算法，而且更糟的是，会导致数据包乱序到达。图7.2展示了这是如何发生的。主机A按序派遣了数据包1、数据包2和数据包3，之间间隔5毫秒，发送给远程主机B。数据包1花费45毫秒到达主机B，但是由于突然涌入路由器的数据流，数据包2花费了60毫秒到达主机B。在发生网络拥堵之后，路由器马上动态调整路由，使得数据包3只用了30毫秒就到达主机B。这导致主机B先收到数据包3，再收到数据包1和数据包2。

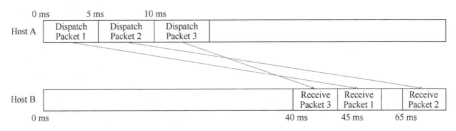

图7.2 抖动导致数据包乱序到达

为了避免因数据包乱序到达而引起的错误，必须使用可靠的传输层协议，如TCP，来保证数据包按序到达，或者实现自定义的系统进行包重组，如本章后半部分讨论的。

由于抖动会导致问题，你应该尽量减少抖动来尽可能提高游戏体验。减少抖动的技术与降低总体延迟十分类似。发送尽可能少的数据包来保持低流量。将服务器布置在玩家附近来降低遇到严重拥堵的可能性。请记住，帧率也会影响RTT，所以帧率的巨大变化会给客户端带来负面影响。保证复杂的操作合理分散在多个帧中，防止由帧率导致的抖动。

7.3 数据包丢失

比延迟和抖动更严重的，网络游戏开发者面临的最大问题是数据包丢失（packet loss）。数据包需要花费很长时间才能到达目的地，和数据包永远不能到达目的地是两码事。

数据包丢失有许多原因：

- **不可靠的物理介质**（unreliable physical medium）。从根本上说，数据传输是电磁能量的传输。任何外部的电磁干扰都可能导致数据破坏。在数据损坏的情况下，链路层通过验证检验和来检测损坏，并丢弃包含损坏数据的帧。宏观的物理问题，如松动的连接或者附近有一个微波炉在工作，也都可能导致信号损坏和数据丢失。

- **不可靠的链路层**（unreliable link layer）。链路层规定了他们什么时候可以发送数据，什么时候不可以发送数据。有时链路层信道完全满了，必须丢失正在发送的帧。因为链路层不保证可靠性，所以这是一个完全可以接受的响应。

- **不可靠的网络层**（unreliable network layer）。回想一下，当数据包到达路由器的速度比处理数据包的速度快，就会将数据包插入接收队列中。这个队列只能存储固定数量的数据包。当队列满了，路由器开始抛弃队列中的数据包或者刚传入的数据包。

数据包丢失是无法改变的事实，在设计网络架构时必须考虑到这一点。更少的数据包丢失肯定会带来更好的游戏体验，所以在上层架构设计时，就应该尝试降低数据包丢失的可能性。使用与玩家尽可能近的服务器数据中心，因为较少的路由器和电缆意味着较低的数据丢失可能性。另外，发送尽可能少的数据包：大部分路由器的处理能力是以数据包的个数为基础，而不是总数据量。在这种情况下，如果发送许多包含少量数据的小数据包，而不是发送少量的大数据包，那么你的游戏发生路由器过载的可能性更高。通过一个拥塞的路由器发送7个200字节的数据包要求队列中有7个空闲的位置来避免数据包丢失。但是，发送一个同样数据量的1400字节的数据包仅仅需要队列中有一个空闲位置。

> **警告：**
> 并不是所有路由器的队列槽容量都是以数据包的个数为基础，一些路由器是根据输入带宽给输入源分配队列空间的，在这种情况下，小的数据包更有优势。如果7个数据包中的一个因为带宽（不是槽）分配失败丢失了，那么至少另外6个还在队列中。所以值得去了解数据中心和拥塞路段的路由器，尤其是当因为小数据包的头部浪费了带宽时，正如之前章节里所提到的。

当队列满了，路由器不一定丢弃每一个传入的数据包。相反，它可能丢弃先前进入队列的数据包。当路由器确定传入的数据包比队列里的数据包有更高的优先级或者更重要时，将会这么做。路由器基于网络层头部的QoS数据来确定数据包的优先级，有时也通过检查数据包的负载收集更深的信息。有些路由器甚至配置成采用贪婪算法，为了减少它们必须处理的总流量：它们有时在丢弃TCP报文之前先丢弃UDP报文，因为它们知道丢弃的TCP报文将会自动重传。了解数据中心和目标市场ISP附近的路由器配置有助于调整数据包类型和传输模式，来减少数据包丢失。最后，减少数据包丢失的最简单方法是保证服务器有快速、稳定的互联网连接，并离客户端尽可能近。

7.4 可靠性：TCP还是UDP

几乎每一个多人游戏都在某种程度上对网络可靠性有所要求，开发早期需要做的一个重要决定是在TCP和UDP之间做出选择。是让你的游戏依赖于TCP已有的可靠系统，还是在UDP基础上开发自己的自定义的可靠系统？为了回答这个问题，需要考虑每个传输层协议的好处和成本。

TCP的主要优点是，它提供了一个经得起时间考验、鲁棒的、稳定的可靠性实现。没有额外的工程工作，保证所有的数据不仅能送达，而且能按序送达。此外，它提供了复杂的拥塞控制功能，通过以不会阻塞中间路由器的速率发送数据来限制数据包丢失。

TCP的主要缺点是，它发送的所有东西必须被可靠发送并按序处理。在游戏状态瞬息万变的多人游戏中，在三种不同的情景下，这种强制的、统一的可靠传输可能会造成问题：

1. **低优先级数据的丢失干扰高优先级数据的接收**。在客户端-服务器模式的第一人称射击游戏中，考虑两个玩家一次简短的数据交换。在客户端A的玩家A和在客户端B的玩家B互相攻击。突然一个其他来源的火箭在远处发生了爆炸，服务器给客户端A发送一个数据包来播放远处的爆炸声音。之后不久，玩家B跳到玩家A的前面并射击，然后服务器发送一个包含该信息的数据包给客户端A。由于网络流量的波动，第一个数据包丢失了，但是包含玩家B动作的第二个数据包没有丢失。对于玩家A来说，爆炸声音的优先级低，而敌人在他对面射击的优先级高。玩家A不关心这个丢失的数据包，甚至从来没有发现这个爆炸也可以。但是，因为TCP按序处理所有的数据包，所以当TCP模块收到动作数据包时也不会发送给游戏。而是等到服务器重传低优先级的丢失数据包之后，才允许应用层处理高优先级的动作数据包。那么，可以理解，这让玩家A非常沮丧。

2．两个单独的可靠有序数据流相互干扰。甚至在不存在低优先级数据的游戏中，即所有的数据必须可靠传输的情况下，TCP的有序系统也会造成问题。考虑刚才的情景，第一个数据包不是爆炸声音，而是包含给玩家A的聊天信息。聊天信息至关重要，所以必须以某种方式保证接收。此外，聊天信息需要按序处理，因为乱序的聊天信息令人疑惑。但是，聊天信息只需要相对其他聊天信息是有序的就可以了。如果聊天数据包的丢失妨碍了爆头数据包的处理，这不是玩家A所希望的。但是如果游戏使用TCP，就可能会发生这种情况。

3．过时游戏状态的重传。试想一下，玩家B穿越整个地图去射击玩家A。她开始的时候在位置$x=0$，在随后的5秒钟，跑向位置$x=100$。服务器每秒向玩家A发送5个数据包，每个数据包包含玩家B最新位置的x坐标。如果服务器发现这些数据包中的任何一个丢失了，那么都会重传。这意味着当玩家B接近她的最终位置$x=100$时，服务器可能还在重传过时的玩家B接近$x=0$附近的状态数据。这导致玩家A看到的玩家B位置是非常过时的，在收到玩家B靠近的信息之前就已经被射中了。这是玩家A不能接受的用户体验。

除了执行强制的可靠性，使用TCP还有一些其他缺点。尽管拥塞控制有利于防止丢失数据包，但是并非所有的平台都是统一可配置的，有时可能导致你的游戏发送数据包的速度比你期望的要慢。Nagle算法在这里起了非常不好的作用，因为它在将数据包发送出去之前可以延迟长达半秒。事实上，使用TCP作为传输层协议的游戏通常禁用Nagle算法以避免这个问题，虽然同时放弃了它提供的减少数据包数量的优势。

最后，TCP为管理连接和跟踪所有可能被重传的数据分配了很多资源。这些分配通常是由操作系统管理的，游戏需要时很难通过自定义内存管理器的方式跟踪和路由。

另一方面，UDP没有提供TCP所提供的内置可靠性和流量控制。但是，它提供了一张空白画布，你可以根据游戏的需要绘制任何类型的自定义可靠系统。你可以允许发送可靠的和不可靠的数据，或者分离的可靠有序数据流的交错。也可以创建一个系统，在丢包时只发送最新消息，而不是重传丢失的数据。可以自己管理内存，对数据如何分组成网络层数据包进行细粒度的控制。

所有这些都增加了开发和测试的时间。自定义的系统自然不会像TCP那样成熟和没有错误。你可以使用第三方UDP网络库来减少一些这方面的风险和成本，例如RakNet或Photon，尽管这样需要牺牲一些灵活性。此外，使用UDP会增加数据包丢失的风险，因为如前面所描述的，路由器可能被配置为优先丢弃UDP数据包。表7.1总结了这两个协议的区别。

表7.1 TCP和UDP的比较

列	TCP	UDP
可靠性	与生俱来的。所有东西都以发送时的顺序进行传递和处理	没有。需要自定义实现，但是允许细粒度的可靠性
流量控制	如果数据包丢失，将自动降低传输速率	没有。期望时，需要自定义流量和拥塞控制
内存需求	操作系统必须保存所有发送数据的副本，直到数据被确认	自定义实现必须确定什么样的数据需要保存，什么样的数据立即丢弃。内存管理在应用层
路由器优先级	可能优先于UDP数据包	可能在TCP数据包之前被丢弃

在大多数情况下，选择使用哪个传输协议涉及以下问题：游戏发送的每个数据都需要被接收吗，需要以完全有序的方式进行处理吗？如果答案是确定的，那么应该考虑使用TCP。在回合制游戏中往往是这样的。输入的每个数据都需要被其他主机接收并按序处理，所以TCP是最好的选择。

如果TCP不是绝对地完美适合你的游戏，对于大多数游戏都是这种情况，那么应该使用UDP，在其上面的应用层实现可靠系统。这意味着可以使用第三方中间件解决方案，也可以构建自己的自定义系统。本章剩余部分探索如何建立这样一个系统。

7.5 数据包传递通知

如果UDP是适合你的游戏的协议，那么你需要实现一个可靠系统。可靠性的首要要求是，有能力知道数据包是否到达目的地。要做到这一点，你需要创建某种形式的传递通知模块。该模块的任务是帮助高层依赖它的模块将数据包发送到远程主机，然后通知这些模块数据是否到达。它自己不实现重传，而是允许每个依赖模块仅仅重传它决定重传的数据。这是基于UDP的可靠传输所提供灵活性的主要来源，而TCP并不能提供。本节研究`DeliveryNotificationManager`，它是上述模块的一种可能实现，并受《星际围攻：部落》（*Starsiege: Tribes*）的连接管理器启发。`DeliveryNotificationManager`需要完成三件事情：

1．当传输时，必须唯一标识和标记每个发送出去的数据包，这样可以将传递状态与每个数据包关联，并将这个状态以一种有意义的方式传递给依赖模块。

2．在接收端，必须检查传入的数据包，并针对每个它决定处理的数据包发送一个确认。

3．回到发送端，必须处理传入的确认，并通知依赖模块哪个数据包被接收了和哪个数据包被丢弃了。

作为额外的奖励，这个特殊的UDP可靠系统也保证了数据包不会被乱序处理。就是说，如果旧的数据包在新数据包之后到达，DeliveryNotification Manager会假装这个数据包被丢弃，并忽略它。这是非常有用的，因为它防止了更新的数据包中的新数据被包含在旧数据包中的过时数据意外覆盖。这有点超出了DeliveryNotificationManager的目的，但是在这层实现这个功能是非常常见和有效的。

7.5.1　标记传出的数据包

DeliveryNotificationManager需要标记它传输的每个数据包，这样接收端才有办法指定它确认的是哪个数据包。从TCP中借用一个技术，通过给每个数据包分配一个序列号来实现。但是，不像在TCP中，序列号不表示流中的字节数。只是简单地为每个传输的数据包提供一个唯一标识符。

为了使用DeliveryNotificationManager传输数据包，应用程序创建一个OutputMemoryBitStream来保存数据包，然后将其传入Delivery Notification Manager::WriteSequenceNumber()方法，如清单7.1所示。

清单7.1　使用序列号标记数据包

```
InFlightPacket* DeliveryNotificationManager::WriteSequenceNumber(
    OutputMemoryBitStream& inPacket)
{
    PacketSequenceNumber sequenceNumber = mNextOutgoingSequenceNumber++;
    inPacket.Write(sequenceNumber);

    ++mDispatchedPacketCount;

    mInFlightPackets.emplace_back(sequenceNumber);
    return &mInFlightPackets.back();
}
```

WriteSequenceNumber方法写DeliveryNotificationManager下一个传出的序列号给数据包，然后将其加1为下一个数据包做准备。这样，没有两个连续发出的数据包有相同的序列号，每一个都有唯一的标识符。

然后，该方法构建了一个InFlightPacket，并将其添加到mInFlightPackets容器中，跟踪所有尚未被确认的数据包。在后面处理确认和报告传递状态时需要这些InFlightPacket对象。DeliveryNotificationManager使用序列号标记完数据包之后，应用程序写入数据包负载并发送给目的主机。

> 注释：
> PacketSequenceNumber是typedef，这样你可以很容易地改变序列号的比特数。在这个例子中是uint16_t，但是根据计划发送的数据的数量，可以使用更多或更少的比特。目的是在生成序列号时使用尽可能少的比特，并最小化遇到之前回绕生成的有相近序列号的数据包的概率。如果你使用尽可能少的比特数，那么在开发过程中包含一个展开的32位序列号对于调试和验证都是非常有用的。接着在发布版本时，删除多余的序列号。

7.5.2 接收数据包并发送确认

当目的主机收到一个数据包，它给自己的DeliveryNotificationManager的ProcessSequenceNumber()方法发送包含数据包数据的InputMemoryBitStream，如清单7.2所示。

清单7.2 处理传入的序列号

```
bool DeliveryNotificationManager::ProcessSequenceNumber(
    InputMemoryBitStream& inPacket)
{
    PacketSequenceNumber    sequenceNumber;

    inPacket.Read(sequenceNumber);
    if(sequenceNumber == mNextExpectedSequenceNumber)
    {
        //is this expected? add ack to the pending list and process packet
        mNextExpectedSequenceNumber = sequenceNumber + 1;
        AddPendingAck(sequenceNumber);
        return true;
    }
```

```
//is sequence number < current expected? Then silently drop old packet.
else if(sequenceNumber < mNextExpectedSequenceNumber)
{
    return false;
}
//otherwise, we missed some packets
else if(sequenceNumber > mNextExpectedSequenceNumber)
{
    //consider all skipped packets as dropped, so
    //our next expected packet comes after this one ...
    mNextExpectedSequenceNumber = sequenceNumber + 1;
    //add an ack for the packet and process it
    //when the sender detects break it acks, it can resend
    AddPendingAck(sequenceNumber);
    return true;
}
}
```

ProcessSequenceNumber()返回布尔型，指明该数据包应该被处理，还是被完全忽略。这是DeliveryNotificationManager防止乱序处理的方式。mNextExpectedSequenceNumber成员变量记录目的主机应该接收的下一个数据包的序列号。因为每个传输的数据包都有一个连续递增的序列号，所以接收主机很容易预测传入数据包中应该包含什么序列号。鉴于此，当该方法读取序列号时，可能出现三种情况：

- **传入的序列号与期望的序列号一致**。在这种情况下，应用程序应该确认数据包，并处理它。DeliveryNotificationManager应该给它的mNextExpectedSequenceNumber加1。
- **传入的序列号比期望的序列号小**。这可能意味着该数据包比已经到达的数据包老。为了避免乱序操作，主机不应该处理该数据包。也不应该确认这个数据包，因为主机仅仅确认处理的数据包。这里有一种边界情况必须要考虑。如果当前的mNextExpectedSequenceNumber接近PacketSequenceNumber所表示的最大值，并且传入的序列号接近最小值，那么序列号可能已经发生了回绕。根据游戏发送数据包的速度和PacketSequenceNumber使用的比特数，有可能有这种可能性，也可能没有。如果有这种可能性，而且mNextExpectedSequenceNumber和传入的序列号也说明这种情况很有可能发生，那么与下一种情况的处理方式相同。

- **传入的序列号比期望的序列号大**。当一个或多个数据包丢失或延迟时就会发生这种情况。一个不同的数据包最终到达目的主机，但是它的序列号比期望的序列号大。在这种情况下，应用程序还是应该处理这个数据包并确认。与TCP不同，DeliveryNotification Manager没有承诺按序处理每个单独的数据包。它仅仅承诺不乱序处理，并且当数据包丢失时发出报告。这样确认和处理在丢失数据包之后传入的数据包是完全安全的。此外，为了避免处理旧的数据包，DeliveryNotificationManager应该设置它的mNext ExpectedSequenceNumber为最近接收数据包的序列号加1。

> 注释：
>
> 第一种情况和第三种情况实际执行了完全相同的操作。它们在代码中分别被调用，因为它们表明了不同的情况，但是在检查完sequenceNumber≥mNextExpected SequenceNumber之后，可以统一成一种情况。

ProcessSequenceNumber()方法没有直接发送任何确认。相反，它调用AddPendingAck()来跟踪应该发送的确认。这样做是为了提高效率。如果一台主机从另外一台主机收到很多数据包，针对每个传入的数据包都发送一个确认是很低效的。即使是TCP，也允许每隔一个数据包才确认一次。在多人游戏中，在客户端给服务器发送反馈数据之前，服务器可能需要给客户端发送几个MTU大小的数据包。在这种情况下，最好积累所有必要的确认，并将它们放入客户端要发送给服务器的下一个数据包中。DeliveryNotificationManager可以积累几个非连续的确认。为了有效地跟踪和序列化它们，将一个AckRange类型的vector存储在自己的mPending Acks变量中。使用AddPendingAck()代码添加，如清单7.3所示。

清单7.3　添加一个待确认

```
void DeliveryNotificationManager::AddPendingAck(
    PacketSequenceNumber inSequenceNumber)
{
    if(mPendingAcks.size() == 0 ||
       !mPendingAcks.back().ExtendIfShould(inSequenceNumber))
    {
        mPendingAcks.emplace_back(inSequenceNumber);
    }
}
```

AckRange表示要确认的连续序列号的集合。mStart成员变量存储第一个要确认的序列号，mCount成员变量记录要确认的序列号的数量。这样，仅仅当序列中发生中断时，才需要多个AckRange。AckRange的代码如清单7.4所示。

清单7.4 实现AckRange

```cpp
inline bool AckRange::ExtendIfShould
    (PacketSequenceNumber inSequenceNumber)
{
    if(inSequenceNumber == mStart + mCount)
    {
        ++mCount;
        return true;
    }
    else
    {
        return false;
    }
}


void AckRange::Write(OutputMemoryBitStream& inPacket) const
{
    inPacket.Write(mStart);
    bool hasCount = mCount > 1;
    inPacket.Write(hasCount);
    if(hasCount)
    {
        //let's assume you want to ack max of 8 bits...
        uint32_t countMinusOne = mCount - 1;
        uint8_t countToAck = countMinusOne > 255 ?
            255: static_cast<uint8_t>(countMinusOne);
        inPacket.Write(countToAck);
    }
}


void AckRange::Read(InputMemoryBitStream& inPacket)
{
    inPacket.Read(mStart);
    bool hasCount;
    inPacket.Read(hasCount);
    if(hasCount)
    {
        uint8_t countMinusOne;
        inPacket.Read(countMinusOne);
```

```
        mCount = countMinusOne + 1;
    }
    else
    {
        //default!
        mCount = 1;
    }
}
```

ExtendIfShould() 方法检查序列号是否是连续的。如果是，增加计数，并告诉调用者范围扩大了。如果不是，返回错误，这样调用者便知道为不连续的序列号构建一个新的 AckRange。

Write() 和 Read() 方法的工作方式是先序列化开始序列号，再序列化个数。和直接序列化个数不同，这些方法考虑到许多游戏通常一次只确认一个数据包。这样，这些方法使用熵编码来有效地序列化个数，其期望值是1。它们也使用8位整数来序列化个数，假设从来不需要多余的256个确认。事实上，8位对于这个计数已经很多了，所以这个位数还可以再少一些。

当接收端准备发送应答数据包时，在它向输出数据包中写完自己的序列号之后，调用 WritePendingAcks() 来写所有累积的确认。清单7.5显示了 WritePendingAcks()。

清单7.5　写待确认

```
void DeliveryNotificationManager::WritePendingAcks(
    OutputMemoryBitStream& inPacket)
{
    bool hasAcks = (mPendingAcks.size() > 0);
    inPacket.Write(hasAcks);
    if(hasAcks)
    {
        mPendingAcks.front().Write(inPacket);
        mPendingAcks.pop_front();
    }
}
```

因为并不是每个数据包都必须包括确认，所以该方法首先写一个单独的比特来标记是否包括确认。然后向数据包中写一个单独的 AckRange(如果有的话)。这样做是因为数据包丢失是例外，而不是常规，所以通常只有一个待发送的 AckRange。你可以写所有待发送的确认，但是这需要一个额外的标识符来记录 AckRange 的个数，从而增加数据包的大小。最后，你想要一些灵活性，但是还不至于在应答数据包中放入过多的负载。研究游戏的传输模式有助于你设计一个系统在边界情况下足够灵活，同时在平均情况下足够有效。例如，如果你确定游戏中永远不需要一次确认多个数据包，那么你可以完全删掉多确认系统，为每个数据包节省一些比特。

7.5.3 接收确认并传递状态

一台主机一旦发送了一个数据包，它必须监听并相应地处理确认。当预期的确认到达，DeliveryNotificationManager 推断对应的数据包已经正确到达，通知适当的依赖模块发送成功。当预期的确认没有到达，Delivery NotificationManager 推断对应的数据包已经丢失，通知适当的依赖模块交付失败。

> 警告：
> 要注意的是，确认的缺失并不真正表示数据包的丢失。数据可能已经成功到达，但是包含确认的数据包丢失了。原始发送数据的主机没有办法区分这两种情况。在 TCP 中，这不是一个问题，因为重传数据包使用与之前发送时相同的序列号。如果 TCP 模块收到重复的数据包，忽略它即可。
> 对于 DeliveryNotificationManager，不是这样的。因为丢失的数据包不一定被重传，所以每一个数据包都是唯一标识的，序列号不会被重用。这意味着客户端模块可能根据丢失的确认来决定重传一些可靠数据，同时接收端可能已经有这些数据了。在这种情况下，由依赖模块唯一地识别数据本身，以防止重复。例如，如果 ExplosionManager 依赖 DeliveryNotificationManager 通过互联网可靠地发送爆炸数据，它应该唯一标识这个爆炸，保证接收端不会意外地爆炸两次。

为了处理确认和发送状态通知，主机程序使用 ProcessAcks() 方法，如清单 7.6 所示。

清单 7.6　处理确认

```
void DeliveryNotificationManager::ProcessAcks(
    InputMemoryBitStream& inPacket)
{
    bool hasAcks;
    inPacket.Read(hasAcks);

    if(hasAcks)
    {
        AckRange ackRange;
```

```
ackRange.Read(inPacket);
//for each InFlightPacket with seq# < start, handle failure...
PacketSequenceNumber nextAckdSequenceNumber =
  ackRange.GetStart();
uint32_t onePastAckdSequenceNumber =
    nextAckdSequenceNumber + ackRange.GetCount();
while(nextAckdSequenceNumber < onePastAckdSequenceNumber &&
    !mInFlightPackets.empty())
{
    const auto& nextInFlightPacket = mInFlightPackets.front();
    //if the packet seq# < ack seq#, we didn't get an ack for it,
    //so it probably wasn't delivered
    PacketSequenceNumber nextInFlightPacketSequenceNumber =
        nextInFlightPacket.GetSequenceNumber();
    if(nextInFlightPacketSequenceNumber < nextAckdSequenceNumber)
    {
        //copy this so we can remove it before handling-
        //dependent modules shouldn't find it if seeing what's live
        auto copyOfInFlightPacket = nextInFlightPacket;
        mInFlightPackets.pop_front();
        HandlePacketDeliveryFailure(copyOfInFlightPacket);
    }
    else if(nextInFlightPacketSequenceNumber==
      nextAckdSequenceNumber)
    {
        HandlePacketDeliverySuccess(nextInFlightPacket);
        //received!
        mInFlightPackets.pop_front();
        ++nextAckdSequenceNumber;
    }
    else if(nextInFlightPacketSequenceNumber>
      nextAckdSequenceNumber)
    {
        //somehow part of this range was already removed
        //(maybe from timeout) check rest of range
        nextAckdSequenceNumber = nextInFlightPacketSequenceNumber;
    }
}
```

为了处理AckRange，DeliveryNotificationManager必须判断它的InFlight Packet哪些在范围内。因为确认应该被按序接收，所以该方法假设InFlightPacket中序列号比给定范围小的数据包都被丢弃，并报告投递失败。然后报告在范围内的所有数据包投递成功。在任何一个时间都有相当多的数据包在传输，但幸运的是，没有必要检查每个单独的InFlightPacket。因为新的InFlightPacket被添加到mInFlightPackets双端队列中，所有的InFlightPacket已经通过序列号排序。这意味着当AckRange传入时，该方法顺序遍历mInFlightPackets，将每个序列号与AckRange比较。在范围内的第一个数据包之前的所有数据包都被报告为丢失。然后，一旦发现范围内的第一个数据包，报告该数据包投递成功。最后，仅需要报告AckRange中的所有剩余数据包为投递成功，并且退出之前不需要检查任何其他的InFlightPacket。

最后的else-if语句处理以下边界情况：第一个已知的InFlightPacket在AckRange中，但不是在最前面的那个。如果最近确认的数据包之前被报告为丢失，将会发生这种情况。在这种情况下，ProcessAcks()跳转到数据包的序列号，并报告范围内的所有剩余数据包为成功投递。

你可能想知道之前被报告为丢失的数据包之后是如何被确认的。如果确认花费了很长时间才到达，就会发生这种情况。正如TCP中确认不及时的情况下重传数据包一样，DeliveryNotificationManager也会寻找超时的确认。当流量稀疏时这是非常有用的，可能没有不连续的确认来单独标识一个数据包（导致该数据包被报告丢失）。为了检测超时数据包，主机应用程序应该每帧调用ProcessTimedOutPackets()方法，如清单7.7所示。

清单7.7 处理超时数据包

```
void DeliveryNotificationManager::ProcessTimedOutPackets()
{
    uint64_t timeoutTime = Timing::sInstance.GetTimeMS() - kAckTimeout;
    while( !mInFlightPackets.empty())
    {
        //packets are sorted, so all timed out packets must be at front
        const auto& nextInFlightPacket = mInFlightPackets.front();

        if(nextInFlightPacket.GetTimeDispatched() < timeoutTime)
        {
            HandlePacketDeliveryFailure(nextInFlightPacket);
            mInFlightPackets.pop_front();
        }
```

```
        else
        {
            //no packets beyond could be timed out
            break;
        }
    }
}
```

GetTimeDispatched()方法返回InFlightPacket创建时在构造函数中设置的时间戳。因为InFlightPacket是排好序的，所以该方法只需要检查列表前面，直到发现一个没有超时的数据包。在其之后，可以保证传输中所有后续的数据包都没有超时。

为了跟踪和报告已送达的数据包和丢失的数据包，上述方法调用Handle PacketDeliveryFailure()和HandlePacketDeliverySuccess()，如清单7.8所示。

清单7.8　跟踪状态

```
void DeliveryNotificationManager::HandlePacketDeliveryFailure(
    const InFlightPacket& inFlightPacket)
{
    ++mDroppedPacketCount;
    inFlightPacket.HandleDeliveryFailure(this);

}

void DeliveryNotificationManager::HandlePacketDeliverySuccess(
    const InFlightPacket& inFlightPacket)
{
    ++mDeliveredPacketCount;
    inFlightPacket.HandleDeliverySuccess(this);
}
```

这些方法相应地增加mDroppedPacketCount和mDeliveredPacketCount。通过这种方式，DeliveryNotificationManager可以跟踪数据包的投递速率，将来预测数据包丢失率。如果丢失率高，可以通知适当的模块降低传输率，或者模块直接通知用户主机的网络连接可能出错了。Delivery NotificationManager也可以将这些值与mInFlightPackets容器的大小加起来，断言它们等于在WriteSequenceNumber()中增加的mDispatched PacketCount。

上述方法使用了InFlightPacket的HandleDeliveryFailure()方法和

HandleDeliverySuccess()方法，将投递状态通知高层用户模块。为了理解它们是如何工作的，值得看一下InFlightPacket类，如清单7.9所示。

清单7.9 `InFlightPacket`类

```cpp
class InFlightPacket
{
public:
    ....
    void SetTransmissionData(int inKey,
                              TransmissionDataPtr inTransmissionData)
    {
        mTransmissionDataMap[ inKey ] = inTransmissionData;
    }
    const TransmissionDataPtr GetTransmissionData(int inKey) const
    {
        auto it = mTransmissionDataMap.find(inKey);
        return (it != mTransmissionDataMap.end()) ? it->second: nullptr;
    }


    void HandleDeliveryFailure(
        DeliveryNotificationManager* inDeliveryNotificationManager) const
    {
        for(const auto& pair: mTransmissionDataMap)
        {
            pair.second->HandleDeliveryFailure
                (inDeliveryNotificationManager);
        }
    }
    void HandleDeliverySuccess(
        DeliveryNotificationManager* inDeliveryNotificationManager) const
    {
        for(const auto& pair: mTransmissionDataMap)
        {
            pair.second->HandleDeliverySuccess
                (inDeliveryNotificationManager);
        }
    }
private:
    PacketSequenceNumber mSequenceNumber;
    float mTimeDispatched;
    unordered_map<int, TransmissionDataPtr>    mTransmissionDataMap;
};
```

> **小窍门:**
>
> 为了便于说明,将传输数据映射保存在 unordered_map 中是非常清晰、有用的。在 unordered_map 中迭代不是高效的,并且可能导致许多高速缓存缺失的情况。在产品中,如果传输数据的类型少,那么更好的方式是为每个类型配一个专用的成员变量,或者存储在固定数组中,每个类型一个专用的索引。如果需要更多的传输数据类型,那么值得将它们存储在排序向量(vector)中。

每个 InFlightPacket 持有一个 TransmissionData(传输数据) 指针的容器。TransmissionData 是一个抽象类,有自己的 HandleDeliverySuccess() 方法和 HandleDeliveryFailure() 方法。每个通过 DeliveryNotification Manager 发送数据的依赖模块都可以创建自己的 TransmissionData 子类。然后,当模块向数据包的内存流中写可靠数据时,它创建自定义的 Transmission Data 子类的实例,并使用 SetTransmissionData() 方法将其添加到 InFlightPacket 中。当 DeliveryNotificationManager 通知依赖模块数据包的投递成功还是失败时,该模块记录了给定数据包中存储了什么,这样能够允许它做最好的处理。该模块可以根据需要重传某些数据,发送数据的最新版本,或者在应用程序的某个位置更新自定义变量。通过这种方式,Delivery NotificationManager 提供了建立基于 UDP 的可靠系统的坚实基础。

> **注释:**
>
> 每对通信的主机都需要一对自己的 DeliveryNotificationManager。所以在客户端-服务器拓扑中,如果服务器同时与 10 个客户端通信,那么它需要 10 个 DeliveryNotification Manager,每个客户端一个。然后每个客户端主机使用自己的 DeliveryNotification Manager 与服务器通信。

7.6 对象复制可靠性

你可以使用 DeliveryNotificationManager,并通过重传没有到达目的地的任何数据来可靠地发送数据。使用包含数据包中所有发送数据的 Reliable TransmissionData 类来扩展 TransmissionData 即可。然后在 Handle DeliveryFailed() 方法中,创建一个新数据包,并重传所有数据。这非常类似于 TCP 实现可靠性的方法,但是,还没有充分利用 Delivery NotificationManager 的潜能。为了改进相对于 TCP 版本的可靠性,你不需要重传每个丢失的数据,而是仅仅发送丢失数据的最新版本。本节将探索如何扩展第5章的 ReplicationManager,以支持可靠地重传最新数据,这个方法受《星际围攻:部落》(*Starsiege: Tribes*)的 ghost 管理器启发。

第5章的 ReplicationManager 有一个非常简单的接口。依赖它的模块创建一个输出流,准备一个数据包,然后调用 ReplicateCreate()、Replicate Update() 或 ReplicateDestroy() 分别实现创建、更新或销毁一个远程对象。这个方法的问题是 ReplicationManager 不能控制哪个数据包中包含什么数据,也不能记录那些数据。这导致它不能很好地支持可靠性。

为了可靠地发送数据,ReplicationManager 知道携带可靠数据的数据包丢失之后,需要能够重传这些数据。为了支持这一点,主机应用程序需要定期询问 ReplicationManager,提供给它一个待发的数据包,并询问它是否有数据想要写入到这个数据包。这样,每当 ReplicationManager 知道丢失了可靠数据时,它可以向被提供的这个数据包中写任何数据。主机可以根据估计的带宽、数据包丢失率或者任何其他启发信息,选择给 ReplicationManager 提供数据包的频率。

值得进一步扩展这个机制,并考虑如果这样会怎样,即 ReplicationManager 仅在向其周期性地提供一个待发送数据包让其填充的时候才向数据包写入数据。这意味着每当有改变的数据要复制,不是由游戏系统创建一个数据包,而是将该数据通知给 ReplicationManager,由 Replication Manager 负责在下次有机会时写数据。这很好地创建了游戏系统和网络代码之间的另一层抽象。游戏代码不再需要创建数据包或关心网络。相反,它仅仅通知 ReplicationManager 重要的改变,ReplicationManager 负责定期向数据包中写入这些变化。

这也恰好为最新的可靠性创建了完美的路径。考虑三种基本请求:创建、更新和销毁。当游戏系统为目标对象发送一个复制命令给 Replication Manager 时,ReplicationManager 可以使用这个命令和对象向待发送的数据包写入合适的状态数据。然后它将该复制命令、目标对象指针和写入的状态位作为传输数据存储在相应的 InFlightPacket 中。如果 Replication Manager 知道数据包丢了,它可以找到匹配的 InFlightPacket,查找最初写数据包时使用的命令和对象,然后使用同样的命令、对象和状态位向新数据包中写新数据。相比于 TCP,这是一个巨大的提升,因为 Replication Manager 并不使用原始的、可能过时的数据来写新数据包,而是使用目标对象的最新状态,可能比原始数据包中的状态要新半秒钟。

为了支持这样一个系统，ReplicationManager需要提供一个接口，允许游戏系统批量发送复制请求。对于每一个游戏对象，游戏系统可以批量创建、更新一组属性，或者销毁。ReplicationManager跟踪每个对象的最新复制命令，这样每当被提供一个数据包时可以写恰当的复制数据。它在mNetworkReplicationCommand中存储这些ReplicationCommand，mNetworkReplicationCommand是一个成员变量，存储从对象的网络标识符到该对象最新命令的映射。清单7.10展示了批量处理的接口和ReplicationCommand本身的内部运作。

清单7.10　批量处理复制命令

```
void ReplicationManager::BatchCreate(
    int inNetworkId, uint32_t inInitialDirtyState)
{
    mNetworkIdToReplicationCommand[inNetworkId] =
        ReplicationCommand(inInitialDirtyState);
}


void ReplicationManager::BatchDestroy(int inNetworkId)
{
    mNetworkIdToReplicationCommand[inNetworkId].SetDestroy();
}


void ReplicationManager::BatchStateDirty(
    int inNetworkId, uint32_t inDirtyState)
{
    mNetworkIdToReplicationCommand[inNetworkId].
        AddDirtyState(inDirtyState);
}


ReplicationCommand::ReplicationCommand(uint32_t inInitialDirtyState):
    mAction(RA_Create), mDirtyState(inInitialDirtyState) {}


void ReplicationCommand::AddDirtyState(uint32_t inState)
{
    mDirtyState |= inState;
}


void ReplicationCommand::SetDestroy()
{
    mAction = RA_Destroy;
}
```

批量化创建命令（译者注：将该命令放入批处理任务）是将对象的网络标识符映射到ReplicationCommand，其包括创建动作和用于指定应该复制的所有属性的状态位，如第5章中所描述的。批量化更新命令将附加脏状态位和原有脏状态位进行二进制或（OR）操作，这样ReplicationManager知道要复制更改的数据。每当游戏系统更改需要被复制的数据时，都应该批量发送更新请求。最后，批量化销毁命令是根据对象的网络标识符找到对应的ReplicationCommand，并设置它的动作为销毁。需要注意的是，如果一个对象设置了销毁处理，那么该命令取代了之前所有的批量处理命令，因为在这个最新状态的机制中，给已经销毁的对象发送状态更新是没有任何意义的。一旦这些命令被加入批处理，ReplicationManager使用WriteBatchedCommands()方法填写被提供的下一个数据包，如清单7.11所示。

清单7.11 写批量处理命令

```
void ReplicationManager::WriteBatchedCommands(
    OutputMemoryBitStream& inStream, InFlightPacket* inFlightPacket)
{
    ReplicationManagerTransmissionDataPtr repTransData = nullptr;
    //run through each replication command and rep if necessary

        for(auto& pair: mNetworkIdToReplicationCommand)
        {
            ReplicationCommand& replicationCommand = pair.second;
            if(replicationCommand.HasDirtyState())
            {
                int networkId = pair.first;
                GameObject* gameObj =
                    mLinkingContext->GetGameObject(networkId);
                if(gameObj)
                {
                    ReplicationAction action =
                        replicationCommand.GetAction();
                    ReplicationHeader rh(action, networkId,
                                    gameObj->GetClassId());
                    rh.Write(inStream);

                    uint32_t dirtyState =
                        replicationCommand.GetDirtyState();
                    if(action == RA_Create || action == RA_Update)
                    {
```

```
                            gameObj->Write(inStream, dirtyState);
                    }
                    //create transmission data if we haven't yet
                    if(!repTransData)
                    {
                        repTransData =
                    std::make_shared<ReplicationManagerTransmissionData>(
                            this);
                        inFlightPacket->SetTransmissionData
                            ('RPLM',repTransData);
                    }
                    //now store what we put in this packet and clear state
                    repTransData->AddReplication(networkId, action,
                                                dirtyState);
                    replicationCommand.ClearDirtyState(dirtyState);
                }
            }
        }
    }
    void ReplicationCommand::ClearDirtyState(uint32_t inStateToClear)
    {
        mDirtyState &= ~inStateToClear;
        if(mAction == RA_Destroy)
        {
            mAction = RA_Update;
        }
    }
    bool ReplicationCommand::HasDirtyState() const
{
    return (mAction == RA_Destroy) || (mDirtyState != 0);
}
```

WriteBatchedCommand()以循环遍历复制命令映射开始。如果它发现一个带有批量命令的网络标识符（这个批量命令指的是脏状态位非零或者被标记为销毁动作），就会写入ReplicationHeader和状态，正如第5章中所做的。然后，如果它还没有创建ReplicationTransmissionData的实例，那么就创建一个，并将其添加到InFlightPacket。它并非在方法的一开始就这样做，而是在它确定有要复制的状态时才进行此操作。然后它向传输数据中追加网络标识符、复制动作和脏状态位，这样对于向数据包中写入了哪些数据就有了一个完整的记录。最后，在复制命令中清除脏状态位，避免再次复制数据，直到它改变为止。在调用的最后，该数据包包括高层游戏系统已经批量请求的所有复制数据,InFlightPacket中包括在复制中所用信息的记录。

当ReplicationManager从DeliveryNotificationManager获知数据包的命运时,它使用以下两种方法中的一种作为响应,这两种方法如清单7.12所示。

清单7.12 响应数据包投递状态通知

```
void ReplicationManagerTransmissionData::HandleDeliveryFailure(
    DeliveryNotificationManager* inDeliveryNotificationManager) const
{
    for(const ReplicationTransmission& rt: mReplications)
    {
        int networkId = rt.GetNetworkId();
        GameObject* go;
        switch(rt.GetAction())
        {
            case RA_Create:
                {
                    //recreate if not destroyed
                    go = mReplicationManager->GetLinkingContext()
                        ->GetGameObject(networkId);
                    if( go )
                    {
                        mReplicationManager->BatchCreate(networkId,
                                            rt.GetState());
                    }
                }
                break;
            case RA_Update:
                go = mReplicationManager->GetLinkingContext()
                    ->GetGameObject(networkId);
                if(go)
                {
                    mReplicationManager->BatchStateDirty(networkId,
                                        rt.GetState());
                }
                break;
            case RA_Destroy:
                mReplicationManager->BatchDestroy(networkId);
                break;
        }
    }
}
```

```
}

void ReplicationManagerTransmissionData::HandleDeliverySuccess
  (DeliveryNotificationManager* inDeliveryNotificationManager) const
{
    for(const ReplicationTransmission& rt: mReplications)
    {
        int networkId = rt.GetNetworkId();
        switch(rt.GetAction())
        {
            case RA_Create:
                //once ackd, can send as update instead of create
                mReplicationManager->HandleCreateAckd(networkId);
                break;
            case RA_Destroy:
                mReplicationManager->RemoveFromReplication(networkId);
                break;
        }
    }
}
```

HandleDeliveryFailure() 实现了最新可靠性的真正魔法。如果丢失的
数据包包括创建命令，那么它重新将创建命令加入批处理。如果包括状态
更新命令，那么它将相应的状态标记为脏，这样在下一次机会时就会发送
新状态值。最后，如果包含销毁命令，那么它重新将销毁命令加入批处理。
在成功投递的情况下，HandleDeliverySuccess() 处理一些日常任务。如
果该数据包包括创建命令，它将这个创建命令改为更新命令，这样下一次
游戏系统标记该对象的状态为脏时，它就不会被再创建一次。如果该数据
包包含销毁命令，该方法从mNetworkIdToReplicationCommandMap中删
除相应的网络标识符，因为游戏不会再发送该对象的复制命令了。

根据传输中的数据包优化

针对ReplicationManager，有一个显著的优化值得实现，这是再一次受《星
际围攻：部落》(*Starsiege: Tribes*) ghost 管理器的启发。考虑以下情况，一
辆车在游戏世界中行驶1秒。如果服务器以每秒20次的频率给客户端可靠地
发送状态，每个数据包将包括汽车行驶的不同位置。如果在0.9秒时发送的
数据包丢失了，那么可能在200毫秒后，服务器的ReplicationManager才
意识到并尝试重传新数据。到那个时候，汽车已经停止了。因为在汽车行驶

时服务器在不断发送更新，所以已经有包含汽车新位置的新数据包在给客户端发送的途中。所以当包含最新数据的数据包已经在给客户端发送的途中时，服务器重传汽车的当前位置是浪费的。如果有其他方式让 Replication Manager 知道途中的数据，那么它就能避免发送多余的状态。幸运的是，的确有办法。当 ReplicationManager 首先知道丢失的数据时，搜索 Delivery NotificationManager 中的 InFlightPackets 列表，并检查存储在每个 InFlightPackets 中的 ReplicationTransmissionData。如果针对给定的对象和属性，它看到状态数据已经在传输途中，那么它便知道不需要重传这个数据了，该数据已经在路上了。清单 7.13 为 HandleDeliveryFailure() 方法改进了对 RA_Update 的处理。

清单 7.13　避免多余的重传

```cpp
void ReplicationManagerTransmissionData::HandleDeliveryFailure(
    DeliveryNotificationManager* inDeliveryNotificationManager) const
{
    ...
    case RA_Update:
        go = mReplicationManager->GetLinkingContext()
            ->GetGameObject(networkId);
        if(go)
        {
            //look in all in flight packets,
            //remove written state from dirty state
            uint32_t state = rt.GetState();
            for(const auto& inFlightPacket:
                inDeliveryNotificationManager->GetInFlightPackets())
            {
                ReplicationManagerTransmissionDataPtr rmtdp =
                std::static_pointer_cast
                    <ReplicationManagerTransmissionData>(
                    inFlightPacket.GetTransmissionData('RPLM'));
                if(rmtdp)
                {
                    for(const ReplicationTransmission& otherRT:
                        rmtdp->mReplications )
                    {
                        if(otherRT.GetNetworkId() == networkId)
                        {
                            state &= ~otherRT.GetState();
                        }
                    }
                }
```

```
                }
            }
            //if there's still any dirty state, rebatch it
            if( state )
            {
                mReplicationManager->BatchStateDirty(networkId, state);
            }
        }
        break;
    ...
}
```

这个改进首先捕捉原复制中的脏状态。接着，它循环遍历存储在 Delivery NotificationManager 中的每个 InFlightPacket。在每个数据包中，尝试找到 ReplicationManager 对应的传输数据条目。如果找到了，在所包含的 ReplicationTransmission 中搜索。对于每个复制数据，如果网络标识符与丢失的复制数据的标识符一致，那么在原来的脏位中取消该数据所包含的状态位。这样，ReplicationManager 避免了重传在途状态。在该方法已经检查完所有数据包时，如果最终的脏状态位是空的，那么就不需要将复制更新加入批处理了。

上述优化在每次数据包丢失时，都需要相当多处理。但是，鉴于通常情况下丢包是低频率的事件，同时带宽往往比处理能力更宝贵，所以这样做是有利的。与往常一样，根据你的游戏的具体情况来权衡。

7.7 模拟真实世界的条件

在真实世界中等待你的游戏的是恶劣的环境，所以创建一个测试环境来适当地模拟延迟、抖动和数据包丢失是非常重要的。你可以设计一个测试模块来放在套接字和游戏其他部分之间，并模拟真实世界环境。为了模拟数据包丢失，先确定你想模拟的丢包率。然后，当数据包来到，使用随机数来决定丢弃这个数据包还是将其传给应用程序。为了模拟延迟和抖动，需要决定测试的平均延迟和抖动分布。当数据包到达，计算在真实世界中它应该到达的时间，加入在该时间点上其应有的延迟和抖动。然后，不是马上发送数据包给游戏去处理，而是用模拟的到达时间标记这个数据包，并将其插入到数据包的有序列表中（译者注：按模拟到达时间排序）。最后，游戏的每一帧检查有序列表，仅仅处理那些模拟到达时间小于当前时间的数据包。清单7.14给出了如何实现的示例代码。

清单7.14　模拟数据包丢失、延迟和抖动

```
void RLSimulator::ReadIncomingPacketsIntoQueue()
{
    char packetMem[1500];
    int packetSize = sizeof(packetMem);
    InputMemoryBitStream inputStream(packetMem, packetSize * 8);
    SocketAddress fromAddress;

    while(receivedPackedCount < kMaxPacketsPerFrameCount)
    {
        int cnt = mSocket->ReceiveFrom(packetMem, packetSize, fromAddress);
        if(cnt == 0)
        {
            break;
        }
        else if(cnt < 0)
        {
            //handle error
        }
        else
        {
            //now, should we process the packet?
            if(RoboMath::GetRandomFloat() >= mDropPacketChance)
            {
                //we made it, queue packet for later processing
                float simulatedReceivedTime =
                    Timing::sInstance.GetTimef() +
                    mSimulatedLatency +
                    (RoboMath::GetRandomFloat() - 0.5f) *
                    mDoubleSimulatedMaxJitter;
                //keep list sorted by simulated receive time
                auto it = mPacketList.end();
                while(it != mPacketList.begin())
                {
                    --it;
                    if(it->GetReceivedTime() < simulatedReceivedTime)
                    {
                        //time comes after this element, so inc and break
                        ++it;
                        break;
                    }
                }
                mPacketList.emplace(it, simulatedReceivedTime,
                                inputStream, fromAddress);
```

```
            }
        }
    }
}

void RLSimulator::ProcessQueuedPackets()
{
    float currentTime = Timing::sInstance.GetTimef();
    //look at the front packet...
    while(!mPacketList.empty())

    {
        ReceivedPacket& packet = mPacketList.front();
        //is it time to process this packet?
        if(currentTime > packet.GetReceivedTime())
        {
            ProcessPacket(packet.GetInputStream(),
                packet.GetFromAddress());
            mPacketList.pop_front();
        }
        else
        {
            break;
        }
    }
}
```

> **小窍门：**
> 为了更精确地模拟，考虑加入这样一个事实，数据包的丢失或延迟往往相继发生。
> 当随机决定一个数据包应该丢弃时，你可以使用另外一个随机数来决定它影响了后
> 面多少个数据包。

7.8　总结

对于多人游戏，真实世界是一个可怕的地方。玩家想让他们的输入得到即
时反馈，但是真实环境做不到这一点。即使没有网络元素，视频游戏也必
须处理许多来源的延迟，包括输入采样延迟、渲染延迟和显示延迟。随着
物理网络的加入，多人游戏也必须处理来自传播、传输、处理和排队等各
方面的延迟。作为游戏开发者，有许多种方法降低这些延迟，但是它们可
能非常昂贵并超出了你的游戏范围。

波动的网络状况导致数据包迟到、乱序或者丢失。为了建立一个愉快的游戏体验，你需要一定程度的可靠传输来缓解上述问题。保证可靠传输的一种方式是使用TCP传输协议。尽管TCP是一个久经考验的完整的可靠性解决方案，它仍然有几个缺点。它适用于所有数据都需要绝对可靠传输的游戏，但是不适用于更在意最新数据而不是绝对可靠数据的游戏。对于这些游戏，鉴于UDP能提供的灵活性，它是最好的选择。

当使用UDP时，你有能力和需求来建立自己的自定义可靠传输层。它的基础通常是一个通知系统，当数据包成功到达或者丢失时通知你的游戏。通过记录每个数据包中的数据，随后游戏可以决定在收到数据包状态时进行什么操作。

在投递通知系统之上，你可以建立各种各样的可靠模块。一个常见的模块会在数据包丢失时重传最新的对象状态，类似于《星际围攻：部落》（*Starsiege: Tribes*）的ghost管理器。它通过跟踪每个数据包中发送的状态来实现，然后在收到丢失数据包通知时，重传不在传输途中的所有适当状态的最新版本。

将你的可靠系统暴露在真实世界的残酷环境之前，在可控的环境中做测试是非常重要的。使用随机数生成器和传入数据包缓冲区，你可以建立一个系统来模拟数据包丢失、延迟和抖动。接着你可以看到构建的可靠系统和整个游戏平台在模拟的不同网络状况下的情况。

一旦你已经处理了现实世界中的底层问题，你就可以开始思考上层的延迟问题了。第8章将解决尽可能给网络玩家带来无滞后体验的挑战。

7.9 复习题

1. 非网络延迟的5个过程是什么？
2. 网络延迟的四种因素是什么？
3. 给出一种方法来降低每种网络延迟。
4. RTT表示什么？它是什么意思？
5. 抖动是什么？导致抖动的原因有哪些？
6. 扩展DeliveryNotificationManager::ProcessSequenceNumber()，使其能正确处理序列号回绕到0的情况。
7. 扩展DeliveryNotificationManager，使得在DeliveryNotificationManager决定哪些数据包过时被丢失之前，在同一帧接收的所有数据包都被缓存并排序。

8．解释一下，`ReplicationManager` 如何使用 `DeliveryNotification Manager` 提供比 TCP 更好的可靠性，并为丢失的数据包发送最新数据。

9．使用 `DeliveryNotificationManager` 和 `ReplicationManager` 实现一个两玩家的追拍游戏。模拟真实世界情况来看看你的设计对数据包丢失、延迟和抖动的包容度。

7.10　延伸的阅读资料

Almes, G., S. Kalidindi, and M. Zekauskas. (1999, September). A One-Way Delay Metric for IPPM.

Carmack, John (2012, April). Tweet.

Carmack, John (2012, May). Transatlantic ping faster than sending a pixel to the screen?

Frohnmayer, Mark and Tim Gift (1999). The TRIBES Engine Networking Model.

Hauser, Charlie (2015, January). NA Server Roadmap Update: Optimizing the Internet for League and You.

Paxson, V., G. Almes, J. Mahdavi, and M. Mathis. (1998, May). Framework for IP Performance Metrics.

Savage, Phil (2015, January). Riot Plans to Optimise the Internet for League of Legends Players.

Steed, Anthony and Manuel Fradinho Oliveira. (2010). Networked Graphics. Morgan Kaufman.

第8章 改进的延迟处理

作为一名多人游戏开发者，延迟是你的天敌。你的任务是让遍布全国的玩家在玩游戏时感觉他们就在街的两侧。本章探讨一些方法来实现这一点。

8.1 沉默的客户终端

谈到客户端-服务器网络拓扑，Tim Sweeney曾经写过一句著名的话"服务器就是那个人"。他指的是在*Unreal*的网络系统中，服务器是唯一拥有真实和正确游戏状态的主机。这是所有反欺骗客户端-服务器设置的一个传统需求：服务器是唯一运行最重要模拟的主机。这意味着一个玩家产生动作到这个玩家观察到该动作导致的真实游戏状态，总有一些延迟。图8.1通过展示一个数据包的往返过程来说明这一点。

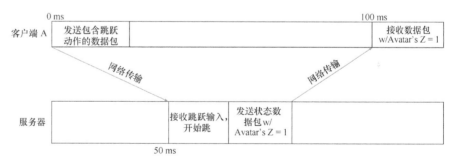

图8.1 数据包往返过程

在这个例子中，客户端A和服务器之间的往返时间是100毫秒。在0时刻，客户端A上玩家A的虚拟人在休息，Z轴的位置是0。接着玩家A按下了跳跃按钮。假设延迟大致是对称的，那么需要往返时间的一半，即50毫秒，携带玩家A输入的数据包到达服务器。当服务器收到输入，开始执行玩家的跳跃动作，并设置玩家A虚拟人的Z轴位置是1。服务器发送新的状态，该状态再需要另一半往返时间，即50毫秒，到达客户端A。客户端A根据服务器发来的状态更新虚拟人的Z轴位置，并显示在屏幕上。所以最后，在按下跳跃按钮之后的100毫秒，玩家A才能看到跳跃动作的结果。

从这个例子中，可以总结出一个有用的结论：运行在服务器上的真实模拟通常比远程玩家感觉到的真实模拟早半个往返时间。换句话说，如果玩家观察的仅仅是服务器复制给客户端的真实模拟状态，那么玩家对游戏世界状态的感知至少比服务器的真实世界状态晚半个往返时间。根据网络流量、物理距离和中间硬件不同，这个时间可以高达100毫秒或者更多。

尽管输入和响应之间有明显的延迟，早期的多人游戏就仅仅使用这种实现方式。最初的《雷神之锤》（*Quake*）就是有着这样输入延迟的一个游戏。在《雷神之锤》和那个时期的许多其他客户端-服务器游戏中，客户端给服务器发送输入，然后服务器运行模拟并返回给客户端显示。这些游戏中的客户端被称为**沉默的终端**（dumb terminal），因为它们并不需要对模拟有任何了解，唯一的目的就是发送输入，接收结果状态，并把它显示给用户。因为它们仅仅显示服务器发出的状态，所以绝对不会显示给用户错误的状态。尽管有些延迟，但是沉默的终端显示给用户的所有状态都是在那个时间点附近绝对正确的状态。因为整个系统的状态总是一致和正确的，所以这种网络方法被称为**保守算法**（conservative algorithm）。以用户能感受到延迟为代价，保守算法至少是绝对正确的。

除了能感觉到延迟，单纯的沉默终端还存在另外一个问题。图8.2继续玩家A跳跃的例子。

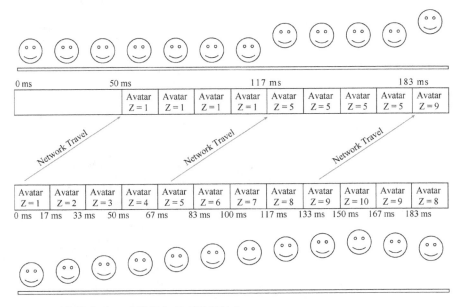

图8.2 以每秒发送15个数据包处理跳跃输入

鉴于高性能的GPU，客户端A能以每秒60帧运行。服务器也能以每秒60帧运行。但是由于服务器和客户端A之间的连接带宽限制，服务器只能以每秒更新15次的频率发送状态。假设玩家在开始跳跃时每秒向上移动60个单位，服务器以每帧1个单位的频率平滑地增加Z轴的位置。但是，服务器每4帧给客户端发送一个状态。当客户端A接收到这个状态时，更新玩家A虚拟人的Z轴位置，但是同一个Z轴位置必须被渲染4帧，直到有服务器传来的新状态。这意味着玩家A在4帧内看到的是同一幅画面。即使玩家在GPU上花费了很多金钱使得渲染速度达到每秒60帧，但是由于网络的限制，她只能得到每秒15帧的体验。这让玩家很不愉快。

还有第三个问题。除了造成一般的反应迟钝的感觉，这种类型的延迟在第一人称射击类游戏中会导致很难瞄准目标。如果没有玩家位置的最新信息，那么指出瞄准的位置就是一个令人很不愉快的挑战。想象一下，玩家扣动扳机，由于敌人的位置是100毫秒之前的，所以没有击中，对于玩家来讲是多么令人沮丧的体验。这类体验如果过于频繁，玩家可能就会换游戏了。

当构建客户端-服务器游戏时，延迟的问题是不能避免的。但是，你可以降低延迟在玩家体验上的影响，下面的内容将探讨一些多人游戏用于处理延迟的常用方法。

8.2 客户端插值

来自服务器不频繁的状态更新带来的跳跃结果让玩家感觉他们的游戏运行速度比实际慢。缓解这个问题的一种方法是通过**客户端插值**（client side interpolation）。当使用客户端插值时，客户端游戏不是自动将对象移动到服务器发送来的新位置。而是每当客户端收到一个对象的新状态时，它使用被称为**本地感知过滤器**（local perception filter）的方法根据时间平滑地插值到这个状态。图8.3展示了这个时间轴。

让IP表示以毫秒为单位的**插值周期**（interpolation period），即客户端从旧状态插值到新状态需要的时间。让PP表示以毫秒为单位的**数据包周期**，即服务器在发送两个数据包之间需要等待的时间。在数据包到达之后IP毫秒时，客户端完成到这个数据包状态的插值。这样，如果IP小于PP，那么客户端在新数据包到达之前将停止插值，玩家仍然会感觉到卡顿。为了保证客户端的状态每帧都平滑地变化，插值不应该停止，则IP不能小于PP。通过这种方式，每当客户端完成插值到一个给定状态，它都已经接收到了下一个状态，并再一次启动这个过程。

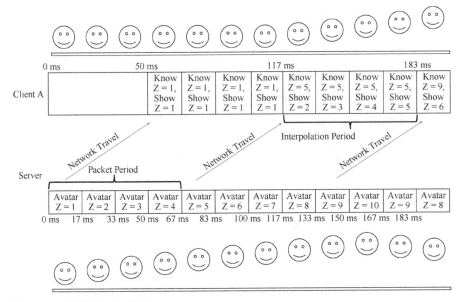

图8.3 客户端插值的时间轴

记住没有插值的沉默终端始终比服务器滞后半个RTT。如果状态到达了，但是客户端没有马上显示这个状态，那么在玩家看来游戏会更加滞后。使用客户端插值的游戏给玩家展示的状态比服务器上的真实状态滞后大约1/2 RTT + IP毫秒。这样，为了最小化延迟，IP应该尽可能小。考虑到为避免玩家感到卡顿，同时IP必须大于或等于PP的事实，这意味着IP应该正好等于PP。

服务器可以通知客户端它打算发送数据包的频率，或者客户端凭经验根据数据包到达的频率计算PP。注意，服务器应该根据带宽，而不是延迟，来设置数据包周期。服务器可以根据它认为的客户端和服务器之间的网络情况来以尽可能高的频率发送数据包。这意味着使用客户端插值方式的游戏玩家感知到的延迟是网络延迟和网络带宽综合的一个因素。

继续之前的例子，如果服务器每秒发送15个数据包，数据包周期是66.7ms。这意味着在已经50ms的1/2 RTT上又加了66.7ms。但是，带有插值的游戏比没有插值的游戏看起来更平滑，使得玩家的体验更愉快，这样延迟就没那么重要了。

这里允许玩家操纵摄像机的游戏有一个潜在的优势，就是帮助减少额外的延迟感。如果摄像机的姿势对于游戏模拟不重要，那么游戏可以在客户端完全处理它。走动和射击需要客户端与服务器进行一次往返交换，因为它们直接影响游戏模拟。仅仅操纵摄像机则不会通过任何方式影响到模拟，并且即使影响到了，客户端也可以立即更新渲染器的视角变换，而不需要等待服务器的响应。当玩家移动摄像机时，本地处理摄像机交互的方法可以给玩家提供即时反馈。该方法结合平滑的插值可以帮助减轻许多与增加的延迟相关的不愉快感。

客户端插值仍然被认为是一个保守算法：尽管它有时表示的状态不完全是服务器复制过来的，仅仅是服务器真正模拟的两个状态之间的状态。客户端平滑状态之间的变换，但是从来没有猜测服务器正在做什么，因此不会得到一个错得离谱的状态。并不是所有的方法都是这样，正如下一节中所介绍的。

8.3 客户端预测

客户端插值使得玩家的体验更加平滑，但是仍然不能让客户端状态更接近服务器实际发生的状态。即使是微小的插值周期，玩家看到的状态仍然滞后至少半个RTT。为了展示更近的游戏状态，你的游戏需要从插值转为推测。通过推测法，客户端可以接收略旧的状态，并在显示给玩家之前推测近似的最新状态。这种推测（译者注：也称为外推）技术通常被称为**客户端预测**（client side prediction）。

为了推测当前的状态，客户端必须能运行与服务器相同的模拟代码。当客户端收到一个状态更新，它知道该更新是1/2 RTT之前的。为了使得状态更近，客户端只需运行额外1/2 RTT的模拟。接着，当客户端给玩家显示结果时，就会更接近服务器当前模拟的真正游戏状态。为了保持这种近似，客户端继续每帧运行模拟，并将结果显示给玩家。最终，客户端收到来自服务器的下一个状态数据包，内部运行额外1/2 RTT的模拟得到新状态，此刻理想情况是该新状态与客户端根据上一次接收状态计算得到的当前状态完全一致。

为了执行1/2 RTT的推测，客户端必须首先能够粗略估计RTT。因为服务器和客户端的时钟不一定同步，最简单的方法，即服务器给数据包打上时间戳，然后客户端检查时间戳的年龄（译者注：即从其生成到客户端接收到的时间），是不可行的。相反，客户端必须计算整个RTT，然后除以2。图8.4展示了具体的操作。

客户端给服务器发送一个包含基于客户端本地时钟的时间戳的数据包。接收到这个数据包时，服务器复制该时间戳到新的数据包，并发送回客户端。当客户端收到这个新数据包时，它根据自己的时钟，从当前的时间中减去旧的时间戳。这样就得到了客户端首次发送数据包到收到响应之间的确切时间——RTT的定义。根据该信息，客户端大概知道了数据包中剩余数据的年龄，并使用该信息外推其所包含的状态。

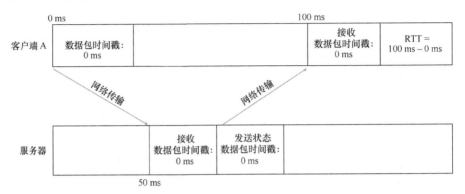

图8.4　计算RTT

在第6章中讨论的机器猫行动游戏中，客户端已经给服务器发送了带有时间戳的动作，所以服务器在收到状态时，只需给客户端发送最新动作中的时间戳。清单8.1显示了`NetworkManagerServer`的改动来进行该操作。

> **警告：**
>
> 记住1/2 RTT只是数据年龄的近似值。两个方向上的传输速度不一定一样，所以从服务器到客户端的真实传输时间可能比1/2 RTT大，也可能比1/2 RTT小。不管怎样，对于大部分实时游戏来说，1/2 RTT已经是一个足够好的近似。

清单8.1　给客户端返回客户端时间戳

```
void NetworkManagerServer::HandleInputPacket(
  ClientProxyPtr inClientProxy,
  InputMemoryBitStream& inInputStream)
{
  uint32_t moveCount = 0;
  Move move;
  inInputStream.Read(moveCount, 2);
  for(; moveCount > 0; --moveCount)
  {
    if(move.Read(inInputStream))
    {
      if(inClientProxy->GetUnprocessedMoveList().AddMoveIfNew(move))
      {
        inClientProxy->SetIsLastMoveTimestampDirty(true);
```

```
        }
      }
    }
}


bool MoveList::AddMoveIfNew(const Move& inMove)
{
  float timeStamp = inMove.GetTimestamp();
  if(timeStamp > mLastMoveTimestamp)
  {
    float deltaTime = mLastMoveTimestamp >= 0.f?
      timeStamp - mLastMoveTimestamp: 0.f;
    mLastMoveTimestamp = timeStamp;
    mMoves.emplace_back(inMove.GetInputState(), timeStamp, deltaTime);
    return true;
  }
  return false;
}


void NetworkManagerServer::WriteLastMoveTimestampIfDirty(
  OutputMemoryBitStream& inOutputStream,
  ClientProxyPtr inClientProxy)
  {
    bool isTimestampDirty = inClientProxy->IsLastMoveTimestampDirty();
    inOutputStream.Write(isTimestampDirty);
    if(isTimestampDirty)
    {
    inOutputStream.Write(
      inClientProxy->GetUnprocessedMoveList().GetLastMoveTimestamp());
    inClientProxy->SetIsLastMoveTimestampDirty(false);
  }
}
```

对于每个到达的输入数据包，服务器调用HandleInputPacket，针对数据包中的每个移动，HandleInputPacket调用移动列表的AddMoveIfNew。AddMoveIfNew检查每个移动的时间戳，看是否比最近收到的移动更新。如果是，将该移动添加到移动列表中，并更新列表的最新时间戳。一旦AddMoveIfNew添加了新移动，HandleInputPacket便将最新的时间戳标记为脏，这样NetworkManager就知道该时间戳应该发送给客户端。当NetworkManager需要给客户端发送数据包时，它检查该客户端的时间戳是否为脏。如果是，它将移动列表缓存的时间戳写入数据包。当另一端的客户端收到该时间戳，它从自己的当前时间中减去该时间戳，得到了从它给服务器发送它的输入到收到对应响应的确切时间度量。

8.3.1 航位推测法

游戏模拟的大多数方面都是确定性的，所以客户端只需通过执行服务器模拟代码的副本来模拟。子弹在服务器和客户端上以相同的方式在空中飞。球在墙壁和地板之间反弹，遵循相同的重力定律。如果客户端有 AI 代码的副本，那么它甚至可以模拟 AI 驱动的游戏对象，来保持与服务器的同步。但是，有一类对象是完全不确定的，并且是不可能完美模拟的：人类玩家。客户端没有办法知道远程玩家在想什么，他们将发起什么行为，或者将要移动到哪里。这给预测方法造成了麻烦。在这种情况下，客户端最好的解决方案是先做一个经过训练的猜测，然后当来自服务器的更新到达时，如有必要就更正该猜测。

在网络游戏中，**航位推测法**（dead reckoning）是基于实体继续做当前正在做的事情这一假设，进行实体行为预测的过程。如果这是一个奔跑的玩家，意味着假设玩家会保持相同方向奔跑。如果这是一架转弯的飞机，意味着假设它会继续转弯。

当被模拟的对象被玩家控制时，航位推测需要运行与服务器相同的模拟，但是模拟过程中玩家输入是不变的。这意味着除了复制被玩家控制的对象外，为了计算将来的位置，服务器必须复制用于模拟的所有变量。这包括速度、加速度、跳跃状态或者更多，取决于你的游戏细节。

只要远程玩家不断地做当前正在做的事情，航位推测就能保证客户端游戏能够准确预测当前服务器上的真实世界状态。但是，当远程玩家采取了意外行动，客户端模拟就会与真实状态产生分歧，必须被纠正。因为航位推测并没有获取所有数据，而是对服务器上的行为做了假设，所以航位模拟被认为是不保守的算法，称为**乐观算法**（optimistic algorithm）。它希望做到最好，能猜对大部分情况，但是有时是完全错误的，必须纠正。图 8.5 展示了这个过程。

假设 RTT 为 100ms，帧率是 60 帧/秒。在 50ms 的时候，客户端 A 收到信息：玩家 B 在位置（0，0），正沿着 X 轴的正方向以每毫秒 1 个单位的速度奔跑。因为该状态滞后 1/2 RTT，所以它模拟玩家 B 继续以该速度奔跑 50ms，然后显示玩家 B 的位置为（50，0）。然后，在等待下一个状态数据包的四帧中，客户端 A 继续每帧模拟玩家 B 的奔跑。在第 4 帧，即 117ms 时，它已经预测玩家 B 应该位于（117，0）。接着，客户端 A 收到来自服务器的数据包，得到玩家B的速度是（1，0），位置是（67，0）。客户端继续向前模拟1/2 RTT，并发现该位置与预期的位置一致。

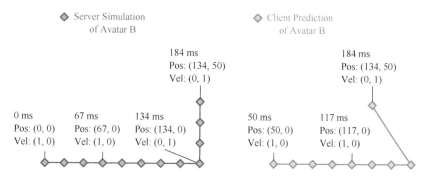

图8.5　航位推测失误

一切都很好。客户端A继续模拟下一个4帧，预测玩家B的位置为（184，0）。但是，在该时刻，它收到来自服务器的新状态，指示玩家B的位置是（134，0），速度变为（0，1）。玩家B很有可能停止向前跑，并开始扫射。向前模拟1/2 RTT得到位置（134，50），根本不是客户端航位推测之前所预测的结果。玩家B发生了意想不到的、不可预知的行为。正因为如此，客户端A的本地预测与真实的世界状态发生了分歧。

当客户端检测到它的本地模拟发生错误时，有三种方式来弥补：

- **即时状态更新**（instant state update）。只需立即更新到最新状态。玩家可能发现对象跳来跳去，但这样也许也好过错误的数据。记住即使是即时更新，来自服务器的状态仍然滞后1/2 RTT，所以客户端应该使用航位推测和最近的状态来模拟额外的1/2 RTT。

- **插值**（interpolation）。从客户端插值的方法可以看到，你的游戏可以在一定数量的帧内平滑地插值到新状态。这意味着对于每个错误状态（位置、旋转等）都要计算和存储一个偏移量，用于每一帧。或者只将对象移动一部分路程，使其更接近正确位置，等待将来的服务器状态继续进行纠正。一种流行的方法是使用三次样条插值创建路径，以实现位置和速度同时平滑地从预测状态过渡到正确状态。该技术更深入的信息请查阅本章最后列出的延伸的阅读资料。

- **二阶状态调整**（second-order state adjustment）。如果一个几乎静止的对象突然加速，即使插值也可能发生抖动。为了更精细地处理，你的游戏可以调整二阶参数，例如加速度，非常平缓地对模拟进行同步修正。这在数学上有些复杂，但是可以使得纠正最不明显。

通常情况下，游戏基于差异的幅度和游戏特性，将使用这些方法的组合。快节奏的射击游戏通常为小错误使用插值，为大错误使用瞬间移动。慢节奏的游戏，如飞机模拟或巨型机器人争霸，可能使用二阶状态调整处理除了最大错误之外的所有错误。

航位推测对于远程玩家非常有效，因为本地玩家实际上并不知道远程玩家在做什么。当玩家A看到玩家B的虚拟人跑过屏幕，每次玩家B改变方向，模拟都会发生分歧，但是玩家A很难觉察到这一点。除非玩家B在同一个房间，玩家A实际上并不知道玩家B什么时候改变的输入。在大多数情况下，他看到的模拟是一致的，即使客户端应用程序总是在服务器告知状态的基础上向前猜测至少1/2 RTT。

8.3.2 客户端移动预测和重放

航位推测不能为本地玩家隐藏延迟。考虑以下情况，客户端A的玩家A开始向前跑。航位推测使用服务器发送过来的状态进行模拟，所以从玩家A发起动作，需要1/2 RTT将输入传给服务器，然后服务器调整她的速度。然后需要1/2 RTT将该速度返回给客户端A，这时游戏可以使用航位推测推断最新状态。在玩家按下按钮到玩家看到结果仍然存在RTT的延迟。

有一个更好的方法。玩家A将她发起的所有输入直接给客户端A，所以客户端A的游戏可以使用这些输入模拟她的虚拟人。只要玩家A按下按钮开始向前跑，客户端就开始模拟她奔跑。当输入数据包到达服务器，服务器也开始模拟，相应地更新玩家A的状态。但并非一切都这么简单。

当服务器给客户端A发送包含玩家A的复制状态时，问题出现了。记得当使用客户端预测时，所有的传入状态应该被模拟额外的1/2 RTT以赶上真实世界状态。当模拟远程玩家时，客户端可以假设输入没有变化，仅仅使用航位推测，来更新状态。通常情况下，更新的传入状态与客户端已经预测的状态一致，如果不一致，客户端可以通过插值方法将远程玩家平滑地过渡。该方法对于本地玩家不可行。本地玩家知道他们在哪，会注意到插值。当他们改变输入时，他们不能容忍漂移和平滑。理想情况下，走动对于本地玩家的感觉应该是她在玩单机游戏，而不是网络游戏。

该问题的一个可能解决方案是对于本地玩家完全忽略服务器的状态。客户端A只从本地模拟得到玩家A的状态，玩家A将有一个平滑的移动体验，没有延迟。不幸的是，这将导致玩家A的状态与服务器的真实状态产生分歧。如果玩家B碰到了玩家A，客户端A没办法准确地预测服务器的碰撞结果。只有服务器知道玩家B的真实位置。客户端A只有玩家B位置的航位推测近似值，所以不会与服务器采用完全相同的方式解决碰撞。玩家A可能在服务器上因掉入火坑而死亡，而在客户端上毫发无伤，这会导致非常混乱。因为客户端A忽略了玩家A的所有传入状态，所以客户端和服务器没有办法保持同步。

幸运的是，有一个更好的解决方案。当客户端A收到来自服务器的玩家A的状态，客户端A可以使用玩家A的输入重新模拟（重放）从服务器计算该传入状态起玩家A发起的所有状态改变。客户端不是使用航位推测模拟1/2 RTT，而是使用玩家A的精确输入来模拟1/2 RTT。通过引入**移动**（move）的概念，输入状态与时间戳关联在一起，客户端随时跟踪玩家A在做什么。每当输入状态到达本地玩家，客户端可以指出在计算该状态时服务器还没收到哪些移动，然后本地应用这些移动。除非遇到一个意外的、远程玩家发起的事件，客户端的预测状态将与服务器保持一致。

为了让机器猫行动游戏支持移动重放，客户端要做的第一步是在移动列表中保存这些移动，直到服务器将它们用于状态模拟。清单8.2展示了实现该操作的必要修改。

清单8.2　**保存移动**

```
void NetworkManagerClient::SendInputPacket()
{
  const MoveList& moveList = InputManager::sInstance->GetMoveList();
  if(moveList.HasMoves())
  {

    OutputMemoryBitStream inputPacket;
    inputPacket.Write(kInputCC);
    mDeliveryNotificationManager.WriteState(inputPacket);
    //write the 3 latest moves for added reliability!
    int moveCount = moveList.GetMoveCount();
    int firstMoveIndex = moveCount - 3;
    if(firstMoveIndex < 3)
    {
      firstMoveIndex = 0;
    }
    auto move = moveList.begin() + firstMoveIndex;
    inputPacket.Write(moveCount - firstMoveIndex, 2);
    for(; firstMoveIndex < moveCount; ++firstMoveIndex, ++move)
    {
      move->Write(inputPacket);
    }
```

```
    SendPacket(inputPacket, mServerAddress);
  }
}
void
NetworkManagerClient::ReadLastMoveProcessedOnServerTimestamp(
  InputMemoryBitStream& inInputStream)
{
  bool isTimestampDirty;
  inInputStream.Read(isTimestampDirty);
  if(isTimestampDirty)
  {
    inPacketBuffer.Read(mLastMoveProcessedByServerTimestamp);
    mLastRoundTripTime = Timing::sInstance.GetFrameStartTime()
      - mLastMoveProcessedByServerTimestamp;
    InputManager::sInstance->GetMoveList().
      RemovedProcessedMoves(mLastMoveProcessedByServerTimestamp);
  }
}


void MoveList::RemovedProcessedMoves(
  float inLastMoveProcessedOnServerTimestamp)
{
  while(!mMoves.empty() &&
    mMoves.front().GetTimestamp() <=
      inLastMoveProcessedOnServerTimestamp)
  {
    mMoves.pop_front();
  }
}
```

请注意, SendInputPacket 不再一发送数据包, 就立刻清空移动列表。相反, 它会保存这些移动, 这样可以用于在收到服务器状态之后的移动重放。因为现在移动持续的时间超过一个数据包, 所以作为额外的好处, 客户端发送移动列表中三个最近的移动。这样, 如果任何一个数据包在发往服务器的途中丢失了, 它还有两次机会能够到达。这不能保证可靠性, 但是显著地增加了可能性。

当客户端收到状态数据包, 使用 ReadLastMoveProcessedOnServerTimestamp 处理服务器可能返回的所有移动时间戳。如果发现了时间戳, 它从当前时间中减去该时间戳, 计算得到 RTT, 用于航位推测。然后调用 RemovedProcessedMoves 删除该时间戳及之前的所有移动。这意味着在 ReadLast

MoveProcessedOnServerTimestamp执行完之后，客户端的本地移动列表只包含服务器还没有看到的移动，因此应该用于来自服务器的任何传入状态。清单8.3详细展示了RoboCat::Read ()方法。

清单8.3　重放移动

```cpp
void RoboCatClient::Read(InputMemoryBitStream& inInputStream)
{
  float oldRotation = GetRotation();
  Vector3 oldLocation = GetLocation();
  Vector3 oldVelocity = GetVelocity();

  //... Read State Code Omitted ...
  bool isLocalPlayer =
    (GetPlayerId() == NetworkManagerClient::sInstance->GetPlayerId());
  if(isLocalPlayer)
  {
    DoClientSidePredictionAfterReplicationForLocalCat(readState);
  }
  else
  {
    DoClientSidePredictionAfterReplicationForRemoteCat(readState);
  }
  //if this is not a create packet, smooth out any jumps
  if(!IsCreatePacket(readState))
  {
    InterpolateClientSidePrediction(
      oldRotation, oldLocation, oldVelocity, !isLocalPlayer);
  }
}


void RoboCatClient::DoClientSidePredictionAfterReplicationForLocalCat(
  uint32_t inReadState)
{
  //replay moves only if we received new pose
  if((inReadState & ECRS_Pose) != 0)
  {
    const MoveList& moveList = InputManager::sInstance->GetMoveList();

    for(const Move& move : moveList)
    {
```

```
          float deltaTime = move.GetDeltaTime();
          ProcessInput(deltaTime, move.GetInputState());

          SimulateMovement(deltaTime);
      }
    }
}

void RoboCatClient::DoClientSidePredictionAfterReplicationForRemoteCat(
  uint32_t inReadState)
{
  if((inReadState & ECRS_Pose) != 0)
  {
    //simulate movement for an additional RTT
    float rtt = NetworkManagerClient::sInstance->GetRoundTripTime();

    //split into framelength sized chunks so we don't run through walls
    //and do crazy things...
    float deltaTime = 1.f / 30.f;
    while(true)
    {
      if(rtt < deltaTime)
      {
        SimulateMovement(rtt);
        break;
      }
      else
      {
        SimulateMovement(deltaTime);
        rtt -= deltaTime;
      }
    }
  }
}
```

Read方法开始时存储对象的当前状态，这样如果后续任何地方需要平滑调整，它可以知道。然后如前面章节所描述的，通过从数据包中读取状态来更新状态。更新之后，应用客户端预测将复制状态向前模拟1/2 RTT。如果复制的对象是被本地玩家控制的，那么调用DoClientSidePrediction AfterReplicationForLocalCat运行移动重放。否则，调用DoClientSide PredictionAfterReplicationForRemoteCat运行航位推测。

DoClientSidePredictionAfterReplicationForLocalCat 首先执行检查来保证位置信息已经被复制了。如果没有，则不需要向前模拟。如果有位置信息，该方法遍历移动列表中的所有剩余移动，并将它们用于本地的 RoboCat。这模拟了服务器还没有纳入到自己模拟中的所有玩家行为。如果服务器上没有意外情况发生，那么该函数得到的本地猫状态应该严格是调用 Read 方法之前的准确状态。

如果被复制的猫是远程的，DoClientSidePredictionAfterReplication ForRemoteCat 方法使用猫的最新状态向前模拟。这包括调用 Simulate Movement，在没有任何 ProcessInput 调用的情况下模拟合适的时间。同样，如果服务器上没有意外情况发生，那么计算的状态与 Read 方法开始之前的准确状态也应该一致。但是，与本地猫不同，很可能发生意外，远程玩家总是执行一些诸如改变方向、加速或者减速等动作。

执行客户端预测之后，Read() 方法最后调用 InterpolateClientSide Prediction() 来处理任何可能已经改变的状态。通过传入旧状态，插值方法可以决定在需要的时候如何从旧状态平滑过渡到新状态。

8.3.3 通过技巧和优化隐藏延迟

对于玩家来说，移动的延迟并不是延迟的唯一指示。当玩家按下按钮来射击，她希望枪立刻被触发。当她尝试施放一个攻击咒语，她希望她的虚拟人马上扔一个大火球。移动重放并不处理这种情形，所以需要其他方法。如果让客户端像服务器那样创建抛射体并接管其状态就太复杂了——有一个更简单的方法。

几乎所有的视频游戏动作都有**通知**（tell），或者视觉线索来指示事情将要发生。在血浆喷射之前枪口闪烁，在喷射火焰之前法师挥动双手并嘴里嘟囔。这些通知持续至少服务器与客户端之间一个通信来回的时间。乐观地讲，这意味着客户端可以通过在本地执行适当的模拟和特效给玩家的任何输入提供即时反馈，同时等待服务器更新真实模拟。这并不意味着客户端产生抛射物，但是它可以开始播放施法动画和声音。如果一切顺利，在施法过程中，服务器接收输入数据包，产生火球，并将它复制给客户端，正赶上显示施法的结果。航位推测代码向前模拟 1/2 RTT 的抛射物动作，玩家看起来好像她在扔火球，没有延迟。如果发生问题，例如，服务器知道该玩家最近被沉默（译者注：不能施魔法），但尚未将这个信息通知玩家，那么该优化就失去了意义，施法动画开始了但是没有出现抛射物。这是一种非常罕见的情况，但和这种方法所能提供的好处相比，是可以容忍的。

8.4　服务器端回退

使用这些不同的客户端预测技术，即使在有一定延迟的情况下，你的游戏也可以给玩家提供一个非常灵敏的体验。但是，仍然有一种常见的游戏动作是客户端预测不能很好处理的：长距离的即时射击。当玩家配备狙击步枪，准确瞄准另一位玩家，扣动扳机，她希望有一次完美的命中。但是，由于航位推测的不准确性，客户端上完美的瞄准射击可能在服务器上就不太准了。这对于依赖实时、即时射击武器的游戏来说，是一个问题。

这个问题有一个解决方案，被维尔福软件公司（Valve）的起源引擎（Source Engine）推广流行，这个方案也被诸如《反恐精英》（Counter-Strike）之类的游戏采用，来给玩家带来准确无误的射击体验。它的核心是，当瞄准和开火时，让服务器状态回退到玩家感受到的那个状态。这样，如果玩家感觉她瞄得很准，那么她就能百分百击中。

为了实现这一技巧，游戏必须在前面介绍的客户端预测的基础上做一些修改。

- **远程玩家使用客户端插值，而不是航位推测**。服务器需要准确地知道客户端玩家每个时刻看到了什么。因为航位推测依赖客户端基于假设的向前模拟，将给服务器带来额外的复杂度，因此不应该开启该功能。为了避免数据包之间的抖动或卡顿，客户端转而使用本章前面介绍的客户端插值方法。插值周期应该精确等于数据包周期，这一周期被服务器牢牢控制。客户端插值引入了额外的延迟，但是鉴于移动重放和服务器端回退算法，它不会被玩家明显感觉到。

- **使用本地客户端移动预测和移动重放**。尽管客户端预测对远程玩家是关闭的，但是对本地玩家仍然是保留的。没有本地移动预测和移动重放，本地玩家会立即注意到来自网络和客户端插值所增加的延迟。但是，通过即时模拟玩家移动，不管存在多少延迟，玩家都不会感觉到。

- **发送给服务器的每个移动数据包中保存客户端视角**。客户端应该在每个发送的数据包中记录客户端当前插值的两个帧的ID，以及插值进度百分比。这给服务器提供了客户端当时所感知世界的精确指示。

- **在服务器端，存储每个相关对象最近几帧的位置**。当传入的客户端输入数据包中包含射击时，查找在射击时刻用于插值的两帧。使用数据包中的插值进度百分比将所有相关对象回退到客户端扣动扳机的那一刻。然后从客户端的位置采用光线投射法来确定是否击中。

服务器端回退保证如果客户端准确地瞄准了，那么在服务器端一定会被击中。这给射击玩家带来了满意的体验。但是，仍然存在一些不足。因为服务器回退的时间是根据服务器和客户端之间的延迟决定的，对于被击中的玩家会造成一些意想不到和令人沮丧的体验。玩家 A 可能以为自己已经安全地躲在了角落里，躲开了玩家 B。但是，如果玩家 B 的网络延迟很大，他看到的世界比玩家 A 滞后 300ms。这样在他的计算机上，玩家 A 还没有躲到角落里。如果玩家 B 瞄准并开火，服务器将判断为击中，并通知玩家 A 被击中，即使她认为自己已经安全地躲在角落里。对于游戏开发来说，这是一个权衡问题。需要根据你的游戏特性决定是否使用这些技术。

8.5 总结

尽管抖动和延迟会破坏多人游戏的体验，但是有一些策略可以帮助解决这个问题。当下，实践中多人游戏都需要使用一个或多个这样的技术。

使用本地感知过滤器的客户端插值不是将更新的状态立即呈现给客户端，而是通过插值的方法平滑过渡到更新的状态。插值周期等于两个状态更新之间的时间，将给玩家提供持续的更新状态，但是会增加玩家的延迟感。这种方法不会给用户呈现错误的状态。

客户端预测使用推测而不是插值的方法隐藏延迟，使得客户端的游戏状态与服务器的真实游戏状态保持同步。状态更新在到达客户端时比实际至少滞后 1/2 RTT，所以客户端根据传入的状态向前推测 1/2 RTT 来近似真实的游戏状态。

通过航位推测法，客户端使用对象的最新状态预测未来状态。它乐观地假设远程玩家不会改变输入。但实际上输入会经常改变，所以服务器频繁地给客户端发送与其预测不同的状态。当发生这种情况时，客户端有许多方式将该变化的状态纳入到自己的模拟中，并更新呈现给玩家的内容。

通过移动预测和重放，客户端可以立即模拟本地玩家输入的结果。当收到来自服务器的本地玩家状态时，客户端通过重放任何玩家发起的但服务器尚未处理的移动，向前模拟 1/2 RTT 的状态。在大多数情况下，这会带来（服务器传来的）复制状态与客户端模拟状态的同步。在服务器端发生意外事件，例如与其他玩家发生碰撞时，客户端也可以将复制的、正确的状态平滑到本地模拟状态。

当处理即时射击时，为了补偿滞后，游戏可以使用服务器端回退方法。服务器缓存几帧内的对象位置，当处理即时武器开火时，回退状态以匹配客户端的视角。这给射击者提供了更精确的体验，但是可能对被射击者造成伤害，即使他们感觉自己已经处于安全地带。

8.6 复习题

1. 术语"沉默的客户端"是什么意思？游戏使用沉默客户端的主要好处是什么？

2. 客户端插值的主要优势是什么？主要缺点是什么？

3. 在沉默客户端中，给用户展示的状态至少滞后于服务器上运行的真实状态多久？

4. 保守算法与乐观算法的区别是什么？针对每种算法分别举一个例子。

5. 航位推测用于什么时候？它是怎样预测对象位置的？

6. 当预测的状态发生错误时，给出三种纠正预测状态的方法。

7. 解释系统如何实现让本地玩家对于自己的移动感受不到延迟。

8. 服务器端回退是解决什么问题的？主要优势是什么？主要不足是什么？

9. 通过加入即时投射线球，扩展机器猫行动游戏，并实现使用服务器端回退的命中检测。

8.7 延伸的阅读资料

Aldridge, David. (2011, March). Shot You First: Networking the Gameplay of HALO: REACH.

Bernier, Yahn W. (2001) Latency Compensating Methods in Client/Server In-game Protocol Design and Optimization.

Caldwell, Nick. (2000, February) Defeating Lag with Cubic Splines.

Carmack, J. (1996, August). Here is the New Plan.

Sweeney, Tim. Unreal Networking Architecture.

第9章 可扩展性

扩大网络游戏的规模会引入小规模游戏中不存在的新挑战。本章将介绍游戏规模增大时突然出现的一些问题，以及这些问题的解决方案。

9.1 对象范围和相关性

回想一下，第1章介绍的《星际围攻：部落》模型中提到的**对象范围**（scope）或**相关性**（relevancy）的概念。在本章中，对于一个特定的客户端，一个对象在范围内或相关是指应该通知客户端关于该对象的更新信息。小规模游戏中，可以所有对象对所有客户端都是在范围内或相关。当然这意味着服务器上所有对象的更新都应该复制给所有客户端。但是，该方法对于大规模游戏是不现实的，无论从带宽还是从客户端的处理时间考虑。在有64位玩家的游戏中，不需要了解（游戏世界中）几公里以外的玩家。在这种情况下，发送关于这个远距离玩家的信息是一种资源浪费。因此，如果服务器认为客户端A距离对象J太远，那么不需要给客户端A发送对象J的任何更新信息是非常有道理的。减少发送给每个客户端复制数据的另外一个好处是减少了作弊的可能性，该话题的详细讨论见第10章。

但是，对象相关性往往不是一个二元命题。例如，假设对象J实际上是表示游戏中另外一位玩家的虚拟人。假设所讨论的游戏有一个记分牌显示每位玩家的健康指数，与距离无关。在这种情况下，每个玩家对象的健康指数都是相关的，即使关于该玩家对象的其他信息是不相关的。这样，很自然地服务器将一直发送所有其他玩家的健康指数，即使这些对象的其他数据可能是不相关的。此外，不同对象根据它们的优先级不同会有不同的更新频率，这将进一步增加复杂度。为了简化，本节只以二元形式考虑对象相关性。但是，我们应该认识到在商业游戏中，对象相关性很少完全是二元的。

回到有64个玩家的游戏例子，距离远的对象被认为超出范围，这种想法称为**空间**（spatial）方法。尽管简单的距离检查是确定相关性的快速方法，但是作为相关性判断的唯一机制是不够鲁棒的。为了理解为什么有这样的情况，考虑第一人称射击游戏中玩家的例子。假设游戏的最初设计支持两种不同的武器：手枪和突击步枪。网络编程者从而根据对象的射程判断范围——比突击步枪射程远的都被认为超出范围。测试时，花费的带宽恰好在可接受的范围。但是，如果设计者稍后决定增加一个狙击步枪，其射程是突击步枪范围的两倍，那么相关对象的数量大大增加。

仅仅使用距离消除对象还存在其他问题。在关卡中间的玩家往往比在关卡边缘的玩家更有可能在对象的范围内。此外，仅仅考虑距离的方法会认为玩家前面和后面的对象有相同的权重，这是违背直觉的。基于射程的方法判断对象范围非常简单，但玩家周围的所有对象都被认为是相关的，即使是在墙后面的对象。这些问题如图9.1所示。

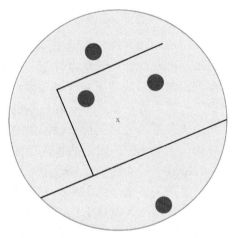

图9.1 被标记为 X 的玩家与相关的对象

本节剩下的部分集中在比直接距离检查更复杂的方法。这些技术中的一些也常用于**可见性裁剪**（visibility culling）。可见性裁剪技术是渲染优化的一种，在渲染过程中尝试尽可能早地裁剪掉不可见的对象。但是，考虑到网络游戏天然的延迟属性，通常需要对可见性裁剪方法做一些修改，使其适用于对象相关性判断。

9.1.1 静态区域

减少相关对象数量的一种方法是将世界划分为一些**静态区域**（static zone）。只有和玩家在同一个静态区域的对象才被认为是相关的。这种方法通常用于共享世界的游戏，如MMORPG。例如，玩家可以相互见面并交易物品的小镇可能是一个区域，而玩家可以打怪兽的森林可能是另外一个区域。在这种情况下，没必要向森林中的玩家发送正在小镇中交易的玩家的复制信息。

有几个不同的方法处理区域边界的过渡。一种方法是区域之间穿梭时显示正在加载画面。这给客户端提供足够的时间来接收新区域所有对象的复制信息。为了得到一个更无缝的过渡，我们可能希望对象根据区域过渡时相关性的改变而淡入淡出。假定区域的地形从不改变，那么可以将地形直接存储在客户端上，这样在穿越区域边界时玩家身后的区域不会完全消失。但是请记住，在客户端存储地形可能会带来一些安全问题。一种解决办法是对数据进行加密，将在第10章中讨论。

静态区域的一个不足是它的设计围绕这样一个前提，即玩家大致均匀地分布在各个区域内。这在大多数的MMORPG游戏中是很难保证的。会面的区域，如小镇，比针对高级关卡角色的偏僻区域，总是有更高的玩家聚集度。让大量玩家聚集在某个特定地点的游戏事件——例如为了攻击特别强大的敌人，会使得这一问题更加恶化。在某一区域聚集过多玩家可能会让该区域所有玩家的体验变差。

拥挤区域的解决方案可能因游戏不同而不同。在MMORPG游戏*Asheron's Call*中，如果玩家试图进入已经有太多玩家的区域，会被传送到一个相邻的区域。虽然这种方法不是最理想的，但是比一个区域有太多的玩家而导致游戏崩溃要好得多。其他游戏可能将区域分割成多个实例，本章后面会讨论该话题。

虽然静态区域对于共享世界的游戏是可行的，但是它通常不用于动作游戏，这有两个主要原因。第一，大部分动作游戏的战斗区域比MMO游戏中看到的区域小得多，尽管有一些明显的例外，例如《行星边际》（*PlanetSide*）。第二，可能是更重要的，大部分动作游戏的速度意味着穿越区域边界引起的延迟是不能接受的。

9.1.2 使用视锥

回想一下在3D游戏中，视锥（view frustum）是一个梯形棱柱，表示游戏世界中被投影到二维图像并显示的区域。视锥用水平视野的角度、长宽比、视点到近平面和远平面的距离来表示。当应用投影变换时，完全在视锥内，或者部分在视锥内的对象都是可见的，而所有其他对象都是不可见的。

视锥也常用于可见性裁剪。具体而言，如果一个对象在视锥范围外，它是不可见的，所以不应该花费时间给顶点着色器发送该对象的三角面片。实现视锥裁剪的一种方法是将视锥表示为组成锥体侧面的6个平面。然后一个对象的简化表示，如球体，可以用这6个面进行测试，来确定所讨论的对象是否在视锥内。视锥裁剪背后数学问题的讨论详见（Ericson 2004）。

虽然基于视锥的可见性裁剪很有意义，但网络游戏中只使用视锥判断对象范围在考虑延迟时会有一些问题。例如，如果只使用视锥，在玩家背后的对象被认为在范围外。如果玩家快速旋转180度，就会造成问题。这一快速旋转信息传递给服务器，并且服务器相应地发送突然出现在范围内的对象的更新数据，需要一些时间。可以想象这会产生一些不能接受的延迟，特别是当玩家背后的对象恰好是敌对玩家时。此外，该方法中墙壁仍然是被忽略的。这个问题如图9.2所示。

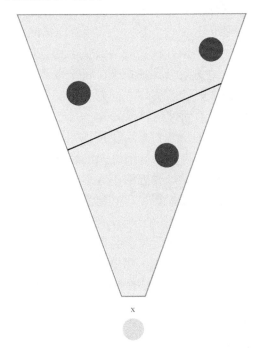

图9.2　范围外的对象在玩家X的后面

一种解决方案是同时使用视锥和基于距离的系统。具体说来，一个比远平面近的距离可以与视锥结合起来使用。然后，任何在该距离之内或者在视锥范围之内的对象都被认为是在范围内的，其他对象则在范围外。这意味着快速转身时，远处的对象可能在范围内，也可能在范围外，并且墙壁仍然被忽略了，但是近处的对象都是在范围内的。该方法的描述如图9.3所示。

9.1.3　其他可见性技术

考虑网络赛车游戏，特点是赛车轨道围绕一个城市。可见的道路规模可以千差万别，这对任何开过车的人都是显而易见的。在平坦的直路上，可以看出去很远。但是，如果车在转弯，能见距离会大大缩短。同样地，上坡行驶比下坡行驶的能见距离要小。道路能见距离的思想可以直接应用于网络赛车游戏。具体而言，如果服务器知道了玩家汽车的位置，那么它就可以知道玩家能看出去多远。这个区域很可能比赛道与视锥的交叉区域小得多，从而减少范围内对象的数量。

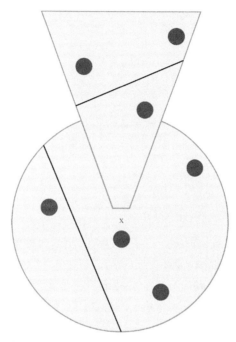

图9.3　结合视锥和一个更小的半径确定对象的相关性

这里引入了潜在**可见集**（potentially visible set，PVS）的概念。使用PVS可以回答下列问题：从世界的每个位置，哪些区域是潜在可见的？这看起来可能与静态区域方法类似，但PVS中的区域大小通常比单独的静态区域小得多。一个静态区域可能是有很多楼的小镇，但是一个PVS区域可能只是楼里的一间屋子。此外，在静态区域方法中，只有在同一个静态区域内的对象是相关的。PVS则不同，PVS中被认为潜在可见的相邻区域将包含相关对象。

在PVS的一个典型实现中，世界可以被划分为凸多边形的集合（或者如果需要的话，是一个三维凸包的集合）。然后离线为每个凸多边形计算潜在可见的其他凸多边形的集合。在运行时，服务器确定玩家位于哪个凸多边形。从这个凸多边形预先生成的多边形集合可以用于确定潜在可见的所有对象的集合。接着，这些对象被标记为与所讨论的玩家相关。

图9.4展示了对于假想的赛车游戏,PVS看起来的样子。玩家的位置标记为 X,阴影区域表示潜在可见的区域。在真正实现中,建议在两个方向添加一点松弛量。这样,超出潜在可见区域一点点的对象也会被标记为在范围内。特别是在车速很快的赛车游戏中,考虑服务器更新范围内对象时的延迟是很重要的。

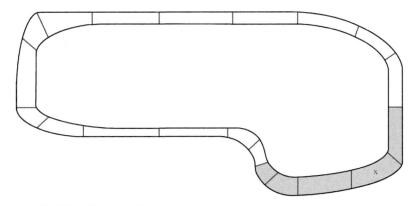

图9.4 赛车游戏中的PVS示例

PVS系统也适用于基于走廊的第一人称射击游戏,例如《毁灭战士》(*Doom*)或《雷神之锤》(*Quake*)。对于这种类型的游戏,更倾向于使用一种称为**传送门**(portal)的相关技术。在传送门裁剪系统中,每间屋子是一个区域,每扇门或窗被认为是一个传送门。传送门创建的截锥(译者注:从传送门向外看所对应的视锥)与视锥结合大大降低了相关对象的数量。该系统比PVS需要更多的运行处理时间。如果你的游戏已经在客户端使用了传送门来减少过度绘制,那么将该代码扩展到服务器端的对象范围判断是比较容易的。

与此类似,一些游戏可能考虑层次的裁剪方法,例如二叉树、四叉树或八叉树。这些层次裁剪技术都使用树状数据结构划分世界中的对象。这些技术的深层讨论详见(Ericson 2004)。记住,这些更先进的判断对象范围的技术会显著增加处理时间。尤其是考虑到服务器需要对与其连接的每个客户端分别运行对象范围判断程序。除非你发现你的游戏真的遇到了对象复制规模的瓶颈,一般用不着在对象范围判断中使用这些层次裁剪系统。对于大多数面向动作的游戏来说,一个良好实现的PVS系统是绰绰有余的,PVS系统甚至超出了许多游戏的需要。

9.1.4 不可见时的相关性

要注意的是,一个特定对象的可见性可能并不是在所有情况下都直接关系到其相关性。以玩家可以扔手榴弹的 FPS 为例。如果手榴弹在附近的屋子里爆炸，那么手榴弹应该复制给附近的所有客户端，即使手榴弹对于它们来说是不可见的。这是因为客户端希望听到手榴弹爆炸的声音，即使在爆炸的时刻手榴弹是不可见的。

解决这个问题的一种方法是将手榴弹与其他对象区分对待。例如，通过半径而不是可见性来判断它们是否被复制。另外一种方法是通过 RPC 复制爆炸特效给没有见到手榴弹的客户端。第二种方法会减少发送给这些客户端的数据量，这些客户端需要知道爆炸的声音（和潜在的粒子效果），但是不需要复制真实的手榴弹。这可能意味着，手榴弹爆炸信息将被复制到不能真正听到它的客户端，但是只要这是一种特殊情况，而不是泛滥在大量的对象中，就不会显著增加带宽的使用。

如果游戏是非常依赖于音频的，那么为了确定相关性，甚至可能会在服务器上计算声音遮蔽信息。但是，现实情况下，这种计算通常在客户端完成——商业游戏实际上不太可能需要在服务器上精确地计算声音相关性。半径的方法或者基于 RPC 的方法适用于大多数游戏。

9.2　服务器分区

服务器分区（server partitioning）或**分片**（sharding）是指同时运行多个服务器进程的概念。大多数动作游戏自然地使用这种方法，因为每个动作游戏都有活跃玩家的数量上限——通常是 8 到 16 位玩家之间。每个游戏支持的玩家数量主要是游戏设计决定的，但是这样的系统有一个不可否认的技术优势，即通过建立多个独立的服务器，任何一个特定服务器上的负载都不会过重。

使用服务器分区的游戏案例包括《使命召唤》（*Call of Duty*）、《英雄联盟》（*League of Legends*）和《战地》（*Battlefield*）。因为每个服务器运行一个独立的游戏，所以两个独立游戏的玩家之间没有玩法交互。但是，许多这样的游戏仍然将统计量、经验、等级或其他信息写到一个共享的数据库。这意味着每个服务器进程都可以访问后端数据库，这是游戏服务的一部分，这个概念将在第 12 章中详细介绍。

在服务器分区方法中，经常发生的是一台机器实际能同时运行多个服务器进程。在许多预算较多的游戏中，开发商在数据中心提供的机器是用于运行多个服务器进程的。对于这些游戏，游戏架构需要对分布在多台机器上的多个进程进行考虑。一种方法是有一个主进程决定什么时候在哪台机器上创建服务器进程。当游戏结束时，服务器进程在退出前写任何永久性数据。接着，当玩家决定开始一个新的比赛，主进程可以确定最小负载的机器是哪台，并在这台机器上创建新的服务器进程。开发商也可以为他们的服务器使用云托管，其配置的讨论详见第13章。

服务器分区也被用作MMO中所使用的静态区域方法的一个扩展。具体而言，每个静态区域或静态区域的集合可以作为一个单独的服务器进程运行。例如，流行的MMORPG游戏《魔兽世界》（*World of Warcraft*）拥有多块大陆。每块大陆运行在一个单独的服务器进程上。玩家从一块大陆穿越到另外一块大陆时客户端会显示一个加载画面，同时新大陆的状态被传输给服务器进程。每块大陆由许多不同的静态区域构成。与改变大陆不同，穿越两个静态区域的边界是无缝的，因为大陆上的所有静态区域仍然运行在同一个服务器进程上。图9.5展示了一个假想的MMORPG中这种类型的配置是什么样子的。每个六边形表示一个静态区域，虚线表示两个大陆之间的穿越点。

正如使用静态区域那样，只有当玩家大致均匀地分布在每个服务器上时，服务器分区才能很好地工作。如果一台服务器上有太多的玩家，服务器仍然会遇到性能问题。对于有玩家上限的游戏，这不是问题，但是在MMO中肯定是一个问题。根据不同的游戏，这个问题也有不同的解决方案。一些游戏直接设置服务器上限，如果服务器满了，那么强制玩家在一个队列中等待。在《星战前夜》（*Eve Online*）中，服务器减慢了游戏的时间步长。这种慢动作的模式称为**时间膨胀**（time dilation），允许服务器将所有玩家保持连接状态，否则无法保持这么多连接。

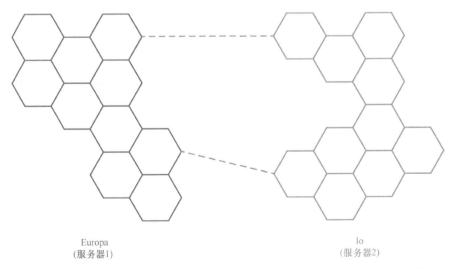

Europa
（服务器1）

Io
（服务器2）

图9.5 在假想的MMORPG游戏中，为每个单独的大陆而不是静态区域应用服务器分区

9.3 实例化

在**实例化**（instancing）中，一个共享的游戏同时支持多个不同的副本。这个术语通常适用于所有角色在同一台服务器上的共享世界游戏，但是这些角色同一时刻可能不会在同一个副本。例如，许多MMORPG游戏在为固定数量的玩家设计的地城中使用实例化。这样，不同的玩家群体可以体验高定制化的内容，不受其他玩家的影响。在大多数实现这类实例化的游戏中，都有一个传送门或者类似的结构将玩家从一个共享区域转移到一个副本。

有时实例化也用作拥挤区域的解决方案。例如，《星球大战：旧共和国》（*Star Wars: The Old Republic*）在一个特定的区域设置玩家的数量上限。如果玩家数量增加，那么该区域的第二个副本将从原始的副本中分出来。这会给玩家带来一些复杂性。如果两个玩家尝试在一个区域内见面，那么实际上可能会在这个区域两个不同的副本中。在《星球大战：旧共和国》中，解决方案是在这种情况下允许玩家移动到一个组成员的副本中。

从设计的角度来看，实例化允许游戏内容更符合单机游戏或者小型多人游戏，同时角色仍然绑定在共享世界。一些游戏甚至使用实例化作为允许一个区域在任务线的过程中演变的方式。但是，反对的观点是实例化降低了共享世界的感觉。

从性能角度看，只要运行实例化的成本可控，那么实例化就是有益的。实例化可以保证在一个时间点上不超过X个玩家是相关的，特别是如果区域可以产生单独的副本。甚至可以将实例化与服务器分区结合在一起，用于进一步降低特定服务器进程的负载。因为进入一个副本几乎总是让客户端展示一个加载屏幕，所以客户端没有理由不能转换到一个单独的服务器，这就是为什么《魔兽世界》（*World of Warcraft*）的大陆分别运行在不同的服务器进程上。

9.4 优先级和频率

对于一些游戏来说，服务器的性能不是主要瓶颈。相反，问题是通过网络给客户端发送的数据量。这对于需要支持过多网络条件的移动游戏来说，尤其是一个问题。第5章讨论了解决该问题的一些方法，例如使用部分对象复制。但是，如果测试发现游戏使用的带宽量仍然太高，那么就需要考虑额外的技术。

一种方法是给不同的对象赋予优先级。具有高优先级的对象首先被复制，低优先级的对象只有在高优先级对象复制完之后才能被复制。这可以被认为是分配带宽的一种方式——只有有限的可用带宽，所以用于最重要的对象。

当使用优先级时，仍然允许低优先级的对象偶尔通过是非常重要的。否则，低优先级的对象将永远不会在客户端上进行更新。可以通过让不同的对象有不同的复制频率来实现。例如，重要的对象可能每秒更新几次，但是不重要的对象可能几秒才更新一次。频率也可以与基本的优先级结合来计算一些动态优先级——如果低优先级对象长时间没有得到更新，那么增加它的优先级。

同样的优先级也可以用于远程过程调用。如果特定的RPC最终与游戏状态不相干，那么如果没有足够的带宽发送它们，就可以在传输过程中丢弃它们。这与第2章讨论的数据包如何可靠或不可靠地发送类似。

9.5　总结

当网络游戏规模增大时，减少发送给任何一个客户端的数据量是非常重要的。实现这一目标的一种方式是对于一个特定的客户端，减少其范围内的对象总数。一种简单的方法是距离客户端太远的对象就被认定为在范围外，尽管这种通用的方法并不适用于所有情况。另一种方法，在共享世界的游戏中尤其流行，是将世界划分为静态区域。这样，只有在同一个区域内的玩家才彼此相关。

还可以利用可见性裁剪技术来减少相关对象的数量。虽然不建议仅仅依靠视锥体，但将其与更小的半径结合可以很好地工作。其他有更清晰关卡分节的游戏，例如基于走廊的射击游戏或者赛车游戏，可能使用PVS。使用PVS，可以确定在关卡中任意位置可见的区域。还有其他可见性技术，例如传送门，在一些个别案例中被使用。最后，在一些案例中可见性不是相关性的唯一判断标准，例如当手榴弹爆炸时。

服务器分区可用于减少任何一个服务器上的负载，不仅可以用于玩家上限一定的动作游戏，还可以用于大规模的共享世界游戏，这里区域可以运行于单独的服务器进程。同样地，实例化是将共享世界分成区域的一种方法，这些区域无论从性能还是设计角度都更可控。

还有不涉及对象相关性的其他技术，用于限制网络游戏的带宽使用。一种技术是给不同的对象或者RPC赋予优先级，这样最重要的信息被优先处理。

另一种技术是降低除最重要的对象之外的其他对象复制更新的发送频率。

9.6 复习题

1. 只使用距离确定对象相关性的缺点是什么？
2. 静态区域是什么？它的潜在好处是什么？
3. 视锥如何用于裁剪目的？如果只使用视锥来确定对象相关性会发生什么？
4. 潜在可见集是什么？该方法与静态区域方法的不同是什么？
5. 如果共享世界的游戏承受着区域内人满为患的危机，那么该问题的一些可能的解决方案是什么？
6. 除了减少相关对象的数量，还有什么方法能降低网络游戏的带宽需求？

9.7 延伸的阅读资料

Ericson, Christer. Real-Time Collision Detection. San Francisco: Morgan Kaufmann, 2004.

Fannar, Hallidor. "The Server Technology of EVE Online: How to Cope With 300,000 Players on One Server." Presented at the Game Developer's Conference, Austin, TX, 2008.

第10章 安全性

自从第一个网络游戏出现以来，玩家已经设计出获得不公平优势的方法。随着网络游戏越来越流行，抵御安全漏洞已经成为为所有玩家提供安全和有趣环境的重要部分。本章将介绍一些常见的漏洞和可以对其采取的预防措施。

10.1 数据包嗅探

在正常的网络操作中，数据包通过路径上从源到目的IP地址的几个不同计算机进行路由。沿途的路由器至少需要读取数据包的头部信息，以便确定将数据包发送到哪里。正如第2章中介绍的，有时头部地址由于网络地址转换可能会被重写。但是由于被传输数据的开放本质，路由过程中的任何一台机器都可以检查一个特定数据包中的所有数据。

有时检查数据包中包含的负载是正常的网络操作。例如，一些消费级路由器为了实现**服务质量**（quality of service）（一些数据包优先于其他数据包的系统），采用**深度包检测**（deep packet inspection）。服务质量系统需要读取数据包来确定其包含什么内容。这样，如果一个数据包被确定为包含对等网络的文件共享数据，那么它会被赋予比包含用于IP呼叫数据的数据包更低的优先级。

但是，也有另外一种带有不良企图的数据包检查形式。**数据包嗅探**（packet sniffing）是一个术语，用于表示以非正常网络操作目的读取数据包数据。这样可以用于许多不同的目的，包括试图偷取登录信息，或者在网络游戏中作弊。本节剩余部分集中讨论网络游戏中用于打击数据包嗅探的各种方法。

10.1.1 中间人攻击

在**中间人攻击**（man-in-the-middle attack）中，从源点到目的地路由过程中的某台计算机在嗅探数据包，而不知道源主机和目的主机的信息，如图10.1所示。实际上，这种情况有几种不同的形式。任何使用不安全的或者公共无线网络的计算机都可能被该网络中的另一台计算机读取数据包信息（这就是为什么通常在咖啡厅里的无线网络最好使用加密的VPN）。如果在有线网络上，这可能是网关计算机在嗅探数据包——可能是某种形式的恶意软件，或者是好管闲事的系统管理员。如果由于某种原因，政府调查员瞄上了你的游戏，可能在一个 ISP 上安装软件，用于监控数据。

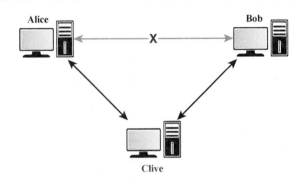

图 10.1　中间人攻击，Alice 和 Bob 之间的信息被 Clive 读取

从技术上讲，玩家可以有意地设置一个中间人，用于嗅探游戏。这可能是诸如游戏主机之类的封闭平台该关心的事，但是至少在 PC 或 Mac 上，无论如何你应该假设玩家总是可以访问网络中传输的所有数据。所以在中间人的剩余讨论中，我们假设"人"是源主机和目的主机都不知道的第三方。打击中间人的常用方法是加密所有传输的数据。网络游戏在实施任何形式的加密系统之前，应该考虑所讨论的游戏是否包含需要加密的敏感数据。如果你的游戏包含玩家可以购买游戏中物品的微交易，那么绝对需要加密与购买相关的任何数据。如果你在存储甚至在处理信用卡信息，那么支付卡行业数据安全标准（Payment Card Industry Data Security Standard，PCI DSS）可能是法律要求。但是，即使没有游戏内的购买，任何需要玩家登录账户的游戏，例如 MOBA 或 MMO，都应该加密与登录过程相关的数据。在这两个例子中，都有金钱来激励第三方偷取信息——无论是信用卡还是登录。所以当务之急是你的游戏要保护玩家的宝贵数据不被中间人窃取。

另外，如果你的游戏在网络中传输的数据只是复制数据（或类似的），那么中间人拦截此数据是无关紧要的。这样，你不给数据加密也不会是什么大问题。话虽这么说，加密数据以避免主机数据包嗅探仍然是有意义的，我们稍后讨论这个问题。

如果你得出的结论是你的游戏需要发送对外界保密的敏感数据，那么推荐使用经过验证的加密系统。具体而言，你会希望使用**公钥加密算法**（public key cryptography），一种适合于传输安全信息的加密算法。假设 Alice 和 Bob 彼此之间想要发送加密信息。首先，在彼此说话之前，Alice 和 Bob 产生不同的私钥和公钥。私钥只对其产生者开放——不能与任何人分享。当 Alice 和

Bob首次握手成功，他们交换公钥。接着，当Alice给Bob发送一条消息时，她将使用Bob的公钥加密该信息。这条信息只有使用Bob的私钥才能解密。实际上，这意味着Alice发送的信息只有Bob能看到，同时Bob发送的信息也只有Alice能看到。这就是公钥加密算法的本质，如图10.2所示。

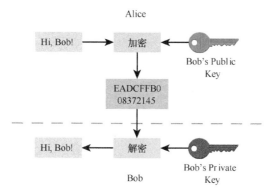

图10.2 Alice和Bob通过公钥加密算法进行交流

在有登录服务器的网络游戏中，客户端可以访问服务器的公钥。当客户端希望登录到服务器时，它们的用户名和密码使用服务器的公钥进行加密。接着，登录数据包只有用服务器的私钥才能解密，只有服务器才知道该私钥！

可以说，当今使用最流行的公钥加密系统是1977年由Rivest、Shamir和Adelman设计的RSA系统。在RSA系统中，公钥是基于非常大的**半素数**（semiprime），即两个素数的乘积。接着，私钥是基于该半素数的素数因数分解。该系统可行的原因是对于整数分解没有多项式时间的算法，并且即使是当今世界上最强大的超级计算机也不能暴力分解一个1024位或者2048位的两个大素数之积。

由于RSA是这样一个完善的密码系统，所以试图实现自己的系统将是一种资源的浪费。相反，你应该使用一个值得信赖的RSA开源实现，例如OpenSSL中提供的实现。因为OpenSSL是以自由软件许可证发布的，所以即使是商业项目也可以使用它。

破解RSA

有一些方案可以破解RSA，并且这些方案在短期内是灾难性的。第一个方案是建立一个足够强大的量子计算机。舒尔算法（Shor's algorithm）是量子计算机算法，可以在量子多项式时间内进行整数的因子分解。但是，在写这本书的时候，世界上最强大的量子计算机只能将21分解成7和3，所以需要很多年才能实现量子计算机分解1024位的整数。另一个方案是在标准的计算机上设计多项式时间的整数因子分解算法。

> 这将是灾难性的原因是互联网上大量的安全通信都是依赖于RSA或类似的算法。如果RSA被破解，那么这意味着许多用于HTTPS、SSH和类似协议的密钥都不再安全。大部分密码学家都相信，RSA终将被破解。这也是为什么密码学家在积极研究即使是量子计算机也无法在多项式时间内解决的密码系统。

10.1.2 在主机上的数据包嗅探

虽然只有传输敏感数据的游戏需要担心中间人攻击，但是每个网络游戏都容易受到故意嗅探数据包的主机的影响。在这种情况下，加密数据是一种威慑，但不是万无一失的措施。原因是任何平台上的游戏可执行文件都可以被破解，所以加密游戏数据不能防止有人学习如何解密数据。在可执行程序代码中一定有某段程序知道如何解密其收到的数据。一旦解密方案被确定下来，读取数据包数据就像其没被加密一样。

话虽这么说，逆向编写解密代码，并找到存储在客户端的私钥确实需要一些时间。所以使潜在的作弊者作弊起来更困难的一种方法仍然是加密数据，但是需要定期改变密钥及其内存偏移。每当你的游戏更新时，都需要有人重复逆向工程的过程。同样地，如果你的游戏定期改变数据包的格式和顺序，也会使得依赖于特定数据包格式的欺骗过时。这让破解者为使欺骗继续进行下去再一次花时间学习新格式。所以定期改变加密算法和数据包格式使得开发欺骗工具的人更加烦恼。但愿这意味着大部分玩家放弃开发欺骗程序。但无论哪种方式，你还必须接受这样的事实，你永远无法阻止别有用心的人在主机上嗅探所有数据包。

值得考虑的是玩家在主机上嗅探数据包究竟是寻求实现什么。主机上的玩家一般试图利用**信息作弊**（information cheat），意味着他或她正在努力收集其不应该知道的信息。防止这种作弊情况的方法是限制发送到每个主机的信息量。在客户端-服务器游戏中，服务器很有可能限制发送给每个客户端的数据。例如，假设一个网络游戏支持玩家在隐身模式下移动而不被发现。如果服务器仍然发送隐身角色的复制更新信息，那么玩家绝对可以从数据包中收集这些隐身玩家的位置信息。另外，如果隐身角色的位置更新数据暂停了，那么该客户端没有办法知道该角色的当前位置。

一般情况下，你应该假设发送给每个主机的任何数据都可以被试图作弊的玩家检查。这样，如果游戏保证只发送与每个主机相关的重要信息，那么将最小化作弊的可能。这在客户端-服务器拓扑上比对等网络拓扑上更容易实现，因为对等网络中与游戏相关的所有数据都被发送给每个对等体。那么对等网络游戏需要使用其他方法来打击作弊。

10.2　输入验证

与刚刚讲过的数据包嗅探不同，**输入验证**（input validation）是努力保证没有玩家执行的动作是无效的。这种预防作弊的方法同时适用于客户端 - 服务器拓扑的游戏和对等网络拓扑的游戏。输入验证的实现归结为简单的前提，即游戏不应该盲目地执行来自网络数据包中的操作。相反，首先应该验证操作以保证在所讨论的时间点操作是有效的。

例如，假设通过网络发送的数据包要求玩家 A 开火。接收端不应该假设玩家 A 开火的信息是有效的。首先应该确认玩家 A 有武器，武器有子弹，并且武器没有因为正在冷却而暂时无法使用。只要任意一个条件不满足，那么开火请求都应该被拒绝。

当收到玩家 A 的操作时，应该进一步证实该操作是由玩家 A 的客户端发出的。回想一下，第 6 章机器猫两个版本的代码中都执行了此验证。在客户端 - 服务器动作游戏中，每个主机地址都与一个客户端代理关联。这样，当通过网络接收移动操作时，服务器只允许那些移动操作应用到其主机的相应代理上。对等网络 RTS 游戏中，每个命令都由一个特定的玩家发出。当命令数据包通过网络被接收时，它们与那个特定的对等体关联。当是时候执行这些命令时，对等体将拒绝那些不是由所操控单元的拥有玩家发出的命令。

如果检测到无效的操作，可能会试图踢掉违规的玩家。但是，你应该考虑无效的输入是偶然的这种可能性，可能由于延迟或者数据包丢失。例如，假设玩家可以在一个特定的游戏中施法。在这个游戏中，让我们假设玩家还可以使其他玩家"沉默"，在沉默期间不能施法。现在，假设玩家 A 被"沉默"了，这意味着服务器将给玩家 A 发送一个更新数据包。在接收到沉默数据包之前的这段时间，玩家 A 可能发起了施法操作。这样玩家 A 就发起了一个无效操作，但是没有任何恶意的原因。正因为如此，将玩家 A 踢掉是错误的。一般情况下，一个正确的方法是更保守地直接拒绝无效输入。

虽然输入验证用于服务器验证客户端及一个对等体验证另外一个对等体都是有效的，但是客户端验证来自服务器的命令是非常不容易的。对于运行在开发者托管的服务器上的游戏，这不是一个问题。但是对于运行在玩家托管的服务器上的游戏，这将会是一个问题。

在权威服务器模型中，只有服务器拥有游戏状态的完整信息。所以，如果服务器告诉客户端你受伤了，那么该客户端很难验证这个受伤是否是合法的。尤其是在典型的配置中，客户端不能与其他客户端直接交流。这样，客户端A不能验证命令是否真实地来自客户端B——它不得不相信服务器发送的都是有效信息。

解决来自服务器坏数据问题的最简单也是唯一安全的方法是不让玩家主持游戏。随着云托管的出现，甚至低预算的游戏使用云来托管服务器都是可行的。虽然仍存在成本，但是基本上比在数据中心运行物理服务器花费要少。第13章介绍了如何为专用服务器使用云托管。

但是，如果你的游戏没有这方面的预算，或者只想让玩家运行他们自己的服务器，解决方案就会变得更加复杂。一种成功概率不高的方法是客户端之间保持对等网络连接。这将增加代码复杂度和运行带宽需求，但是它将允许对服务器信息的一些验证。

为了看看这是如何工作的，思考一个假想的多人躲球游戏。在标准的客户端-服务器模型中，如果客户端B向客户端A扔一个球，该信息首先从客户端B发送给服务器，然后从服务器发送给客户端A。为了增加一个额外的验证层，当客户端B扔球时，它也给其他所有的客户端发送一个数据包，通知其他客户端它扔了一个球。然后，当客户端A收到来自服务器的扔球数据包时，它可以验证这个已经从客户端B那里接收到的数据包。

不幸的是，不能保证这样一个针对服务器的对等网络验证系统总是有效的。首先，每个客户端能够到达服务器并不一定意味着客户端之间能够彼此到达。当涉及NAT穿越、防火墙等时更是如此。第二，即使所有的客户端都能彼此可达，也不能保证对等网络数据包比来自服务器的数据包先到达。所以，如果客户端A需要决定服务器的信息是否正确时，可能来自客户端B的数据包还没有抵达。这意味着客户端A不得不等待客户端B的数据包，这将延迟游戏的状态更新，或者回到起点，即完全接受服务器的信息。

10.3　软件作弊检测

防止中间人攻击和无效输入的方法本质上都是相对防守型的。在预防中间人攻击时，数据被加密，以防被读取。在预防无效输入时，增加验证代码以禁止坏命令。但是，还有更积极的方法来打击试图作弊的玩家。

在**软件作弊检测**（software cheat detection）中，作为游戏进程的一部分或者游戏进程外的软件主动监测游戏的完整性。作弊的大多数方法都会在游戏的那台机器上运行作弊软件。一些作弊软件嵌入到游戏进程中，其他一些作弊软件会重写游戏进程的内存，还有一些作弊软件是用于自动化的第三方应用程序，甚至一些作弊软件会修改游戏使用的数据文件。所有这些不同类型的作弊都可以通过使用软件作弊检测被发现，该检测是打击作弊非常有效的方法。

此外，软件作弊检测可以检测那些不容易被发现的作弊。以使用锁步对等网络的实时策略游戏为例。大部分的实时策略游戏实现战争的迷雾时，每个玩家只能看到玩家单元附近的地图区域。但是，回想一下第6章中的锁步对等网络模型，每个对等体模拟整个游戏状态。那么，每个对等体在内存中存储了游戏中所有单元的位置信息。这意味着战争的迷雾是本地的可执行程序实现的，所以可以通过编写作弊程序删除迷雾。这种类型的作弊通常被称为**地图黑客**（map hacking）。它在即时战略游戏中很流行，任何使用战争迷雾的游戏都容易受到地图黑客的攻击。使得这个难以被检测到是因为可能很少的其他对等体能检测到地图黑客——其他对等体只看到被传输的数据是正常的。但是，软件作弊检测可以成功地检测出是否使用了地图黑客。

另一种流行的作弊是机器人**外挂**（bot），扮演成玩家玩游戏，或者以某种方式辅助玩家。例如，机器人外挂作弊已经在MMO中使用多年，用于玩家想要在他们睡觉或者不在计算机前的时候都可以升级或者赚钱。在第一人称射击游戏中，有些玩家使用目标机器人，为了帮助每次射击都有完美的精确度。这两种类型的机器人外挂可能会在主要方面损害游戏的完整性，并且仅仅使用软件作弊检测就可以检测到它们。

最后，任何想要培养出强大社区的多人游戏都需要考虑使用软件作弊检测。当今有几个不同的软件作弊检测方法在使用。有些是专有的，只有特定的游戏公司采用，而其他的可以免费使用或者许可使用。本节剩余部分讨论两种软件作弊检测方法：维尔福反作弊系统和典狱长反作弊系统。显而易见，关于软件作弊检测平台的公共信息相当有限，所以下面仅仅是笼统地讨论一下。如果你决定实现自己的软件作弊检测，事先警告你，这需要大量的底层软件和逆向工程的知识。需要注意的是，即使是最好的软件作弊检测平台都可能被避开。因此，当务之急是要不断地更新作弊检测系统，以保持比所写的作弊程序先进。

10.3.1 维尔福反作弊系统

维尔福反作弊系统（Valve Anti-Cheat，VAC）是一个软件作弊检测平台，适用于使用Steamworks游戏开发平台（Steamworks SDK）的游戏。第12章包括将Steamworks游戏开发平台作为整体的深入讨论。现在，我们将集中讨论VAC。从较高的层次上来说，维尔福反作弊系统为每个游戏维护了一个被禁用户的列表。当一个被禁的用户尝试连接使用了 VAC 的服务器，那么该用户会被拒绝访问服务器。一些游戏甚至会跨多个游戏进行禁止——例如，如果有一个玩家被使用了 Valve 的 Source（起源）引擎的一个游戏禁止，那么很有可能被所有使用该引擎的游戏禁止。这为系统提供了额外的威慑。

从较高的层次上来说，VAC 通过扫描已知的作弊程序检测运行时作弊。VAC 可能使用几种方法来检测一个作弊程序，但是至少有一种方法是扫描游戏进程的内存。如果一个用户被检测到使用作弊程序，通常不会被立即禁止。因为立即禁止很显然地表明作弊不能再被安全使用了。相反，VAC 只是简单地创建一个将在未来某一时刻被禁止的用户列表。这使得系统能抓到尽可能多的使用作弊的玩家，并一次性禁止他们。玩家使用术语**禁止波**（ban wave）来描述延迟禁止的这种做法，它通常用于许多软件作弊检测平台。

还有一个在 Valve 的 Source 引擎中实现的相关功能，称为**纯服务器**（pure servers），它仅仅用于使用 Source 引擎的游戏。一台纯服务器验证用户在连接时的内容。服务器已经预知客户端上存在的所有文件的检验和。在加入游戏时，客户端必须给服务器发送它的文件检验和，如果存在不匹配，那么客户端被踢掉。这个过程也会出现在关卡变化时发生地图转换的时候。考虑这样一个事实，有些游戏允许某种定制，例如改变角色的外观，因此可能将有些文件和路径添加到白名单中，这样就不会检查这些文件和路径的一致性。尽管这个系统是 Source 引擎专用的，但是你可以在自己的游戏中实现一个类似的系统。

10.3.2　典狱长反作弊系统

典狱长反作弊系统（Warden）是一个暴雪娱乐公司（Blizzard Entertainment）创建的软件欺骗检测程序，用在他们所有的游戏上。Warden 的功能没有 VAC 那么透明。但是，与 VAC 类似，运行 Warden 的游戏扫描计算机的内存来检测已知的作弊程序。如果检测到作弊，该信息发送回 Warden 服务器，该用户会在未来的某个时间点被禁止。

Warden 特别强大的方面是在游戏运行时可以更新功能。这提供了一个重要的战术优势——通常作弊用户足够清楚，在新的游戏补丁发布时不会马上使用作弊程序。这是因为作弊程序可能不工作了，甚至即使工作，也几乎肯定会被发现。但是，当 Warden 动态更新时，可能会抓到没有意识到 Warden 已经被更新的用户。话虽这么说，有些作弊程序作者声称他们的软件能够检测到 Warden 什么时候被更新，然后这种情况下在 Warden 完成它的更新之前，卸载作弊程序。

10.4　保护服务器

网络游戏安全的另外一个重要方面是保护服务器不被攻击。对于有中心服务器的共享世界游戏尤其重要，但是任何游戏服务器都易受攻击。所以你应该为一些特定类型的攻击做好准备，并保证如果发生这些攻击有恰当的应急策略。

10.4.1　分布式拒绝服务攻击

分布式拒绝服务攻击（distributed denial-of-service attack，DDoS）的目的是让服务器不能成功地完成请求，最终导致服务器不可达或者对于合法用户不可用。原因是太多的输入数据让服务器的网络连接饱和了，或者耗尽了太多的处理能力，以至于服务器不能跟上实际的需求。几乎每一个主流网络游戏或在线游戏服务器都曾经受到过 DDoS 的影响。

如果你使用自己的硬件作为游戏服务器，那么避免 DDoS 攻击是困难和有压力的。它涉及与 ISP 密切合作，潜在的硬件升级和不同服务器之间分配流量。另外，如果你的服务器使用云托管方案，如第 13 章中讲解的，一些防止 DDoS 攻击的工作可以交给云提供商。主流的云托管平台都有内置的不同等级的 DDoS 预防策略，并且还可以购买专门的基于云的 DDoS 攻击防护服务。话虽这么说，但是你不能假设云托管提供商可以完全避免 DDoS——为谨慎起见，仍然需要在准备和测试不同的预防战略上投入时间。

10.4.2　坏数据

你也应该考虑到恶意用户可能会尝试给服务器发送格式不正确或不合适的数据包。这样做的原因很多，但最简单的原因是用户试图让服务器崩溃。但是，更阴险的用户可能试图通过数据包缓冲区溢出或类似的攻击，让服务器执行恶意代码。

保护你的游戏不受坏数据攻击的最好方法是使用称为**模糊测试**（fuzz testing）的一种自动测试方法。在一般情况下，模糊测试用于发现代码中正常单位测试或质量保证测试不可能发现的错误。对于网络游戏，你可以使用模糊测试给服务器发送大量的非结构化数据。目的是看给服务器发送这样的数据是否会让服务器崩溃，并修复这一过程中发现的任何错误。

为了找到最多的错误，推荐同时使用充分随机化的数据和更加结构化的数据——例如包含预期签名的数据包，尽管数据包中剩下的负载可能是随机的和非结构化的。通过多次模糊测试以及修复模糊测试中所捕捉错误的迭代，可以最小化你的游戏受到坏数据影响的可能性。

10.4.3 时序攻击

任何将期望的字节签名或哈希与收到的签名比较的代码都容易受到**时序攻击**（timing attack）。在这种类型的攻击中，通过分析特定哈希算法或者加密系统已经拒绝无效数据所花费的时间，可以学习到其实现的信息。

假设你在比较两个包含 8 个 32 位整数的数组，来确定它们是否相等。数组 a 表示期望的证书。数组 b 表示用户提供的证书。您首先想到的可能是编写如下函数：

```cpp
bool Compare(int a[8], int b[8])
{
    for (int i = 0; i < 8; ++i)
    {
        if (a[i] != b[i])
        {
            return false;
        }
    }
    return true;
}
```

"return false" 语句看起来是一个无伤大雅的性能优化——如果数组中某一个索引不匹配，那么没有理由继续比较数组的剩余部分。但是，正因为这个提前返回，该代码容易受到时序攻击。对于不正确的 b[0] 值，Compare 函数比正确的 b[0] 值返回的要快。所以，如果用户尝试每个可能的 b[0]，那么通过测试哪个值导致 Compare 函数返回的时间长，实际上就能确定正确的值。这个过程可以针对每个索引反复试验，最终该用户能够确定完整的证书。

这个问题的解决方案是重写 Compare 函数，使得不管是 b[0] 还是 b[7] 不匹配，都是执行相同时间。一个可利用的事实是如果两个值相等，那么它们的二进制异或（XOR）结果为零。因此，你可以对于数组 a 和 b 的每个索引执行二进制异或，并且将这些结果执行或（OR）操作，如下面重写的Compare 函数：

```
bool Compare(int a[8], int b[8])
{
    int retVal = 0;
    for (int i = 0; i < 8; ++i)
    {
        retVal |= a[i] ^ b[i];
    }
    return retVal == 0;
}
```

10.4.4　入侵

服务器安全的一个大问题是恶意用户试图闯入服务器，尤其是对于共享游戏世界的游戏。目的可能是窃取用户数据、信用卡号和密码。或者更糟的是，攻击者可能会试图毁掉游戏的整个数据库，从而删除整个游戏数据。在所有的服务器安全问题中，入侵是最大的噩梦，应该非常认真地对待。

有一些预防措施可以限制潜在的入侵。你可以采取的最大的一步是确保服务器上的所有软件都是最新的。这包括操作系统上的一切、数据库、用于自动化的任何软件、网络应用程序等。原因是旧版本可能包含新版本已经修复的漏洞。保持更新有助于减少入侵者可能采用的入侵方案。同样地，限制服务器上的服务数量将减少潜在入侵点的数量。

这同样适用于你的项目中开发人员使用的机器。许多入侵的一个常见途径是首先闯入有权访问中央服务器的个人机器，然后以个人机器为跳板进入服务器系统。这被称为**鱼叉式钓鱼攻击**（spear phishing attack）。因此，在最低限度，在所有开发人员机器上的操作系统以及访问 Internet 或网络的任何软件，如 Web 浏览器，应该始终保持更新。另外一个打击服务器跳板的方法是极大地限制个人机器访问关键服务器和数据机器的方式。值得执行服务器上的双因素身份验证，使得仅仅知道某人的密码是不够的。

但是，尽管已经做了最大的努力来防止入侵，你仍然应该假设你的服务器很容易受到高级黑客的攻击。因此，你要确保存储在服务器上的任何敏感数据尽可能安全。这样，即使在被攻击的情况下，你仍然可以限制游戏和游戏玩家受到的伤害程度。例如，用户密码不应该被保存为纯文本，因为有数据库访问权限的人可以瞬间访问所有用户的密码，这对于用户在不同账户之间常常共用一个密码的情况将会非常糟糕。应该使用适当的密码哈希算法对密码实现哈希，例如河豚加密算法。不要使用简单的哈希算法，例如 SHA-256、MD5 或 DES，来保护你的密码，因为这些旧系统都很容易被现代机器攻破。与加密密码一样，你也应该确保如信用卡这样的账户信息以与行业最佳标准一致的密码安全标准来存储。

近年来广为流传的情报泄露事件显示，服务器安全的最大威胁往往不是外部用户。相反，安全系统面临的最大威胁可能是一个心怀不满的员工。这样的员工可能试图访问或传播他们不应该访问的数据。为了解决这个问题，有一个全面的日志和审计制度是非常重要的。如果发生这样的事情，这既可以起到威慑的作用，也可以提供犯罪行为的证据。

最后，你应该确定所有重要数据都定期备份到了线下的物理设备上。这样，即使在最坏的情况下，整个数据库被恶意攻击或被其他灾难删除，你仍然可以求助，并恢复到数据的最新版。从备份中恢复绝不是最理想的，但是仍然比永久失去所有的游戏数据要好得多。

10.5　总结

大多数多人游戏工程师都需要考虑不同层次的安全性。首先考虑的是数据传输的安全性。因为数据包能够被中间人攻击，所以要加密敏感信息，例如密码和账号信息。推荐的方法是使用例如 RSA 的公钥加密算法来加密数据。对于只与游戏状态相关的数据，最小化发送的数据量也是有用的。特别对于减少客户端 - 服务器类型游戏的欺骗，这是非常有帮助的，因为让客户端知晓了更少的信息。

输入验证对于保证用户不能在没有允许的情况下执行操作也非常重要。错误的输入不一定总是作弊——在客户端 - 服务器游戏中，可能只是客户端在发送请求时没有收到最近的更新。话虽这么说，重要的是通过网络发送的所有命令都需要被验证。这既可以用于服务器验证客户端输入，也可以用于一个对等体验证另一个对等体的输入。对于验证来自服务器数据的情况，万无一失的选择是不允许玩家托管自己的服务器。

虽然软件作弊检测是一个更具有攻击性的做法，但它是消除游戏作弊的最佳工具。一个典型的作弊检测软件将积极地扫描运行游戏的机器的内存，这是为了确定是否有任何已知的作弊程序也在运行。如果检测到作弊程序，那么该用户通常在未来的禁止波中被游戏禁止。

最后，重要的是保护服务器不受各种各样的攻击。分布式拒绝服务攻击力求压倒服务器，可以通过使用云托管实现部分抗攻击能力。还可以通过模糊测试实现服务器代码不受坏数据包的攻击。最后，采取诸如保持服务器软件更新并加密存储在服务器上的敏感数据这样的措施是非常重要的，其减轻了服务器被入侵的风险和危害。

10.6 复习题

1. 描述中间人攻击可能执行的两种不同方式。

2. 公钥加密算法是什么？如何使用公钥加密算法最小化中间人攻击的风险？

3. 举例说明什么时候输入验证可能犯假阳性的错误，意思是输入验证认为用户使用了作弊，但是实际上没有。

4. 允许玩家拥有他们自己服务器的游戏如何验证从服务器发送过来的数据？

5. 为什么不使用软件作弊检测，锁步对等网络游戏中的地图作弊就不能被检测到？

6. 简要描述维尔福反作弊系统如何打击正在作弊的玩家。

7. 描述两种不同的保护服务器不被入侵的方法。

10.7 延伸的阅读资料

Brumley, David, and Dan Boneh. "Remote timing attacks are practical." Computer Networks 48, no. 5 (2005): 701-716.

Rivest, Ronald L., Adi Shamir, and Len Adleman. "A method for obtaining digital signatures and public-key cryptosystems." Communications of the ACM 21, no. 2 (1978): 120-126.

Valve Software. "Valve Anti-Cheat System." Steam Support.

第11章 真实世界的引擎

虽然较大的游戏工作室大部分仍然在开发它们自己内部的游戏引擎，但对于较小的工作室，越来越普遍的做法是使用现成的引擎。对于大部分类型的网络游戏，小工作室使用现成的引擎在时间和成本上更合算。在这种情况下，网络工程师要写的代码处于比本书中大部分内容更高的逻辑层次。本章将介绍在当今许多游戏中使用的两个非常流行的引擎 Unreal 4 和 Unity，并研究如何使用这两个引擎实现多人网络游戏的功能。

11.1 虚幻引擎 4

自从1998年视频游戏 *Unreal* 的发布，虚幻引擎（Unreal Engine）已经以多种形式存在。但是，多年来该引擎已经以许多不同的方式发生了变化。本节专门讨论2014年发布的虚幻引擎4。本章的剩余部分中，"Unreal"都指的是这个引擎，而不是视频游戏的名字。使用 Unreal 的开发者一般不必关心底层的网络细节。相反，开发者关心的是更高层次的游戏代码，并确保其在网络环境下正常工作。这类似于《部落》（*Tribes*）联网模式的游戏模拟层。

正因为如此，本节中的大部分内容着眼于从更高的层次向虚幻引擎游戏中添加网络连接。但是，为了完整性，还是值得来看看低层的细节以及它们是如何对应到第1章到第10章讲解的内容上的。更关心虚幻引擎网络底层方面的读者可以在虚幻引擎网站上免费创建开发者账号，就可以访问源代码了。

11.1.1 套接字和基本的网络体系

为了给众多的平台提供支持，Unreal 必须从底层的套接字中抽象实现细节。称为 `ISocketSubsystem` 的接口类已经为 Unreal 支持的不同平台做了实现。某些方面与第3章中介绍的伯克利套接字代码类似。回想一下，在 Windows 和 Mac 或 Linux 上的套接字 API 有细微差别，所以 Unreal 中的套接字子系统需要考虑到这一点。

套接字子系统负责创建套接字和地址。套接字子系统的 `Create` 函数返回创建的 FSocket 类的指针，然后就可以使用标准的函数，例如 Send、Recv 等等，发送和接收数据。与第3章实现的代码不同，TCP 和 UDP 套接字功能并非在单独的类中提供。

同样地，UNetDriver 类负责接收、过滤、处理和发送数据包。可以认为这个类与第6章实现的 NetworkManager 类类似，尽管它更底层一点。与套接字子系统的情况一样，根据底层传输层是 IP 协议还是如 Steam 使用的游戏服务传输（在第12章介绍），实现方式也不同。

有相当多的与传输信息相关的底层代码。还有大量的发送传输无关消息的类。这部分的细节非常复杂，如果您感兴趣，应该查询专门的 Unreal 文档。

11.1.2 游戏对象和拓扑

Unreal 使用一些相当特别的术语来表示该引擎中的关键游戏类，所以在深入之前，有必要先讨论一下这些术语。Actor 几乎是所有游戏对象类的基类。游戏世界中存在的每个对象，无论是静态的还是动态的，可见的还是不可见的，都是 Actor 的子类。Actor 一个重要子类是 Pawn，是可以被控制的 Actor。具体而言，这意味着 Pawn 有一个指向 Controller 类实例的指针。Controller 也是 Actor 的子类，是因为 Controller 仍然是需要被更新的游戏对象。Controller 应该是 PlayerController 或者 AIController，这取决于什么正在控制所讨论的 Pawn。Unreal 类层次结构的一个很小的子集展示如图11.1所示。

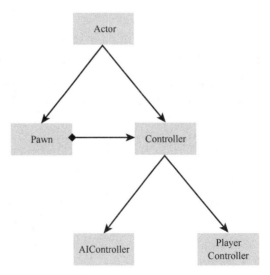

图11.1 Unreal类层次结构的要点

为了巩固这些类之间如何协同工作的知识，考虑一个简单的例子——单人躲避球游戏。假设玩家按下空格键抛出一个球。空格键输入事件可能被发送到一个 PlayerController。然后，这个 PlayerController 通知 PlayerPawn，应该扔一个球。这将引起 PlayerPawn 产生一个 DodgeBall，DodgeBall 是 Actor 的子类。尽管在引擎内部的这个场景的背后会有更多的事情发生，但是这个例子提供了这些关键类之间如何交互的一个基本理解。

对于网络游戏，Unreal 只支持客户端 - 服务器模型。服务器可以以两种不同的模式运行：专用服务器和监听服务器。在**专用服务器**（dedicated server）中，服务器作为与其他所有客户端分开的一个进程运行。通常，专用服务器完全运行在一个单独的机器上，尽管这不是必须的。在**监听服务器**（listen server）模式下，一个游戏实例既是服务器也是一个客户端。专用服务器模式和监听服务器模式的游戏之间存在一些微小差异，但是这超出了本节的范围。

11.1.3　Actor 复制

Unreal 使用客户端 - 服务器模型，则需要有一种方法让服务器给所有的客户端发送 actor 的更新。可以恰当地称之为 **actor 复制**（actor replication）。Unreal 做了一些不同的事情来减少需要在任何一个时间点被复制的 actor 数量。正如在《部落》（*Tribes*）模型中，Unreal 尝试确定与任何一个客户端相关的 actor 集合。此外，如果有一个 actor 只会和一个特定的客户端相关，那么可以在那个客户端上生成这个 actor，而不需要在服务器上生成。一个使用第二种方法的例子是 actor 用于封装临时粒子效果。此外，也可以使用不同的标识来进一步调整 actor 的相关性。例如，bAlwaysRelevant 将大大增加 actor 是相关的可能性（它实际上并不保证 actor 永远是相关的，虽然这有违变量的名字）。

相关性导致了下一个重要的概念——**角色**（role）。在网络多人游戏中，会一次运行几个独立的游戏实例。每个实例可以查询每个 actor 的角色，这是为了确定谁具有该 actor 的控制权。根据查询角色的游戏实例不同，特定 actor 的角色也可以不同，理解这一点很重要。我们返回到躲避球例子，在躲避球的网络多人游戏版本中，球是在服务器上生成的。那么，如果服务器查询球的角色，那么它将看到其具有"权威"角色，意味着服务器是球 actor 的最终权威。但是，其他客户端将看到"模拟代理"的角色，意思是它们只是简单模拟球，但不是球行为的权威。三种角色如下所示：

- **权威**（authority）。游戏实例是 actor 的权威。

- **模拟代理**（simulated proxy）。在客户端上，这意味着服务器是actor的权威。模拟代理意味着客户端可以模拟actor的某些方面，例如移动。
- **自治代理**（autonomous proxy）。自治代理与模拟代理非常类似，尽管意味着它是直接从当前的游戏实例接收输入事件的代理，所以当代理在模拟时，应该考虑玩家的输入。

这并不意味着在多人游戏中，服务器总是每个actor的权威。在本地粒子效果actor的例子中，让客户端生成actor是很有意义的，这里客户端是角色的权威，并且服务器甚至不知道粒子效果actor的存在。

但是，每个以服务器作为角色权威的actor都将被复制给所有相关的客户端。在这些actor里面，可以指定哪些属性应该被复制，哪些属性不应该被复制。通过这种方法，可以仅仅复制对正确模拟actor关键的属性，以节省带宽。Unreal中的actor复制仅仅是从服务器到客户端——客户端没有办法创建一个actor，并将其复制给服务器或其他客户端。

除了复制属性，也可以有更先进的复制配置。例如，可以根据特定的条件仅仅复制一个属性。也可以每当一个特定的属性从服务器复制过来时，就在客户端上执行自定义的函数。因为虚幻引擎4的游戏代码是用C++写的，所以该引擎使用了复杂的宏集合来跟踪所有不同的复制属性。所以，当在类的头文件中增加一个变量时，也可以通过宏在变量上标注合适的复制信息。Unreal也有一个相当强大的基于流程图的脚本系统，称为**蓝图**（Blueprint）——出人意料的是，大部分的多人游戏功能也可以通过这个脚本系统访问。

为方便起见，Unreal已经实现了actor移动的客户端预测。具体而言，如果一个actor被设置bReplicateMovement标识，那么它将根据复制过来的速度信息，复制并预测模拟代理的移动。如果需要的话，也可以重写该方法为角色移动实现客户端预测。但是，默认的实现给大多数游戏提供了良好起点。

11.1.4　远程过程调用

正如第5章讨论的，远程过程调用是进行复制工作的工具。所以Unreal提供了一个相当强大的远程过程调用系统是不足为奇的。Unreal中有三种类型的RPC：服务器、客户端和多播。

服务器函数（server function）是在客户端上调用并在服务器上执行的函数。一个重要的提醒是：服务器不会让任何客户端调用游戏世界中所有actor上的服务器RPC。这很容易导致潜在的作弊等问题。相反，只有拥有这个actor的客户端可以在actor上成功地执行服务器RPC。需要注意的是，actor

拥有者和具有权威角色的游戏实例不是一回事。事实上，拥有者是与所讨论的 actor 相关联的 `PlayerController`。例如，如果 `PlayerController` A 控制 `PlayerPawn` A，那么驾驭 `PlayerController` A 的客户端被认为是 `PlayerPawn` A 的拥有者。如果我们回到躲避球的游戏实例中，这意味着只有客户端 A 可以在 `PlayerPawn` A 上调用 `ThrowDodgeBall` 这一服务器 RPC——客户端 A 试图在任何其他 `PlayerPawn` 上对 `ThrowDodgeBall` 的调用都将被忽略。

客户端函数（client function）与服务器函数相反。当服务器调用客户端函数时，这个过程调用被发送给拥有所讨论的 actor 的客户端。例如，当服务器确定在躲避球游戏中，玩家 C 被消灭了，那么服务器在玩家 C 上调用一个客户端函数，这样玩家 C 的拥有者客户端会在屏幕上显示"被消灭"消息。

顾名思义，**多播函数**（multicast function）将被发送到多个游戏实例。特别地，多播函数是在服务器上调用，并在服务器和所有客户端上执行的函数。多播函数用于通知每个客户端特定的事件——例如，当服务器想让每个客户端本地生成一个粒子效果 actor 时，就使用多播函数。

三种不同类型的 RPC 结合在一起具有很大的灵活性。还有一个要注意的是，Unreal 提供了 RPC 是否可靠的选项。这意味着对于低优先级的事件可以将它们的 RPC 标记为不可靠的，这在发生数据包丢失时可以提升性能。

11.2 Unity

Unity 游戏引擎最初是在 2005 年发布的。在过去的几年里，它已成为许多开发人员使用的一种非常流行的游戏引擎。与 Unreal 一样，该引擎提供了一些内置的同步和 RPC 功能，尽管与 Unreal 使用的方法有一些明显的不同。Unity 5.1 引入了一个名为 UNET 的新网络库，因此本节重点介绍这个库。在 UNET 中，有两种不同的 API：高层 API，可以处理大多数网络游戏的应用案例，以及底层传输层 API，可用于根据需要定制互联网通信。本节的大部分内容关注于高层 API。

虽然 Unity 游戏引擎的核心主要是用 C++ 写的，但是 Unity 开发者不能访问 C++ 代码。使用 Unity 的开发者通常会用 C# 写自己的代码，虽然也可以使用某个版本的 JavaScript。大部分严谨的 Unity 开发者使用 C#。使用 C# 而不是 C++ 进行游戏逻辑编程既有好处，也有坏处，虽然这与手头的任务不相关。

11.2.1　传输层 API

UNET 提供的传输层 API 是针对平台相关套接字的封装。正如人们所期望的那样，其提供了创建与其他主机连接的功能，该连接可以用来发送和接收数据。创建连接时可以决定该连接的可靠性。创建时不是明确请求 UDP 或 TCP 连接，而是指定你希望使用连接的方式。你可以创建一个通信通道，并从枚举类型 QosType 中选择一个值。可能的取值包括：

- Unreliable。发送消息没有任何保证。
- UnreliableSequenced。不能保证消息到达，但是乱序的消息会被丢掉。可用于电话通信。
- Reliable。只要连接没有断，就保证消息能到达。
- ReliableFragmented。一个可靠的消息可以被分割成几个数据包。这在希望通过网络传输大文件时是非常有用的，因为它可以在接收端进行重组。

通过 NetworkTransport.Connect 函数调用建立连接。返回连接 ID，然后用于其他 NetworkTransport 函数的参数，如 Send、Receive 和 Disconnect。在 Receive 调用中，返回值是 NetworkEventType，其可以封装数据或事件，如断开连接。

11.2.2　游戏对象和拓扑

Unity 与 Unreal 的一个很大的区别是建立游戏对象的方式。在涉及游戏对象和 actor 时，虽然 Unreal 有一个比较完整的层次结构，但是 Unity 采取更加模块化的方法。Unity 中的 GameObject 类主要是针对组件（Component）类的容器。所有的行为都委托给所讨论的 GameObject 中所包含的组件类。这使得对于游戏对象不同方面的行为有了一个更好的描述，尽管当多个组件之间存在依赖时，有时会使编程更困难。一般情况下，一个 GameObject 有一个或多个从 MonoBehaviour 继承的组件，为 GameObject 实现任何自定义的功能。例如，我们并不从 GameObject 类继承得到一个 PlayerCat 类，而是创建一个从 MonoBehaviour 类继承的 PlayerCat 组件。然后 PlayerCat 组件可以附加到任何行为类似 PlayerCat 的游戏对象。

在高层网络 API 中，Unity 使用 NetworkManager 类封装网络游戏中的状态。NetworkManager 以三种不同的模式运行：单独的客户端、单独的（专用的）服务器，或组合"主机"，即既是客户端也是服务器。这意味着 Unity 实际上也同时支持专用服务器模式和监听服务器模式，与 Unreal 中所支持的一样。

11.2.3 生成对象和复制

因为Unity使用客户端-服务器拓扑，意味着在Unity网络游戏中生成对象与在单人游戏中不同。具体而言，当游戏对象通过NetworkServer.Spawn函数在服务器上生成，意味着该游戏对象可以通过生成的网络实例ID被服务器跟踪。此外，以这种方式生成的游戏对象可以被复制，并在所有客户端上生成。为了在客户端上生成正确的游戏对象，应该为游戏对象注册正确的**预制体**（prefab）。Unity中的预制体可以被认为是组件、数据和游戏对象使用脚本的集合，可以包括3D模型、音效和游戏对象使用的行为脚本。通过在客户端上注册预制体，当服务器通知客户端生成该游戏对象的实例时，保证所有的对象数据都已经准备好。

一旦对象在服务器上生成，它行为组件内的属性可通过几种不同的方法被复制到客户端。但是，为了使其正常工作，行为组件必须从NetworkBehaviour继承，而不是通常的MonoBehaviour。此后，复制变量的最简单方法是给你希望复制的每个变量标记[SyncVar]属性。这种方法可以用于原生类型和Unity类型，例如Vector3。任何被标记为SyncVar的变量都会自动将值的变化复制到客户端，而不需要将这个值标记为脏。但是，请记住，虽然SyncVar也可用于用户定义的结构体，但是该结构体的全部内容必须作为一组数据被复制。所以如果有一个包含10个成员的结构体，只要有一个成员变化了，就要通过网络传输所有这10个成员，会造成带宽的浪费。

如果需要更加细粒度地控制变量的复制，那么需要重写OnSerialize和OnDeserialize成员函数来手工对你希望同步的变量进行读和写。这允许了定制同步功能，但是它不能与SyncVar结合使用——所以你必须做出选择。

11.2.4 远程过程调用

Unity也支持远程过程调用，尽管这个术语与本书中使用的术语有细微差异。在Unity中，**命令**（command）是指客户端发给服务器的动作，只对玩家控制的对象有效。相反，**客户端RPC**（client RPC）函数是指服务器发给客户端的动作。和SyncVar一样，这些类型的RPC函数只在NetworkBehaviour的子类中被支持。

标记函数为某种类型的远程过程调用与同步变量非常类似。为了标记一个函数为一个命令，该函数应该有[Command]属性，此外该函数名要以Cmd为前缀，例如CmdFireWeapon。同样地，如果函数是客户端RPC，那么该函数被标记[ClientRpc]属性，并以Rpc开头。无论哪种情况，这个函数都可以像C#中的标准函数一样被调用，并且将自动创建网络数据和远程执行。

11.2.5　比赛安排

UNET库也提供与游戏服务相关的比赛安排功能，该主题在第12章中详细介绍。与Unreal基于所关心的平台为现有的游戏服务提供封装不同，Unity中的比赛安排模块可以被用于请求并列出当前的游戏会话。一旦发现合适的会话，那么就可能加入游戏。这个功能可以通过NetworkMatch类添加到MonoBehaviour子类中。之后则会触发回调，如OnMatchCreate、OnMatchList和OnMatchJoined。

11.3　总结

对于小规模的游戏开发工作室，使用现成的引擎是一个合理的决定。在这种情况下，相比本书中的大多数内容，网络工程师的责任要处于更高的层次。工程师不用担心如何实现套接字或基本数据的序列化，只需知道如何在自己选择的网络游戏引擎上添加自己的游戏功能。

虚幻引擎已经存在了20年。2014年发布的该引擎的第四个版本提供了C++的完整源代码。尽管其为套接字和地址这样的功能提供了平台特定的封装，但并不期望开发者直接使用这些类。

Unreal的网络模型支持客户端-服务器拓扑，可以使用专用服务器或监听服务器。游戏对象的Unreal版本——Actor拥有包括许多不同子类的层次结构。此功能的一个重要方面是网络角色的思想。权威意味着游戏实例是对象的权威，而模拟代理和自治代理当客户端直接从服务器镜像一个对象时被使用。Actor类也有内置的对象复制。一些功能，例如移动，可以通过设置一个布尔型变量控制复制，同时自定义参数也可以被标记为复制。此外，Unreal支持各种远程过程调用。

Unity在2005年发布，并在过去的几年中已经成为流行的游戏引擎。使用Unity的开发者一般使用C#编写全部游戏代码。在Unity 5.1中，引入了一个新的网络库，称为UNET，提供了大量的高层网络功能，尽管底层的传输层也依然可用。

传输层抽象了套接字的创建，并允许开发者使用几种模式传输数据，包括可靠的（reliable）和不可靠的（unreliable），但是Unity实现的大部分游戏没有直接使用传输层。事实上，大部分开发者使用高层的API，与Unreal一样，Unity同时支持专用服务器和监听服务器。所有需要网络支持的行为类都继承于NetworkBehaviour类。它支持数据复制，可以通过添加

[SyncVar] 属性，或者通过自定义序列化函数使用复制功能。一种类似的方法也用于远程过程调用，可以从服务器到客户端，也可以从客户端到服务器。最后，Unity 提供了一些内置的比赛安排功能，可以被作为轻量级的解决方案来实现一个完整的游戏服务。

11.4 复习题

1. Unreal 和 Unity 都只提供客户端 - 服务器拓扑的内置支持，而不支持对等网络拓扑。这是为什么？
2. 在 Unreal 中，网络游戏中 actor 的不同角色是什么，它们的重要性是什么？
3. 描述 Unreal 中远程过程调用的不同使用案例。
4. 描述 Unity 中游戏对象和组件是怎样工作的。这样一个系统的优点和缺点是什么？
5. Unity 如何实现变量同步和远程过程调用？

11.5 延伸的阅读资料

Epic Games. "Networking & Multiplayer." Unreal Engine.

Unity Technologies. "Multiplayer and Networking." Unity Manual.

第12章 玩家服务

当今大部分玩家都有位于玩家服务上的配置文件，例如 Steam、Xbox Live 或者 PlayStation Network。这些服务给玩家和游戏都提供了许多功能，包括比赛安排、统计、成就、排行榜、基于云的存储等等。由于玩家服务的使用已经变得如此普遍，玩家希望每个游戏，甚至单人游戏，都以某种有意义的方式整合其中一种服务。本章将看一看这些服务是如何整合到游戏中的。

12.1 选择一种玩家服务

由于有许多选择，所以你需要考虑将哪种玩家服务整合到你的游戏中。在某些情况下，游戏发布的平台已经为你做出了选择。例如，所有的 Xbox One 游戏必须集成 Xbox Live 玩家服务——不可能让 Xbox One 游戏集成 PlayStation Network。但是，对于 PC、Mac 和 Linux，有几种可能的选择。毫无疑问，今天在这些平台上最流行的服务是 Valve 软件公司的服务 Steam。Steam 平台存在了 10 多年，有成千上万的游戏，提供了巨大的安装基础。鉴于机器猫 RTS 是 PC/ Mac 游戏，所以有理由将其集成到 Steam 上。

为了将 Steam 整合到你的游戏中，有几个先决条件。首先，你必须同意 Steamworks SDK 接入协议的条款。该协议可在网上下载。然后，你必须注册为 Steamworks 的合作伙伴，包括签订进一步的保密协议并提供相关信息。最后，必须获得游戏的应用程序 ID。只有注册成为 Steamworks 合作伙伴，才能为你提供一个应用程序 ID，这样你的游戏就可以发布到 Steam 上了。

不过，当你完成第一步，同意 Steamworks SDK 接入协议，就能够访问 SDK 文件、文档和拥有应用程序 ID 的示例游戏项目（称为 *SpaceWar*）。出于演示的目的，本章中所提供的代码示例使用的是 *SpaceWar* 游戏的应用程序 ID。完成所有的其他步骤并收到自己唯一的应用程序 ID，对于理解如何将 Steamworks 整合到你的游戏中更是绰绰有余了。

12.2 基本设置

在给玩家服务写任何具体的代码之前，要考虑如何将这个代码集成到你的游戏中。一个快速的方法是在需要的时候直接添加玩家服务代码的调用。因此,在我们的例子中,我们可以在需要使用玩家服务的所有文件中直接调用 Steamworks SDK 的函数。但是不建议这么做,有以下两个原因。第一,这意味着团队的每个开发者都需要在一定程度上熟悉 Steamworks,因为使用 Steamworks 的代码遍布在整个工程中。第二,也是更重要的,这使得在你的游戏中集成另外一个不同的玩家服务变得非常困难。这是跨平台游戏特别需要关注的问题。因为正如我们讨论的,不同平台有不同玩家服务的使用限制。所以即使我们知道机器猫 RTS 现在仅适用于 PC 和 Mac,如果我们想将它移植到 PlayStation 4,我们希望尽可能无缝地实现从 Steamworks 到 PlayStation Network 的迁移。到处都有 Steamworks 的代码肯定是有违这一目标的。

这引出了本章玩家服务实现的一个主要设计思想。在 GamerServices.h 头文件中的代码没有引用任何 Steamworks 函数和对象,因此不需要包含 steam_api.h 头文件。用于实现此目的的一个机制是称为**指向实现的指针**(pointer to implementation)的构造,这是 C++ 中用于隐藏类实现细节的一种习惯。使用指向实现的指针时,需要有一个类包含实现类的前向声明和指向这个实现类的指针。通过这种方式,类的实现细节就和声明分开了。GamerServices 类中使用的指向实现指针的基本内容如清单 12.1 所示。需要注意的是,这个类使用 unique_ptr,而不是裸指针,因为这是现代 C++ 推荐的方法。

清单 12.1　GamerServices.h 中指向实现的指针

```
class GamerServices
{
public:
    //lots of other stuff omitted
    //...

    //forward declaration
    struct Impl;
private:
    //pointer to implementation
    std::unique_ptr<Impl> mImpl;
};
```

需要特别注意的是,实现类本身没有在头文件中完整声明。实现类的细节是在目标文件中声明的——在这个例子中是 GamerServicesSteam.cpp,这也是 mImpl 指针初始化的地方。这意味着 Steamworks API 的调用都是在这个单独的 C++ 文件中。这样,如果任何时候你想集成 Xbox Live,那么只需要在 GamerServicesXbox.cpp 中创建另外一个 GamerServices 类的实现。然后在我们的项目中，而不是 Steam 的实现中，添加新文件，在理论上不需要修改其他代码。

尽管指向实现的指针是对平台特定细节进行抽象的强大工具，但还需要提一下性能问题，特别是对于游戏来说。当使用指向实现的指针时，意味着这个对象大量的成员函数调用都需要额外的指针引用。指针引用有一定的开销。对于有大量成员函数调用的类，例如渲染设备类，性能降低是非常明显的。但是，对于 GamerServices 对象每帧没有特别多的函数调用。因此在这种情况下，为了灵活降低一点性能是可以接受的。

还应当指出的是，GamerServices 对象中的可用功能仅仅是整个 Steamworks 功能的一个小子集。这是因为它只包含了机器猫 RTS 所期望功能的封装——肯定有可能再添加新的功能。但是，如果增加非常多的功能，最好将玩家服务代码分成多个文件。例如，不要直接在 GamerServices 中加入一些对等网络函数，而是可以创建一个 GamerServiceSocket 类，实现类似于 TCPSocket 或 UDPSocket 的功能。

12.2.1 初始化、运行和关闭

通过调用 SteamAPI_Init 初始化 Steamworks。SteamAPI_Init 函数没有输入参数，返回布尔型结果表示初始化是否成功。该函数的代码在 GamerServices::StaticInit 中。值得注意的是，在渲染器初始化之前，要先在 Engine::StaticInit 中初始化玩家服务。这是因为 Steam 提供的特色功能之一是叠加（overlay）。叠加允许玩家在没有离开当前游戏的情况下执行一些动作，例如与朋友聊天、使用 Web 浏览器。该叠加通过挂钩在 OpenGL 功能上工作。这意味着为了保证叠加渲染正常，必须在渲染初始化之前调用 SteamAPI_Init。如果 SteamAPI_Init 成功执行，它将初始化一系列的全局接口指针。然后这些指针可以通过全局函数访问，如 SteamUser、SteamUtils 和 SteamFriends。

通常情况下，Steam 上的游戏是通过 Steam 客户端启动的。通过这种方法 Steamworks 可以知道正在运行游戏的应用程序 ID。但在开发的时候，你不会通过 Steam 客户端启动你的游戏——通常你会通过调试器或作为独立的可执行程序来启动。为了让 Steamworks 在开发时知道应用程序 ID，将包含应用程序 ID 的 steam_appid.txt 文件存放在与可执行程序同一个目录下。然而，虽然这样不需要通过 Steam 客户端来启动游戏了，但是必须仍然运行有用户登录的 Steam 客户端实例。如果你还没有 Steam 客户端，从

Steam网站上可以下载。

此外，为了在Steam上测试多用户游戏，必须创建多个测试账号。本地测试要比第6章中的游戏版本复杂一点，因为不可能在同一台计算机上运行多个Steam实例。所以为了测试本章代码的多人功能，你需要使用多台计算机或创建虚拟机。

因为Steamworks需要经常与远程服务器通信，所以许多函数调用是异步的。为了在完成异步调用后通知应用程序，Steamworks使用回调。为了确保回调被触发，游戏必须定期调用SteamAPI_RunCallbacks。建议每帧调用该函数一次。在GamerServices::Update中就是这样实现的，其在Engine::DoFrame中每帧调用一次回调函数。

与初始化类似，Steamworks的关闭直接通过SteamAPI_Shutdown函数。该函数是在GamerServices的析构函数中被调用的。

对于客户端-服务器游戏，需要进一步通过SteamGameServer_Init和SteamGameServer_Shutdown初始化和关闭玩家服务的服务器代码。这需要包含steam_gameserver.h文件。专用服务器可以在不要求用户登录的匿名模式下运行。但是，因为机器猫RTS仅仅使用了对等网络通信方式，所以本章的代码没有使用玩家服务的任何游戏服务器功能。

12.2.2 用户ID和名称

在第6章讨论的《机器猫RTS》早期版本中，玩家ID是使用32位无符号整数存储的。你可能还记得，在这个旧版本中，玩家的ID是由主对等体分配的。当使用玩家服务时，每个玩家已经有了服务分配的唯一的玩家ID，所以自己再分配唯一的ID是没有任何意义的。在Steamworks中，唯一ID被封装在CSteamID类中。但是，如果CSteamID被到处使用，就破坏了Gamer Services类模块化的目的了。幸运的是，CSteamID可以与64位无符号整数相互转换。

所以，将玩家ID修改为相应的Steam ID首先需要将所有的玩家ID变量类型改为uint64_t。此外，玩家ID不再由主对等体分配，现在Network Manager通过查询GamerServices对象初始化每个玩家的ID，具体是通过调用清单12.2中的GetLocalPlayerId函数实现的。

清单12.2 基本的用户ID和名称功能

```
uint64_t GamerServices::GetLocalPlayerId()
{
    CSteamID myID = SteamUser()->GetSteamID();
```

```
    return myID.ConvertToUint64();
}

string GamerServices::GetLocalPlayerName()
{
    return string(SteamFriends()->GetPersonaName());
}
string GamerServices::GetRemotePlayerName(uint64_t inPlayerId)
{
    return string(SteamFriends()->GetFriendPersonaName(inPlayerId));
}
```

清单 12.2 中也展示了类似的获取本地玩家和其他玩家名称的简单封装。这里不再让玩家像在旧版本机器猫游戏中那样指定他们的名字，而是使用玩家在 Steam 上的名字，这样做更有意义。

值得一提的是，尽管使用 64 位整数表示玩家 ID 对 Steamworks 是可行的，但是不能保证适用于所有玩家服务。例如，另外一个玩家服务可能使用 128 位 UUID 来标识所有的玩家。在这种情况下，有必要增加一个抽象层。例如，创建一个 GamerServiceID 类，用于封装玩家服务中的标识。

12.3　游戏大厅和比赛安排

《机器猫 RTS》的早期版本有一些重要的代码，用于所有玩家比赛前在一个游戏大厅中见面。每个新对等体在被介绍给游戏中的其他所有对等体之前，需要首先与主对等体打招呼，然后等待回复。本章中与这个欢迎过程相关的所有代码都已经被删除。因为 Steam 和大部分主要的玩家服务，都提供自己的游戏大厅功能。因此，利用 Steam 的功能是非常有意义的，特别是其提供了比之前机器猫游戏丰富得多的功能。

准备通过 Steamworks 进行多人游戏的基本流程大致如下：

1．游戏基于应用自定义的参数搜索游戏大厅。这些参数包括游戏模式或者技能等级（如果是基于技能的游戏）。

2．如果找到一个或多个合适的游戏大厅，游戏可以自动选择一个，也可以让玩家从列表中选择。如果没有找到游戏大厅，游戏可以为玩家创建一个。无论是找到还是创建一个游戏大厅，接着玩家会加入这个大厅。

3．在游戏大厅中，有可能进一步配置即将开始的游戏参数，例如角色、地图等。在这期间，其他玩家也可能加入这个大厅。当在同一个大厅时，也可以相互发送聊天消息。

4. 一旦游戏准备启动，玩家会加入游戏并离开大厅。一般情况下，这涉及与游戏服务器（专用服务器或玩家托管的服务器）的连接。在机器猫 RTS 中，没有服务器，所以玩家只能在离开大厅之前彼此开启对等网络通信。

因为机器猫游戏没有菜单和模式选择，几乎在 Steamworks 初始化之后立即开始游戏大厅搜索。大厅搜索封装在 LobbySearchAsync 函数中，如清单 12.3 所示。使用的唯一过滤器是游戏名称，确保只有 *RoboCat* 的游戏大厅能被找到。但是可以通过在调用 RequestLobbyList 之前调用适当的过滤器函数来应用任何其他过滤器。注意，代码只需要一个搜索结果，因为游戏将简单地自动加入它找到的第一个游戏大厅。

清单 12.3　搜索游戏大厅

```
const char* kGameName = "robocatrts";

void GamerServices::LobbySearchAsync()
{
    //make sure it's Robo Cat RTS!
    SteamMatchmaking()->AddRequestLobbyListStringFilter("game",
      kGameName, k_ELobbyComparisonEqual);

    //only need one result
    SteamMatchmaking()->AddRequestLobbyListResultCountFilter(1);

    SteamAPICall_t call = SteamMatchmaking()->RequestLobbyList();
    mImpl->mLobbyMatchListResult.Set(call, mImpl.get(),
        &Impl::OnLobbyMatchListCallback);
}
```

在 LobbySearchAsync 中 SteamAPICall_t 结构体的使用需要多一点解释。在 Steamworks SDK 中，所有的异步调用都返回 SteamAPICall_t 结构体，实质上是异步调用的一个句柄。得到这个句柄后，你必须让 Steamworks 知道当异步调用完成时应该调用哪个回调函数。异步调用句柄和回调函数的关联关系被封装在 CCallResult 的实例中。在这个例子中，这个实例是实现类中的 mLobbyMatchListResult 成员。该成员和 OnLobbyMatchList Callback 函数在 GamerServices::Impl 中定义如下：

```
//Call result when we get a list of lobbies
CCallResult<Impl, LobbyMatchList_t> mLobbyMatchListResult;
void OnLobbyMatchListCallback(LobbyMatchList_t* inCallback, bool inIOFailure);
```

在这种特殊情况下，OnLobbyMatchListCallback 的实现需要考虑几点，如清单 12.4 所示。需要注意的是，我们检查 IOfailure 布尔变量。所有的回调函数都接受这个布尔变量，并且假设如果这个值为真，说明发生错误，回调不应该继续。如果成功找到一个游戏大厅，那么代码请求进入这个大厅。否则，创建一个新的游戏大厅。这两种情况都涉及一个额外的异步函数，所以还需要看一下这两个回调函数：OnLobbyEnteredCallback 和 OnLobbyCreateCallback。要查看这些回调的实现，请参考示例代码。这些函数中需要注意的一件重要的事情是，一旦玩家进入游戏大厅，就会通过 EnterLobby 函数通知 NetworkManager。

清单 12.4 游戏大厅搜索完成时的回调

```
void GamerServices::Impl::OnLobbyMatchListCallback(LobbyMatchList_t* inCallback,
                                                   bool inIOFailure)
{
    if(inIOFailure) {return;}

    //if we find a lobby, enter, otherwise create one
    if(inCallback->m_nLobbiesMatching > 0)
    {
        mLobbyId = SteamMatchmaking()->GetLobbyByIndex(0);
        SteamAPICall_t call = SteamMatchmaking()->JoinLobby(mLobbyId);
        mLobbyEnteredResult.Set(call, this, &Impl::OnLobbyEnteredCallback);
    }
    else
    {
        SteamAPICall_t call = SteamMatchmaking()->CreateLobby( k_ELobbyTypePublic,
                                                               4);
        mLobbyCreateResult.Set(call, this, &Impl::OnLobbyCreateCallback);
    }
}
```

NetworkManager::EnterLobby 函数不是特别需要注意，除了它调用 NetworkManager 中的另外一个函数，称为 UpdateLobbyPlayers。当玩家首次进入游戏大厅，或者另外一个玩家进入或离开大厅时，UpdateLobbyPlayers 函数都会被调用。通过这种方式，NetworkManager 总是可以确保有当前在游戏大厅中的所有玩家的最新名单。这是非常重要的，因为我们去掉了初始握手数据包，这是对等体知道游戏大厅中玩家变动的唯一方式。

当游戏大厅中的玩家变动时，保证 UpdateLobbyPlayers 总是被调用的方法是使用通用回调函数。回调与调用结果之间的区别是，调用结果会关联到特定的异步调用，而通用的回调没有。因此，通用回调可以被看作是注册监听特定事件通知的一种方法。为方便起见，每当用户离开或进入游戏大厅，都调用回调函数。要使用这些通用回调，在响应这个回调的类中使用 STEAM_CALLBACK 宏。在这个例子中，实现类 Impl 响应了这个回调，对应的宏如下所示：

```
//Callback when a user leaves/enters lobby
STEAM_CALLBACK(Impl, OnLobbyChatUpdate, LobbyChatUpdate_t,
               mChatDataUpdateCallback);
```

这个宏简化了声明回调函数的名称以及封装该回调的成员变量。这个成员变量需要在 GamerServices::Impl 的初始化列表中实例化，如下所示：

```
mChatDataUpdateCallback(this, &Impl::OnLobbyChatUpdate),
```

然后，OnLobbyChatUpdate 的实现直接在 NetworkManager 中调用 UpdateLobbyPlayers。因此，每次玩家进入或离开游戏大厅，可以保证 UpdateLobbyPlayers 被调用。因为 UpdateLobbyPlayers 也需要一些方式来获得游戏中玩家的 ID 和姓名的映射关系，GamerServices 类提供了一个 GetLobbyPlayerMap 函数，如清单 12.5 所示。

清单 12.5 生成游戏大厅中所有玩家 ID 和姓名的映射

```
void GamerServices::GetLobbyPlayerMap(uint64_t inLobbyId,
                                      map< uint64_t, string >& outPlayerMap)
{
   CSteamID myId = GetLocalPlayerId();
   outPlayerMap.clear();
   int count = GetLobbyNumPlayers(inLobbyId);
   for(int i = 0; i < count; ++i)
   {
      CSteamID playerId = SteamMatchmaking()->
                          GetLobbyMemberByIndex(inLobbyId, i);
      if(playerId == myId)
      {
         outPlayerMap.emplace(playerId.ConvertToUint64(),
                         GetLocalPlayerName());
      }
      else
      {
         outPlayerMap.emplace(playerId.ConvertToUint64(),
```

```
                        GetRemotePlayerName(playerId.ConvertToUint64()));
        }
    }
}
```

如果想要支持玩家在游戏大厅中聊天，Steamworks 提供 SetLobbyChatMsg 函数来传输消息。可以注册一个 LobbyChatMsg_t 回调函数来接收新的消息。因为机器猫游戏没有聊天界面，所以 GamerServices 类不提供这个功能。即使想要支持聊天功能，添加封装函数也不会太耗时。

一旦游戏准备启动，对于客户端-服务器游戏，可以使用 Steamworks 函数 SetLobbyGameServer 将一台特定的服务器关联到这个游戏大厅。该服务器可以通过 IP 地址相关联（对于专用服务器），或者使用 Steam ID 关联（对于玩家托管的服务器）。然后对所有的玩家触发 LobbyGameCreated_t 回调函数，用于通知他们是时候连接到服务器了。

但是，因为机器猫 RTS 是对等网络游戏，所以没使用该服务器功能。取而代之的是，一旦游戏准备启动，采用以下三个步骤。首先，设置游戏大厅为不可加入状态，所以再没有玩家可以加入。其次，对等体开始彼此通信来同步游戏开始。最后，一旦游戏进入比赛状态，所有人离开游戏大厅。一旦所有玩家离开 Steam 游戏大厅，该大厅自动销毁。设置游戏大厅为不可加入状态和离开游戏大厅函数是在 GamerServices 中声明的，分别是 SetLobbyReady 和 LeaveLobby。这两个函数都是非常轻量级的封装，每个函数调用一个单独的 Steamworks 函数。

12.4 网络

许多玩家服务也提供服务中两个用户之间网络通信的封装。在 Steamworks 中，提供了少量的给其他玩家发送数据包的函数。GamerServices 类封装了这些函数中的一部分，如清单 12.6 所示。

清单 12.6 通过 Steamworks 的对等网络体系

```
bool GamerServices::SendP2PReliable(const OutputMemoryBitStream&
                                    inOutputStream, uint64_t inToPlayer)
{
    return SteamNetworking()->SendP2PPacket(inToPlayer,
                                    inOutputStream.GetBufferPtr(),
                                    inOutputStream.GetByteLength(),
```

```
                                          k_EP2PSendReliable);
}

bool GamerServices::IsP2PPacketAvailable(uint32_t& outPacketSize)
{
    return SteamNetworking()->IsP2PPacketAvailable(&outPacketSize);
}

uint32_t GamerServices::ReadP2PPacket(void* inToReceive, uint32_t inMaxLength,
                                      uint64_t& outFromPlayer)
{
    uint32_t packetSize;
    CSteamID fromId;
    SteamNetworking()->ReadP2PPacket(inToReceive, inMaxLength,
                                     &packetSize, &fromId);
    outFromPlayer = fromId.ConvertToUint64();
    return packetSize;
}
```

你可能会注意到，所有这些网络函数中都没有涉及IP地址或套接字地址。
这是故意的，因为Steamworks只允许通过Steam ID给特定的用户发送数据
包，而不是通过IP地址。原因有两个。第一，对每个用户提供了一定的保
护，因为用户的IP地址永远不会透露给该服务的其他用户。第二，或许是
更重要的，这使得Steam完全可以处理网络地址转换。回想一下第6章中，
直接引用套接字地址的一个问题是地址可能不在同一个网络中。但是，通
过使用Steamworks网络调用，这个问题完全由Steam处理。我们请求给一
个特定的用户发送数据包，那么Steam将尝试使用NAT穿越（如果可能的
话）给这个用户发送数据。如果不能使用NAT穿越，那么Steam将使用一
个中继服务器作为备用。这保证了只要目标用户连接到Steam，就有路由
让这个数据包能够抵达。

作为额外的功能，Steamworks也提供不同的传输模式。在机器猫RTS
游戏中，所有回合信息的通信是关键的，所以所有数据包被标记为k_
EP2PSendReliable参数进行可靠传输。该模式允许一次最多发送1MB
数据，这些数据会自动分片并在目的地重组。同时，也可以通过k_
EP2PSendUnreliable参数请求类似UDP的通信。也有假设连接已经建立的
不可靠传输模式，以及使用Nagle算法进行缓冲的可靠传输模式。

通过SendP2PPacket第一次给特定的用户发送数据包时，可能需要几秒钟
才能被接收。这是因为Steam服务需要时间在源点和目的地之间沟通路由。

此外，当目的主机接收来自新用户的数据包时，目的主机必须接受来自源主机的会话请求。这是为了禁止不需要的来自其他特定用户的数据包。为了接受会话请求，每当接收到一个会话请求，都触发一个回调函数。同样地，当会话连接失败时，另一个回调函数被触发。机器猫游戏使用的处理这两个回调的代码如清单 12.7 所示。

清单 12.7　对等网络会话回调

```
void GamerServices::Impl::OnP2PSessionRequest(P2PSessionRequest_t* inCallback)
{
    CSteamID playerId = inCallback->m_steamIDRemote;
    if(NetworkManager::sInstance->IsPlayerInGame(playerId.ConvertToUint64()))
    {
        SteamNetworking()->AcceptP2PSessionWithUser(playerId);
    }
}


void GamerServices::Impl::OnP2PSessionFail(P2PSessionConnectFail_t* inCallback)
{
    //we've lost this player, so let the network manager know
    NetworkManager::sInstance->HandleConnectionReset(
        inCallback->m_steamIDRemote.ConvertToUint64());
}
```

考虑到给对等体发送第一个数据包需要一定的时间这个事实，对机器猫游戏的启动过程稍作调整。当游戏大厅拥有者或者主对等体准备启动游戏时，他们和以前一样按回车键。但是，其并不立即开始游戏倒计时，而是让 NetworkManager 进入新的"就绪"状态，并给游戏中其他所有的对等体发送一个数据包。依次地，当对等体收到一个就绪数据包时，它给所有其他对等体发送自己的就绪数据包。这使得在游戏开始之前所有对等体之间建立了会话。

一旦主对等体收到游戏中每个对等体的就绪数据包，那么它进入"启动"状态，并和刚才一样给所有的对等体发送启动数据包。需要注意的是，如果没有就绪状态，就不能在游戏开始之前在对等体之间建立任何会话。也就是说，回合 0 的数据包将需要几秒钟才能到达，意味着每个玩家在比赛开始时就因延迟而结束了游戏。

关于在何处使用了这个新的网络代码，该版本的 RoboCat 重写了 Network Manager 中的数据包处理代码。不再像以前那样使用 UDPSocket 类，现在所有的数据包处理都通过 GamerServices 类提供的函数来实现。

12.5 玩家统计

玩家服务的一个受欢迎的功能是跟踪各种统计数据的能力。通过这种方式，就可以浏览你或你朋友的用户资料，看看他们在各种比赛中已取得的成就。为了支持这样的统计，通常有一些方法在服务器上查询玩家的统计信息，以及在服务器上更新和写入新信息的方法。尽管总是可以从服务器上直接读写，但是通常最好在本地内存中缓存这些值。这就是GamerServices类中实现统计功能而采用的方法。

对于Steamworks游戏，为特定应用程序ID定义的统计名称和类型存储在Steamworks合作伙伴网站上。因为本章的代码是使用*SpaceWar*应用程序ID，这意味着仅限于使用为*SpaceWar*定义的统计。但是，所提供的功能仍然适用于任何游戏的统计，只需要改变统计定义来匹配你的游戏。

Steam支持三种不同类型的统计。其中整数和浮点统计使用整数和浮点值。第三种统计类型称为"平均率"统计。这种统计的工作方式是提供了一个滑动窗口平均值和一个可配置的窗口大小。当你从服务器获取一个平均率统计时，你仍然只得到一个浮点值。但是，当你更新平均率统计时，你要提供一个值和和这个值对应的区间。然后Steam自动为你计算一个新的滑动平均值。这样，即使玩家已经登录了很长时间，当玩家在游戏中的表现变好了，例如"每小时黄金数"这样的统计仍然会变化很明显。

当在Steamworks网站上为游戏定义统计时，需要设置的一个属性是"API名称"，它是一个字符串。所有与获取和设置特定统计的SDK函数都需要你输入对应于该统计的字符串（API名称）。一种简单的方法是让与统计相关的GamerServices函数直接把字符串作为参数。但是，这样做的问题是要求你记住每个统计的确切API名称，并且很容易出错。此外，因为有这个统计的本地缓存，所有对本地缓存的每次查询都需要某种哈希操作。可以通过定义所有可能统计的枚举类型来解决这些问题。

一种方法是定义这个枚举类型，然后独立定义包含每个枚举值对应API名称的数组。但是这种方法的问题是如果统计改变了，就意味着你需要记住同时更新枚举类型和字符串数组。如果你的游戏还使用了脚本语言，那么还有第三个地方需要编辑，因为脚本中的某些位置可能重新定义了同样的枚举类型。记住保持这三个地方同步是一件既容易出错又烦琐的事情。

幸运的是，有一个有趣的技术可以使用，即C++预处理器。这个技术被称为**X宏**（X macro），允许在一个单独的位置定义统计。然后，可以在任何需要的地方自动重用这些定义，这样可以保证同步。这完全消除了当游戏所支持的统计改变时可能发生的任何潜在错误。

实现**X**宏的第一步是创建一个定义文件，定义每个元素以及所有额外的重要属性。在这个例子中，定义存储在一个单独的Stats.def文件中。对于每个统计，我们关心两种数据：它的名称和统计类型。因此，统计的定义是这样的：

```
STAT(NumGames,INT)
STAT(FeetTraveled,FLOAT)
STAT(AverageSpeed,AVGRATE)
```

接着，在GamerServices.h中，有两个与统计相关的枚举定义。一个枚举类型是StatType，没有什么特别的，仅仅定义了所支持的三种统计类型INT、FLOAT和AVGRATE。另外一个枚举类型Stat，因使用**X**宏技术而更加复杂。细节如清单12.8所示。

清单12.8 通过X宏声明枚举类型Stat

```
enum Stat
{
    #define STAT(a,b) Stat_##a,
    #include "Stats.def"
    #undef STAT
    MAX_STAT
};
```

这段代码首先定义了称为STAT的宏，包含两个参数。注意这对应于Stats.def文件中每个条目所包含的参数数量。在这个例子中，宏完全忽略了第二个参数。这是因为该统计类型对于这个特定的枚举类型无关紧要。然后，该宏使用##操作符将第一个参数的字符与Stat_前缀连接起来。接着，包含Stats.def文件，本质上是将Stats.def的内容复制和粘贴到枚举类型的声明中。因为STAT现在被定义为一个宏，它将被宏的展开所代替。比如说，该枚举类型的第一个元素被定义为Stat_NumGames，它是宏STAT(NumGames,INT)计算得到的。

最后，STAT宏被取消定义，并且该枚举类型的最后一个元素被定义为MAX_STAT。所以，**X**宏的技巧是不仅为Stats.def文件中的每个统计定义了一个枚举类型成员，还得到了被定义的统计总数。

使得**X**宏如此强大的是，同样的方法可以在任何需要统计列表的位置被重用。这样，每当Stats.def被修改时，代码的简单重编译将发挥宏的魔力，更新所有依赖于它的代码。此外，因为Stats.def是一个相当简单的文件，脚本语言也可以很容易地解析它，所以你的游戏也应该使用这个技术。

当在实现文件中定义统计数组时，再次使用 X 宏。首先，StatData 数据结构表示每个统计相关的本地缓存值。为了简化，每个 StatData 中有用于整数、浮点和平均率统计的元素，如清单 12.9 所示。

清单 12.9　**StatData 数据结构**

```
struct StatData
{
    const char* Name;
    GamerServices::StatType Type;

    int IntStat = 0;
    float FloatStat = 0.0f;
    struct
    {
        float SessionValue = 0.0f;
        float SessionLength = 0.0f;
    } AvgRateStat;

    StatData(const char* inName, GamerServices::StatType inType):
        Name(inName),
        Type(inType)
    { }
};
```

接着，GamerServices::Impl 类有一个成员数组，声明如下：

```
std::array<StatData, MAX_STAT> mStatArray;
```

注意这里如何使用 MAX_STAT 来定义数组，它定义了数组应该包含的元素数量，是自动更新的。

最后，在 GamerServices::Impl 的初始化列表中，X 宏出现了，用于构建 mStatArray 的每个 StatData 元素，如清单 12.10 所示。

清单 12.10　通过 X 宏初始化 **mStatArray**

```
mStatArray({
    #define STAT(a,b) StatData(#a, StatType::##b),
    #include "Stats.def"
    #undef STAT
} ),
```

对于第二个 X 宏，STAT 宏的两个元素都被使用了。第一个元素通过 # 操作符被转换为字符串，第二个元素对应 StatType 枚举类型的一个元素。比如说，从 STAT(NumGames,INT) 定义可以很容易得到如下 StatData 实例化：

```
StatData("NumGames", StatType::INT),
```

X宏技术也被用于成就和排行榜的定义，因为它们也需要多个值在多个地方保持同步。话虽如此，即使这是一个功能强大的技术，也不应该被过度使用，因为它有碍代码的可读性。但它肯定是一个有用的工具，学会它并在类似情况下使用还是很有帮助的。

实现了 X 宏，其余的统计代码就相对容易了。GamerServices 有一个受保护的函数（protected function），称为 RetrieveStatsAsync，当 GamerServices 对象初始化时被调用。当收到统计时，Steamworks 触发一个回调函数。这两个函数的代码如清单 12.11 所示。注意 OnStatsReceived 代码如何没有硬编码任何统计数据——而是使用存储在 mStatsArray 中的信息，该信息由 X 宏自动生成。此外，为了调试，当加载统计值时，代码会在日志里记录这些值。

清单 12.11 从 Steam 服务器取回统计

```cpp
void GamerServices::RetrieveStatsAsync()
{
    SteamUserStats()->RequestCurrentStats();
}


void GamerServices::Impl::OnStatsReceived(UserStatsReceived_t* inCallback)
{
    LOG("Stats loaded from server...");
    mAreStatsReady = true;
    if(inCallback->m_nGameID == mGameId && inCallback->m_eResult == k_EResultOK)
    {
        //load stats
        for(int i = 0; i < MAX_STAT; ++i)
        {
            StatData& stat = mStatArray[i];
            if(stat.Type == StatType::INT)
            {
                SteamUserStats()->GetStat(stat.Name, &stat.IntStat);
                LOG("Stat %s = %d", stat.Name, stat.IntStat);
            }
            else
            {
                //when we get average rate, we still only get one float
```

```
                          SteamUserStats()->GetStat(stat.Name, &stat.FloatStat);
                          LOG("Stat %s = %f", stat.Name, stat.FloatStat );
                    }
              }

              //load achievements
              //...
        }
}
```

GamerServices类也提供了获取和更新统计值的函数。当调用获取函数时，立即从本地缓存的副本中返回这个值。当调用更新统计值的函数时，更新本地缓存的副本，并给服务器发送更新请求。这保证了服务器和本地缓存保持同步。整数的GetStatInt和AddToStat代码如清单12.12所示。浮点数和平均率统计的代码非常类似，但如前面所提到的，平均率统计更新两个值。

清单12.12 函数GetStatInt和AddToStat

```
int GamerServices::GetStatInt(Stat inStat)
{
    if(!mImpl->mAreStatsReady)
    {
        LOG("Stats ERROR: Stats not ready yet");
        return -1;
    }

    StatData& stat = mImpl->mStatArray[inStat];
    if(stat.Type != StatType::INT)
    {
        LOG("Stats ERROR: %s is not an integer stat", stat.Name);
        return -1;
    }
    return stat.IntStat;
}

void GamerServices::AddToStat(Stat inStat, int inInc)
{
    //Check if stats are ready
    //...
    StatData& stat = mImpl->mStatArray[inStat ];
    //Check if is integer stat
    //...
    stat.IntStat += inInc;
```

```
        SteamUserStats()->SetStat(stat.Name, stat.IntStat );
}
```

机器猫RTS现在使用统计来跟踪摧毁的敌方猫数量和失去的己方猫数量。更新统计信息的代码在RoboCat.cpp中。这种在必要位置调用统计量更新代码的方法在跟踪统计信息的游戏中相当普遍。

12.6 玩家成就

玩家服务的另外一个流行功能是成就。这是玩家在玩游戏过程中完成一定特技后获得的奖励。一些成就的例子包括一次性事件，例如打败某个大首领或者赢得有一定难度的游戏。其他一些成就是随时间产生、增长的——例如，赢得100场比赛。一些专门的玩家非常享受成就，以至于尝试解锁每个成就。

在Steam中，处理成就的方式与处理统计类似。某个特定游戏的成就集合被存在Steamworks网站上，与统计类似，机器猫游戏只能用*SpaceWar*相关的成就集合。与统计一样，成就的代码也使用X宏。成就定义在Achieve.def中，基于它构建对应的Achievement枚举类型。还有一个AchieveData结构体和这个结构体的数组，称为mAchieveArray。RequestCurrentStats函数也从Steam上获取当前的成就信息。当OnStatsReceived回调函数被触发时，成就数据也被本地缓存。成就通过一个小循环来复制，其调用GetAchievement获得标识成就是否被解锁的布尔值：

```
for(int i = 0; i < MAX_ACHIEVEMENT; ++i)
{
    AchieveData& ach = mAchieveArray[i];
    SteamUserStats()->GetAchievement(ach.Name, &ach.Unlocked);
    LOG("Achievement %s = %d", ach.Name, ach.Unlocked);
}
```

接着，有一些非常简单的封装来确定成就是否被解锁并且在实际上解锁成就。与统计的例子一样，使用本地缓存检查解锁的成就，解锁成就的函数在更新本地缓存的同时立即写回服务器。代码如清单12.13所示。

清单12.13 检查并解锁成就
```
bool GamerServices::IsAchievementUnlocked(Achievement inAch)
{
```

```
    //Check if stats are ready
    //...
    return mImpl->mAchieveArray[inAch].Unlocked;
}

void GamerServices::UnlockAchievement(Achievement inAch)
{
    //Check if stats are ready
    //...
    AchieveData& ach = mImpl->mAchieveArray[inAch];
    //ignore if already unlocked
    if(ach.Unlocked) {return;}

    SteamUserStats()->SetAchievement(ach.Name);
    ach.Unlocked = true;
    LOG("Unlocking achievement %s", ach.Name);
}
```

至于成就应该什么时候被解锁，一般来说最好是在获得成就之后马上解锁。
否则，当玩家符合解锁成就的条件但是又没有解锁时，玩家可能会感到困
惑。话虽这么说，对于多人游戏，最好将成就存放在一个队列中，在比赛
结束时就解锁。这样，玩家在通过 UI 得知成就时，才不会感到困惑。
因为机器猫 RTS 游戏中被跟踪的成就是基于游戏中达到一定的杀敌
数量，所以跟踪获得成就过程的代码被添加到 NetworkManager 中的
TryAdvanceTurn 函数。这样，在每个回合结束时，游戏将检查玩家是否
已经解锁了成就。

12.7　排行榜

排行榜是提供游戏某些方面排名的一种方法，例如完成某个特定关卡的分
数或时间。一般情况下，可以按照全局的排名来浏览排行榜，也可以浏览
玩家服务上与你的朋友相关的排名。可以通过 Steamworks 网站创建 Steam
上的排行榜，也可以通过 SDK 编程创建。
与统计和成就类似，GamerServices 的实现使用 X 宏来定义排行榜的枚举
类型。在这个例子中，排行榜定义在 Leaderboards.def 中。该文件的每
个条目包含排行榜的名称、排行榜如何排序以及在 Steam 上查看时排行榜
的显示方法。

获取排行榜的代码与统计和成就的代码有一点不同。首先，一次只能找到一个排行榜。当找到排行榜时，触发结果回调函数。所以，如果你想要你的游戏依次找到所有排行榜，结果回调代码要请求寻找下一个排行榜，重复这个过程直到找到所有排行榜。代码如清单12.14所示。

清单12.14　寻找所有的排行榜

```cpp
void GamerServices::RetrieveLeaderboardsAsync()
{
    FindLeaderboardAsync(static_cast<Leaderboard>(0));
}

void GamerServices::FindLeaderboardAsync(Leaderboard inLead)
{
    mImpl->mCurrentLeaderFind = inLead;
    LeaderboardData& lead = mImpl->mLeaderArray[inLead];
    SteamAPICall_t call = SteamUserStats()->FindOrCreateLeaderboard(lead.Name,
        lead.SortMethod, lead.DisplayType);
    mImpl->mLeaderFindResult.Set(call, mImpl.get(),
        &Impl::OnLeaderFindCallback);
}

void GamerServices::Impl::OnLeaderFindCallback(
    LeaderboardFindResult_t* inCallback, bool inIOFailure)
{
    if(!inIOFailure && inCallback->m_bLeaderboardFound)
    {
        mLeaderArray[mCurrentLeaderFind].Handle =
            inCallback->m_hSteamLeaderboard;
        //load the next one
        mCurrentLeaderFind++;
        if(mCurrentLeaderFind != MAX_LEADERBOARD)
        {
            GamerServices::sInstance->FindLeaderboardAsync(
                static_cast<Leaderboard>(mCurrentLeaderFind));
        }
        else
        {
            mAreLeadersReady = true;
        }
    }
}
```

另一个不同是寻找排行榜不能从排行榜上下载任何条目。而只是给你一个排行榜的句柄。如果你想从排行榜上下载条目用于显示，需要向Steamworks SDK中的 `DownloadLeaderboardEntries` 函数提供该句柄和下载参数（全局的、只是朋友的，等等）。然后，当排行榜的条目已经被下载，触发结果回调函数，此时就可以显示排行榜。上传排行榜分数也是类似的过程，通过 `UploadLeaderboardScore` 函数来实现。使用这两个函数的代码在 `GamerServicesSteam.cpp` 中。

因为机器猫游戏不包含显示排行榜的用户界面，所以为了验证排行榜功能，设置了一些调试命令。按下F10键将上传当前的杀敌数到排行榜，按下F11键将下载全局杀敌排行榜，以你的当前全局排名为中心。与此相关，按下F9键重置与某个应用程序ID（在本章中是 *SpaceWar*）关联的所有成就和统计。Steam上排行榜很酷的一面是可以上传与排行榜条目相关的用户产生的内容。例如，快速通过一个关卡可以有一个相关的屏幕截图或视频显示跑的过程。另外，一个赛车比赛可以有一个镜像，让玩家下载并再次比赛。这使得排行榜更具有交互性，而不是简单地列出最高分。

12.8　其他服务

尽管本章已经介绍了Steamworks SDK的许多不同方面，它还有很多其他可用的功能。云存储允许用户同步他们在多台计算机上存储的数据。它还支持"大屏幕模式"下的文本条目UI，这是专为只有一个控制器的用户设计的。它也支持微事务（microtransactions）和可下载内容（downloadable content, DLC）。

今天也有许多其他的玩家服务选项。PlayStation Network用于PlayStation家族的设备，例如PlayStation游戏机、PlayStation Vita和PlayStation移动电话。Xbox Live原来是为Xbox游戏机设计的，但是Windows 10之后，PC上也可以用。其他服务，包括用于Mac/iOS游戏的苹果游戏中心和同时支持安卓及iOS设备的谷歌游戏服务。

有时，玩家服务的功能是专有的。例如，Xbox Live支持能跨越不同游戏的团体的概念，并且整个团体可以一起开始一个新的游戏。此外，游戏中非常常见的是使用玩家服务提供的标准用户界面。比如说，在Xbox上选择保存位置必须始终使用玩家服务调用提供的特定UI。

玩家服务应该提供什么是随着时间不断发展的。玩家希望这些功能被整合到最新和最棒的游戏中，所以无论你选择哪种玩家服务，重要的是花时间想一下如何利用这些服务最大限度地提升玩家的体验。

12.9 总结

玩家服务为玩家提供了大量的功能。一些玩家服务与特定的平台绑定，但是在PC平台上，有许多可能的选择。可以说适用于PC、Mac和Linux的最流行的玩家服务是Steam，这也是本章使用的服务。

添加玩家服务代码的一个重要决定是使用一种方法模块化与特定玩家服务相关的代码。这是非常重要的，因为未来不同平台的接口可能不支持第一个添加到代码库中的玩家服务。实现这个的一种方法是通过指向实现的指针（pointer to implementation）。

比赛安排是大多数玩家服务都提供的重要功能。这使得用户之间可以彼此见面来玩同一个游戏。在Steamworks中，玩家首先搜索游戏大厅并加入。一旦游戏准备开始，那么在离开游戏大厅之前，玩家连接到服务器（如果是客户端-服务器模式），或者彼此通信（如果是对等网络模式）。

玩家服务通常也提供给其他用户发送数据包的机制。这可以保护用户不暴露自己的IP地址，也使得玩家服务可以执行可能的NAT穿越或转发。在机器猫RTS游戏中，更改网络代码仅仅使用Steamworks SDK发送数据。作为额外的福利，SDK提供可靠的通信方法。由于会话的创建，发送给用户的第一个数据包有一定的延迟，所以修改机器猫的启动过程，让对等体在游戏倒计时之前的"就绪"状态彼此通信。

玩家服务的其他常用功能包括统计跟踪、成就和排行榜。GamerServices类的统计实现涉及在外部文件Stats.def中声明所有可能的统计。然后，通过X宏在多处使用该信息，以便保证枚举类型和包含统计信息的数组保持同步。类似的方法也被用在成就和排行榜中。

12.10 复习题

1. 描述一下术语"指向实现的指针"。它能提供的优势是什么？缺点是什么？
2. Steamworks中回调函数的目的是什么？
3. 粗略描述一下Steamworks所使用的游戏大厅和比赛安排过程。
4. 玩家服务提供的网络服务的优势是什么？
5. 描述一下X宏技术是如何工作的。它的优缺点是什么？
6. 实现GamerServiceID类，并使用这个类作为Steam ID的封装。使用这个新类代替每个用uint64_t表示的玩家ID值。

7. 以 UDPSocket 类为模板实现 GamerServicesSocket 类，其内部使用 Steamworks SDK 发送数据。请务必提供指定通信可靠性的能力。使用这个新类修改 NetworkManager。

8. 实现一个显示当前用户统计的菜单。并实现一个排行榜浏览器。

12.11 延伸的阅读资料

Apple, Inc. "Game Center for Developers." Apple Developer.

Google. "Play Games Services." Google Developers.

Microsoft Corporation. "Developing Games – Xbox One and Windows 10." Microsoft Xbox.

Sony Computer Entertainment America. "Develop." PlayStation Developer.

Valve Software. "Steamworks." Steamworks.

第13章　云托管专用服务器

不断演进的云托管服务意味着即使是小工作室也可以负担得起托管自己的专用服务器。游戏不再依赖有快速网络连接的玩家以及管理良好的服务器。本章探讨在云端运行游戏服务器的优缺点和必要方法。

13.1　托管或不托管

在网络游戏的初期，托管自己的专用服务器需要购买和维护大量的计算机硬件、网络设施以及雇佣大量IT人员，这是一项艰巨的任务。那时候任何硬件设备的更新都是一场赌博。如果你高估了在线玩家的数量，那么将导致机器闲置。但是更糟糕的是，如果你低估了这个数量，那么由于处理和带宽的限制，导致你的付费玩家连接不上。当你努力购买最先进的设备时，你的玩家可能已经放弃了，写差评，并告诉他的朋友们不要玩你的游戏。

那些恐怖的日子已经一去不复返了。得益于云托管供应商巨头，如亚马逊、微软和谷歌的强大的按需处理能力，游戏公司可以随时启动和关闭服务器。一些第三方服务，如Heroku和MongoLabs，根据需求提供服务器和数据库管理，让开发变得更加容易。

随着巨大门槛的消失，托管专用服务器是每个开发者应当考虑的，不管是多么小的工作室。尽管没有了前期的服务器成本，但是仍然有一些潜在的弊端需要考虑：

- **复杂度**。运行专用的服务器组比让玩家托管自己的服务器要复杂。即使云托管提供了基础设施和一些管理软件，仍然需要你编写自定义的进程和虚拟机管理代码，正如本章后面所介绍的。也需要你与一个或多个云服务供应商配合，这意味着需要适应不断变化的API接口。
- **成本**。尽管云托管显著降低了前期和长期的成本，它仍然不是免费的。增加的玩家兴趣可以覆盖增加的成本，但是事实并非总是如此。
- **依赖第三方**。将你的游戏托管到亚马逊或微软的服务器上意味着整个游戏的命运掌握在亚马逊或微软的手上。虽然托管公司提供了保障最低正常运行时间的服务级协议，但当所有服务器突然同时宕机时，它们对安慰付费用户无济于事。

- **意外的硬件改动**。主机供应商通常保证提供符合某种最低规格的硬件。这并不妨碍他们在没有任何警告的情况下改变硬件，只要这些硬件是在最小规格以上的。如果他们突然引入一个你没有测试过的特殊硬件配置，可能会造成问题。
- **丧失玩家所有权**。在多人游戏的初期，管理你自己的游戏服务器是一件值得骄傲的事情。它是玩家成为游戏社区重要组成部分的一种方式，同时也创建了一批传播他们所管理游戏的种子玩家。即使在今天，这种传统仍然存在于全国各地无数个自定义的Minecraft服务器上。当运行服务器的职责转移到云端时，玩家所有权的无形优势就丢失了。

尽管有这些明显的缺点，但是优点往往大于缺点：

- **可靠、可扩展、高带宽的服务器**。上行带宽往往非常昂贵，而且当玩家们想玩游戏时，也不能保证由正确的玩家托管合适的服务器。使用云托管和良好的服务器管理程序，你可以在需要的时间和地点开启必要的服务器资源。
- **防作弊**。如果你运行所有的服务器，可以保证运行的游戏服务器是未被修改的、合法的版本。这意味着所有的玩家获得相同的游戏体验，而不会受到玩家管理员的干扰。这不仅使得排名和排行榜可靠，而且保证了玩家在游戏过程中可靠持久的进步，例如在《使命召唤》（*Call of Duty*）中的一样。
- **合理的版权保护**。玩家对侵入式的版权保护和**数字版权管理**（digital rights management，DRM）非常不满。但是DRM对某些类型的游戏是必需的，尤其是那些依靠微交易收入的，例如《英雄联盟》（*League of Legends*）。限制你的游戏后台运行在公司托管的，专用的服务器上提供了一个DRM事实上的非侵入的形式。你不再需要给玩家发布服务器可执行文件，这让他们很难运行被破解的拥有非法解锁内容的服务器。也使得你可以检查每个玩家的登录凭据，保证他们是在合法地玩你的游戏。

作为多人游戏工程师，选择是否托管专用服务器可能超出你的职责范围。但是，对于全栈工程师来说，理解决定的所有影响是非常重要的，所以你可以根据团队所制作游戏的细节进行权衡选择。

13.2　行业工具

在新环境中工作时，使用为该环境定制的工具工作是最有效的。后端服务器开发是一个迅速发展的领域，有一套迅速发展的工具。许多语言、平台和协议让后端开发越来越容易。在写这本书的时候，使用 REST API、JSON 数据和 Node.JS 是服务的一个明确趋势。这些都是用于服务器开发的灵活并被广泛接受的工具，本章中的例子也使用它们。你可以为你的云服务器托管开发选择不同的工具，但是基本概念将保持不变。

13.2.1　REST

REST 的全称是**表述性状态转移**（representational state transfer）。REST 接口要求到服务器的所有请求都是自包含的，不依赖过去或未来的请求。驱动网络的协议 HTTP 就是一个很好的例子，因此典型的 REST API 基于 HTTP 请求来存储、读取和修改服务器端数据。请求的发送使用常用的 HTTP 方法 GET 和 POST，以及不太常用的 PUT、DELETE 和 PATCH 方法。虽然不同的作者对这些 HTTP 请求究竟如何组织成为 REST 接口提出了标准，但是许多工程师最终根据用户需求创建出 REST 风格的接口，而不是严格遵守某一套 REST 规范。一般情况下，REST 接口应该以一致的方式使用 HTTP 方法：GET 请求获取数据，POST 请求创建新数据，PUT 请求将数据存储在一个特定的地方，DELETE 请求删除数据，PATCH 请求直接编辑数据。

REST 接口的一个主要优势是它们大多是纯文本。因此，它们是人类可读的、可发现和可调试的。此外，它们使用 HTTP，而 HTTP 本身使用 TCP 传输，因此它们是可靠的。REST 请求的自包含属性增强了可调试性，使 REST 成为今天云服务 API 风格的主要选择。REST 风格接口和所提出的 REST 标准的更多细节可以参考本章延伸阅读资料中的内容。

13.2.2　JSON

在 20 世纪 90 年代末和 21 世纪初，XML 预示着一种将改变世界的通用数据交换格式。它开始改变世界，但它有太多的尖括号、等号和结束元素标记。现在，JSON 是通用数据交换的新宠儿。JSON 表示 JavaScript **对象符号**（JavaScript object notation），实际上是 JavaScript 语言的子集。序列化为 JSON 的对象实际上是能重建该对象的 JavaScript。它是基于文本的，保持了 XML 的人类可读性属性，但是有更少的格式和标签要求。这使得它更容易阅读和调试。此外，因为它是有效的 JavaScript，你可以直接将其粘贴到 JavaScript 程序中进行调试。

JSON很适合用作REST查询的一种数据格式。通过在HTTP头中指定 application/json的Content-Type，可以以JSON格式将数据传递给 POST、PATCH或PUT请求，或从GET请求返回数据。它支持所有基本的 JavaScript数据类型，例如bool、string、number、array和object。

13.2.3　Node.JS

Node JS建立在谷歌的V8 JavaScript引擎之上，是用JavaScript构建后端服务的开源引擎。语言选择背后的想法是，这将有助于前端也使用JavaScript的AJAX风格网站的构建。通过在客户端和服务器上使用同一种语言，开发人员可以编写函数，并必要时在不同层之间轻松切换或共享。这个想法变得流行，并且一个丰富的围绕Node的社区正在兴起。其成功的部分原因是有大量的Node开源软件包，这些软件包可以通过**Node包管理器**（Node package manager，npm）轻松安装。几乎所有的REST API的流行服务都有Node包的封装，使得与大量云服务供应商的接口衔接变得非常容易。

Node本身提供了一个单线程、事件驱动的JavaScript环境。事件循环在主线程上运行，很像视频游戏，为所有传入的事件分配事件处理程序。这些事件处理程序反过来可以发出长时间运行请求，这些请求被发送到文件系统或者外部服务，如数据库或REST服务器，这些作业以非JavaScript线程的方式异步运行。作业执行时，主线程返回到输入事件的处理。当异步作业完成后，它将给主线程发送一个事件，因此事件循环可以调用一个恰当的回调，并执行相应的JavaScript处理程序。以这种方式，Node提供了一个没有竞争条件，同时仍然允许非阻塞异步行为的环境。因此，它是创建处理传入REST请求服务的主要候选。

Node附带一个简单的内置HTTP服务器，但是解码传入的HTTP请求、头部和参数，并将它们发送给合适的JavaScript函数的任务通常由专门的开源Node程序包来处理。Express JS就是这样一个非常受欢迎的程序包，也是本章实例中所使用的。关于Express JS和Node JS的更多信息可以查阅本章最后列出的延伸阅读资料。

13.3　概述和术语

从玩家的角度来看，云服务器的启动过程应该是透明的。当玩家想要加入游戏，玩家的客户端从比赛安排服务端请求匹配信息。服务端试图寻找一台服务器，如果没有找到，应该以某种方式启动新的服务器。然后给客户端返回新服务器实例的IP地址和端口。客户端会自动连接那台服务器，然后玩家加入游戏。

注意到将比赛安排服务器和专用服务器整合部署在一起是很有吸引力的。这样可以节省一些冗余的代码和数据，甚至可以在性能提升上有一点帮助。但是，如果你想要在你的专用服务器系统中嵌入一个或多个第三方比赛安排解决方案，还是将两个功能分开更好。因为你的工作室维护自己的专用服务器并不意味着它不能使用第三方比赛安排解决方案，如Steam，Xbox Live或PlayStation Network。事实上，根据你开发所基于的平台，可能必须这么做。出于这个原因，将服务器部署模块与你的比赛安排模块清晰地分离出来是明智的选择。

当部署系统完成了启动一台新服务器，它应该只是简单使用比赛安排系统注册自己，与玩家托管游戏服务器一样。在这之后，比赛安排系统可以接管将玩家匹配到服务器实例的任务，云部署系统可以专注于自己最擅长的事情——在必要时启动和关闭游戏实例。

13.3.1 服务器游戏实例

在继续之前，值得区分一下在不同情况下使用的歧义词"服务器（server）"的不同含义。有时，服务器（"server"）指的是在模拟一个真实的游戏世界并将其复制给客户端的类实例。也有一些时候，它指的是监听传入连接、托管那个类实例的进程。还有的时候，它指的是运行那个进程的物理硬件，例如"找出所有可以放在这个机架上的服务器"。

为了避免混淆，本章使用术语**服务器游戏实例**（server game instance）或仅仅**游戏实例**（game instance）来表示模拟游戏世界和给客户端复制信息的实体。这个概念是一群游戏玩家正在共享的一个现实世界的抽象。如果你的游戏支持16人游戏战役，那么服务器游戏实例就是正在进行的16个玩家的战斗。《英雄联盟》（*League of Legends*）的"Summoner's Rift"关卡，就是典型的5对5比赛。在比赛安排方面，它是一个单一的比赛。

13.3.2 游戏服务器进程

一个游戏实例不会在真空中存在。它存在于**游戏服务器进程**（game server process），该进程更新游戏实例，管理游戏实例的客户端，与操作系统交互，并做其他所有进程通常做的事情。对操作系统而言，它是游戏的具体体现。

在前面的章节中，没有区分游戏服务器进程和游戏实例的概念，因为它们是一对一的映射关系。每个游戏服务器进程负责维护一个游戏实例。但是，在专用服务器托管的世界，就不一样了。

使用适当的抽象代码，一个进程可以管理多个游戏实例。只要这个进程更新每个实例，给每个实例绑定一个唯一的端口，并且不共享实例之间的可变数据，那么多个游戏世界可以在一个进程中和平共存。

一个进程中有多个实例是承载多个游戏的一种有效方法，因为它允许大型不可变资源的共享，例如碰撞几何、导航网格和动画数据。当多个游戏实例在它们自己的进程中运行时，它们需要各自复制这些数据，这可能导致不必要的内存压力。游戏采用每个进程多个实例的方式也有助于调度的更精细控制：通过每次循环更新每个实例，可以保证实例之间的大致定期的更新模式。若同一台主机上运行多个进程，就不一定是这种情况了，因为是由操作系统调度器来决定什么时候更新哪个进程。这并不总是一个问题，但更细粒度的控制在很多时候会很有用。

多实例方法的显著优点似乎是非常吸引人的，但是该方法的缺点也同样显著。如果一个实例崩溃，可能会使得整个进程，包含进程内的所有游戏实例都崩溃。如果一个单独的实例破坏了共享的、不可改变的资源，会特别糟糕。另外，当每个游戏实例都在一个专用的进程中运行时，游戏实例的损坏或崩溃只会影响到自己。此外，单独的游戏实例进程更易于维护和测试。工程师开发服务器代码通常一次只需要测试和调试一个游戏实例。如果进程支持多个实例，工程师又没有运行它们，就留下了没有正常开发测试覆盖的大量的代码路径。一个具有扎实测试计划的好的QA团队可以部分满足这一点，但目前对工程师来说还没有办法替代其开发过程中产品代码路径的全覆盖。由于这些原因，最常见的还是使得游戏服务器进程只包含单个游戏实例。

13.3.3　游戏服务器

正如游戏实例需要存在于游戏服务器进程中，游戏服务器进程也需要存在于游戏服务器（game server machine）中。正如一个单独的进程可以承载多个实例，一台游戏服务器也可以承载多个进程。每个机器上运行多少个进程取决于游戏的性能要求。为了获得最大的性能，可以每台机器运行一个进程。这确保了机器的全部资源，包括CPU、GPU和RAM，都服务于你的游戏进程。但是，这是非常浪费的。每台机器都需要一个操作系统，而一个典型的操作系统需要消耗大量的资源。

一个操作系统中只运行一个单独的游戏进程，特别是只包含一个游戏实例的游戏进程，实在是过于浪费了。幸运的是，操作系统设计时便支持多进程，使得它们有受保护的内存，彼此之间的不可变资源不受干扰。在现代化的操作系统中，一个进程的崩溃不可能使得同一台游戏服务器上的其他进程崩溃。因此，考虑成本，通常在一台服务器上运行多个游戏服务器进程——通常多达性能所允许的上限。如果允许同一台服务器上托管更多的游戏进程，那么通过调整和优化服务器的性能和RAM使用往往也可以实现的。

13.3.4　硬件

在云计算中，游戏服务器并不一定等同于物理硬件。**机器镜像**（machine images）表示**虚拟机**（virtual machines，VM），它有时是在单独的一台物理机器上启动和关闭的，有时是在有16核或以上的物理机器上与其他多台虚拟机共享资源的。受你的云托管服务供应商和你的预算限制，可能无法选择你的虚拟机是如何托管的。从低成本方案角度考虑，通常它们必须共享硬件，并且在不使用时被设置为睡眠状态。这会导致性能不稳定。从高成本方案角度考虑，通常你可以根据需要指定具体的物理硬件配置。

为什么是虚拟机？

将你选择的操作系统和游戏进程打包成虚拟机，只是为了云托管，这看起来有些奇怪。但是，虚拟机为云服务供应商提供了一种很好的将他们的硬件使用分配给客户群的方式。在亚马逊上，一个单独的16核计算机可以运行四个《使命召唤》（Call of Duty）虚拟机，每个需要4核。因为《使命召唤》的玩家数量在一天中的特定时间会减少，亚马逊可能会关闭其中的两个虚拟机，留下一个有空闲资源的硬件。如果有一个来自EA的启动一个8核《模拟城市》（Sim City）机器的需求，那么可以在运行两个《使命召唤》虚拟机的那台机器上运行该虚拟机，以充分使用这台机器的资源。

虚拟机在处理硬件故障时也很有用。因为虚拟机镜像在一个包中同时包含操作系统和应用程序，所以供应商可以通过将虚拟机从一台物理硬件移到另外一台物理硬件来快速地从硬件故障中恢复。

13.4　本地服务器进程管理器

云服务器供应系统需要一种方法来启动和监控游戏服务器上的游戏服务器进程。服务器不能简单地在启动时运行最大数量的游戏服务器进程，并期望它们在机器正常运行的时间里一直工作。一个进程可以在任何时候崩溃，这时虚拟机将不能充分利用其资源。此外，即使是最精心设计的游戏也可能出现内存泄露。有时，发布日期是不可改变的，服务器进程里存在少量内存泄露也是不可避免的。为了避免少量的内存泄露不断积聚，同时也为了避免重置游戏状态不当的问题，最好在每次比赛结束时尽可能关闭和重启服务器进程。

如果服务器进程可以终止，那么虚拟机需要一种方法将它们重新启动。也需要一种方法根据游戏玩家想要启动的类型来配置它们。由于所有这些原因，一个鲁棒的供应系统需要一个机制，可以要求给定的服务器启动以特定方式配置的服务器进程。为了构建这样一个系统，你可以仔细查看操作系统的细节，看是否有远程启动和监控进程的内置方法。但是，一个更跨平台、更强大的方法是构建一个**本地服务器进程管理器**（local server process manager，LSPM）。

LSPM本身就是一个进程，负责监听远程命令，根据要求生成服务器进程，并监控给定的机器当前正在运行的进程。清单13.1展示了初始化、启动和关闭一个简单的node.js/ express应用程序来管理本地服务器进程。

清单 13.1 初始化、启动和关闭

```
var gProcesses = {};
var gProcessCount = 0;
var gProcessPath = process.env.GAME_SERVER_PROCESS_PATH;
var gMaxProcessCount = process.env.MAX_PROCESS_COUNT;
var gSequenceIndex = 0;

var eMachineState =
{
    empty: "empty",
    partial: "partial",
    full: "full",
    shuttingDown: "shuttingDown",
};
var gMachineState = eMachineState.empty;
var gSequenceIndex = 0;

router.post('/processes/', function(req, res)
{
    if(gMachineState === eMachineState.full)
    {
        res.send(
```

```
        {
            msg: 'Already Full',
            machineState: gMachineState,
            sequenceIndex: ++gSequenceIndex
        });
    }
    else if(gMachineState === eMachineState.shuttingDown)
    {
        res.send(
        {
            msg: 'Already Shutting Down',
            machineState: gMachineState,
            sequenceIndex: ++gSequenceIndex
        });
    }
    else
    {
        var processUUID = uuid.v1();
        var params = req.body.params;
        var child = childProcess.spawn(gProcessPath,
        [
            '--processUUID', processUUID,
            '--lspmURL', " http://127.0.0.1 :" + gListenPort,
            '--json', JSON.stringify(params)
        ] );
        gProcesses[processUUID] =
        {
            child: child,
            params: params,
            state: 'starting',
            lastHeartbeat: getUTCSecondsSince1970()
        };
        ++gProcessCount;
        gMachineState = gProcessCount === gMaxProcessCount?
            eMachineState.full: eMachineState.partial;
        child.stdout.on('data', function (data) {
            console.log('stdout: ' + data);
        });
        child.stderr.on('data', function (data) {
          console.log('stderr: ' + data);
        });
        child.on('close', function (code, signal)
        {
            console.log('child terminated by signal '+ signal);
```

```
                        //were you at max process count?
                        var oldMachineState = gMachineState;
                        --gProcessCount;
                        gMachineState = gProcessCount > 0 ?
                            eMachineState.partial: eMachineState.empty;
                        if(oldMachineState !== gMachineState)
                        {
                            console.log("Machine state changed to " + gMachineState);
                        }
                        delete gProcesses[processUUID];
                    });
                    res.send(
                    {
                        msg: 'OK',
                        processUUID: processUUID,
                        machineState: gMachineState,
                        sequenceIndex: ++gSequenceIndex
                    });
                }
            });

    router.post('/process/:processUUID/kill', function(req, res)
    {
        var processUUID = req.params.processUUID;
        console.log("attempting to kill process: " + processUUID);
        var process = gProcesses[processUUID];
        if(process)
        {
            //killing triggers the close event and removes from the process list
            process.child.kill();
            res.sendStatus(200);
        }
        else
        {
            res.sendStatus(404);
        }
    });
```

LSPM在启动时会初始化一些全局变量。gProcesses保存当前被管理的所有进程，gProcessCount记录数量。gProcessPath和gMaxProcessCount从环境变量中读入，所以很容易逐台机器配置。gMachineState缓存整个机器的状态，即是否有空间给更多的进程，是否满了，或者是否关闭。该变量的取值来自eMachineState对象。

LSPM支持通过向 /api/processes/ 端点发送POST请求来创建新进程。具体而言，如果LSPM本地运行并监听端口3000，可以使用叫作url的Web请求程序来启动一个配置为支持四位玩家的新进程，命令如下：

```
curl -H "Content-Type: application/json" -X POST -d '{"params":{"maxPlayers":4}}'
http://127.0.0.1 :3000/api/processes
```

当LSPM收到这个请求，首先检查确认它既不是关闭状态，所运行的进程数也没有达到最大数量。如果情况属实，它为待创建的进程建立一个新的通用唯一标识符，并使用Node JS的child_process模块生成游戏服务器进程。通过命令行参数，给进程传入唯一的ID和请求者发送的所有配置参数。

然后，LSPM将生成的子进程记录存储在gProcesses中。state变量用于跟踪该进程是正在启动还是正在运行。lastHeartbeat变量记录LSPM从这个进程监听到的最后一次心跳，并在下一节中发挥作用。

在记录进程创建之后，LSPM设置了一些事件处理程序来接收和记录该进程的所有输出。还设置了一个非常重要的针对"关闭"事件的监听器，用于从gProcesses中删除该进程，并更新gMachineState。

最后，LSPM响应关于当前运行进程信息的请求。记住Node事件模型是单线程的，所以不用担心在函数执行过程中改变gProcessCount或gProcesses哈希表所引起的竞争条件。

通过进程唯一标识符，请求者可以通过给 /processes/:processUUID 端点发送GET请求查询该进程的相关信息（这里没有给出代码），或者通过给 /processes/:processUUID/kill 端点发送POST请求关闭一个进程。

> 警告：
> 在发布产品时，你会想要通过LSPM限制谁可以启动和关闭服务器。实现这点的一种方式是通过白名单技术，允许白名单中的所有IP地址直接给LSPM发送请求，并丢弃来自这些IP地址之外的所有请求。这将防止恶作剧玩家直接给你的LSPM发送进程启动命令。另外，也可以在请求头部增加一个安全令牌，并在执行任何请求之前验证它的存在。无论哪种方式，你需要实现某种程度的安全机制，否则你的服务器供应系统有被人为破坏的风险。

进程监控

一旦LSPM启动进程，就需要一种方法来监控它们。可以通过监听进程心跳来实现。来自进程的周期性数据包指示它们还在运行中。如果在设定的时间内LSPM没有接收到某个进程的心跳，LSPM会认为进程已经停止、挂起、反应迟钝或以某种不可接受的方式被中断，那么它将结束这个进程。清单13.2展示了这个过程。

清单13.2 进程监控

```javascript
var gMaxStartingHeartbeatAge = 20;
var gMaxRunningHeartbeatAge = 10;
var gHeartbeatCheckPeriod = 5000;

router.post('/processes/:processUUID/heartbeat', function(req, res)
{
    var processUUID = req.params.processUUID;
    console.log("heartbeat received for: " + processUUID);
    var process = gProcesses[processUUID];
    if(process)
    {
        process.lastHeartbeat = getUTCSecondsSince1970();
        process.state = 'running';
        res.sendStatus(200);
    }
    else
    {
        res.sendStatus(404);
    }
});

function checkHeartbeats()
{
    console.log("Checking for heartbeats...");
    var processesToKill = [], processUUID;
    var process, heartbeatAge;
    var time = getUTCSecondsSince1970();
    for(processUUID in gProcesses)
    {
        process = gProcesses[processUUID];
        heartbeatAge = time - process.lastHeartbeat;
        if(heartbeatAge > gMaxStartingHeartbeatAge ||
            (heartbeatAge > gMaxRunningHeartbeatAge
                && process.state !== 'starting'))
        {
            console.log("Process " + processUUID + " timeout!");
            processesToKill.push(process.child);
        }
```

```
    }
    processesToKill.forEach(function(toKill)
    {
        toKill.kill();
    });
}
```

```
setInterval(checkHeartbeats, gHeartbeatCheckPeriod);
```

通过给 `/processes/:processUUID/heartbeat` 端点发送 POST 请求来给每个特定的进程 ID 注册心跳。当心跳到达时，LSPM 检查当前的时间戳，并更新相应进程最近收到心跳的时间。一旦一个进程发送了它的第一个心跳，LSPM 就得到了充分的证据，将其状态从开始改变为运行。

`checkHeartbeats` 函数遍历 LSPM 拥有的所有进程，检查以确保它已经收到了最新的心跳。如果一个进程仍然处于开始状态，那么可能是它的初始化过程比较慢，所以该函数给它一点额外的时间来注册第一次心跳。这之后，如果一个进程的最近一次心跳时间距离当前时间大于 `gMaxRunningHeartbeat` 秒，意味着服务器进程遇到了意外。为了解决这个问题，如果这个子进程没有终止，那么 LSPM 试图手动杀掉它。当这个进程被杀掉之后，前面注册的关闭事件将它从进程列表中删除。通过代码底部的 `setInterval` 调用，LSPM 每经过 `gHeartbeatCheckPeriod` 毫秒调用一次 `checkHeartbeats` 函数。

为了给 LSPM 发送一个心跳，每个进程需要每隔 `gHeartbeatCheckPeriod` 秒至少给 LSPM 心跳端点发送一个 POST 请求。为了从 C++ 程序发送 REST 请求，以字符串形式创建 http 请求，并使用第 3 章描述的 TCPSocket 类将其发送给相应的 LSPM 端口。例如，如果监听端口 3000 的 LSPM 使用命令行参数 `-processUUID 49b74f902d9711e5-8de0f3f32180aa49` 启动一个进程，那么该进程可以通过 TCP 协议给端口 3000 发送如下字符串来注册心跳：

```
POST /api/processes/49b74f902d9711e5-8de0f3f32180aa49/heartbeat HTTP/1.1\r\n\r\n
```

注意到这行命令使用了两个换行符来表示 http 请求的结束。关于 HTTP 请求文本格式的更多信息可以查阅本章最后的延伸阅读资料。此外，还有一个更加系统的解决方案是使用第三方 C++ REST 库，如微软的开源跨平台 C++ REST SDK 库。清单 13.3 展示了如何使用 C++ REST SDK 发送一个心跳。

清单 13.3　使用 C++ REST SDK 发送一个心跳

```
void sendHeartbeat(const std::string& inURL,const std::string& inProcessUUID)
{
```

```
    http_client client(U(inURL.c_str()));
    uri_builder builder(U("/api/processes/" + inProcessUUID + "/heartbeat"));
    client.request(methods::POST, builder.to_string());
}
```

为了检查心跳的结果，可以给请求调用返回的任务附加延续任务。C++ REST SDK提供了丰富的库，不仅支持异步的基于任务的HTTP请求功能，还提供服务端功能、JSON解析、WebSocket支持等。更多关于C++ REST SDK的功能可以查阅本章最后的延伸的阅读资料。

> 注释：
> REST请求不是给LSPM发送心跳的唯一途径。如果你愿意，LSPM可以直接在Node中打开TCP甚至UDP端口，同时服务器进程可以发送非常小的心跳数据包，从而避免HTTP协议的开销。或者，游戏可以只将心跳数据写入其日志文件，而LSPM可以监控这个日志文件。但是，考虑到游戏可能最终需要REST API与一个或多个其他服务通信，调试REST数据的简易性，以及LSPM已经在监听传入的REST请求，那么通过REST发送心跳可以降低复杂度。

13.5 虚拟机管理器

LSPM方便了远程启动和监控虚拟机上任意数量的进程，解决了大部分的云托管问题。但是，它不能真正提供机器本身。为了做到这一点，你需要**虚拟机管理器**（virtual machine manager，VMM）。VMM负责跟踪所有的LSPM，要求LSPM在必要时生成游戏进程，启动和关闭虚拟机及其LSPM。

要利用云供应商提供新虚拟机，VMM必须确定要在机器上运行的软件。这是通过指定**虚拟机镜像**（virtual machine image，VMI）来实现的。VMI表示VM引导磁盘的内容，包括操作系统、进程可执行文件和任何在启动时运行的初始化脚本。每个云托管服务商会根据他们的偏好提供略微不同的VMI格式，通常也会提供创建VM的自定义工具。要准备VM，你必须使用所选的操作系统、编译的游戏服务器可执行文件和数据、LSPM和任何必需的东西来创建VMI。

> 注释：
> 尽管云供应商有自己的VMI格式，他们可能很快会提供标准化的Docker容器格式（Docker Container format）。更多关于Docker的标准可以查阅本章最后的延伸的阅读资料。

要求云托管供应商从VMI启动虚拟机涉及供应商细节。供应商通常有用于该目的的REST API，以及类似JavaScript和Java的后端语言封装。因为你可能需要切换云托管供应商，或在多个地区使用多个云托管供应商，所以最好从VMM代码中抽象出供应商API的细节。

除了在必要时启动虚拟机，VMM必须能够在每台虚拟机上从LSPM请求新的进程。同时通知云供应商关闭和撤销不再使用的虚拟机。最后，它必须监控其管理的所有虚拟机的运行状况，以确保不至于因为错误而发生泄露。虽然Node是单线程的，但是请求者、VMM和LSPM之间的异步交互为各种竞争条件提供了充分的机会。此外，即使TCP是可靠的，但每个REST请求都使用独立连接，这意味着通信可以不按顺序到达。清单13.4展示了VMM的初始化和数据结构。

清单13.4 初始化和数据结构

```javascript
var eMachineState =
{
    empty: "empty",
    partial: "partial",
    full: "full",
    pending: "pending",
    shuttingDown: "shuttingDown",
    recentLaunchUnknown: "recentLaunchUnknown"
};
var gVMs = {};
var gAvailableVMs = {};

function getFirstAvailableVM()
{
    for( var vmuuid in gAvailableVMs)
    {
        return gAvailableVMs[vmuuid];
    }
    return null;
}


function updateVMState(vm, newState)
{
    if(vm.machineState !== newState)
    {
        if(vm.machineState === eMachineState.partial)
        {
            delete gAvailableVMs[vm.uuid];
```

```
        }
        vm.machineState = newState;
        if(newState === eMachineState.partial)
        {
            gAvailableVMs[vm.uuid] = vm;
        }
    }
}
```

VMM 的核心数据存储在两个哈希表中。gVMs 哈希表包含由 VMM 管理的所有当前活动的虚拟机。gAvailableVMs 哈希表是可用于生成新进程的虚拟机子集。也就是说，它们没有处于关闭、启动状态，当前也没有正在生成进程，或者已经达到最大进程数。每个虚拟机对象都有如下成员：

- **machineState**。表示虚拟机的当前状态，取值为 eMachineState 对象的一个成员。这些状态是 LSPM 使用的 eMachineState 的超集，包含一些仅仅与 VMM 相关的状态。

- **uuid**。这是 VMM 分配给虚拟机的唯一标识符。当生成虚拟机时，VMM 将 uuid 传递到 LSPM，使得 LSPM 可以标记其发送给 VMM 的任何更新。

- **url**。url 存储虚拟机上 LSPM 的 IP 地址和端口。每当提供虚拟机时，云服务供应商都会分配 IP 和可能的端口。VMM 必须存储它，以便与虚拟机上的 LSPM 通信。

- **lastHeartbeat**。类似于 LSPM 监听进程心跳，VMM 监听 LSPM 心跳。该变量存储了上次接收心跳的时间。

- **lastSequenceIndex**。因为每个 REST 请求都通过独立的 TCP 连接到达目的地，所以它们可能乱序到达。为了确保 VMM 忽略来自 LSPM 的所有过期更新，LSPM 使用递增的序列索引来标记每条通信，这样 VMM 忽略序列索引小于 lastSequenceIndex 的所有传入数据。

- **cloudProviderId**。该变量存储与云服务供应商相关的虚拟机标识符。当 VMM 要求供应商撤销虚拟机时会用到该变量。

当需要生成新的虚拟机时，getFirstAvailableVM 函数在 gAvailableVMs 哈希表中找到第一个虚拟机并返回它。updateVMState 函数负责当虚拟机状态改变时，将虚拟机插入或移出 gAvailableVMs 哈希表。为了保持一致性，VMM 应该只通过 updateVMState 函数改变虚拟机的状态。有了必要的数据结构，清单 13.5 展示了实际生成进程的 REST 端点处理程序。如果需要，它首先提供虚拟机。

清单 13.5　生成进程并提供虚拟机

```
router.post('/processes/', function(req, res)
{
    var params = req.body.params;
    var vm = getFirstAvailableVM();
    async.series(
    [
        function(callback)
        {
            if(!vm ) //spin up if necessary
            {
                var vmUUID = uuid.v1();
                askCloudProviderForVM(vmUUID,
                    function(err, cloudProviderResponse)
                {
                    if(err) {callback(err);}
                    else
                    {
                        vm =
                        {
                            lastSequenceIndex: 0,
                            machineState: eMachineState.pending,
                            uuid: vmUUID,
                            url: cloudProviderResponse.url,
                            cloudProviderId: cloudProviderResponse.id,
                            lastHeartbeat: getUTCSecondsSince1970()
                        };
                        gVMs[vm.uuid] = vm;
                        callback(null);
                    }
                });
            }
            else
            {
                updateVMState(vm, eMachineState.pending);
                callback(null);
            }
        },
        //vm is valid and in the pending state so no other can touch it
        function(callback)
        {
```

```
                        var options =
                        {
                            url: vm.url + "/api/processes/",
                            method: 'POST',
                            json: {params: params}
                        };

                        request(options, function(error, response, body)
                        {
                            if(!error && response.statusCode === 200)
                            {
                                if(body.sequenceIndex > vm.lastSequenceIndex)
                                {
                                    vm.lastSequenceIndex = body.sequenceIndex;
                                    if(body.msg === 'OK')
                                    {
                                        updateVMState(vm, body.machineState);
                                        callback(null);
                                    }
                                    else
                                    {
                                        callback(body.msg); //failure- probably full
                                    }
                                }
                                else
                                {
                                    callback("seq# out of order: can't trust state");
                                }
                            }
                            else
                            {
                                callback("error from lspm: " + error);
                            }
                        });
                    }
                ],
                function(err)
                {
                    if(err)
                    {
                        //if vm is set, make sure it's not stuck in the pending state
                        if(vm)
```

```
                {
                    updateVMState(vm, eMachineState.recentLaunchUnknown);
                }
                res.send({msg: "Error starting server process: " + err});
            }
            else
            {
                res.send({msg: 'OK'});
            }
        });
    });
});
```

注释：

该端点处理程序使用async.series函数，它是流行的**异步**（async）JavaScript库中的一个实用函数。它使用函数数组和最后的完成函数作为参数，按顺序调用数组中的每个函数，等到调用完其callback函数后继续下一个。当序列调用完成时，async.series调用完成函数。如果数组中的任何一个函数向其回调函数传递错误，series会立即将错误传递给完成函数，并中止对数组中其他函数的调用。async包含许多其他有用的高阶异步结构，是Node社区中最受依赖的包之一。

该处理程序还使用request库向LSPM发出REST请求。request是一个功能齐全的HTTP客户端库，类似于curl命令行实用程序。和async类似，它也是Node社区的顶级库，非常值得学习。关于async和request库的更多信息可以查阅本章最后列出的延伸的阅读资料。

将游戏参数传给VMM的/processes/端点触发了启动具有这些参数的游戏进程。该处理程序有两个主要部分：获取虚拟机和生成进程。首先，处理程序检查gAvailableVMs哈希表，以查看是否有可用于生成进程的虚拟机。如果没有，则为新的虚拟机创建唯一的ID，并要求云供应商配置它。函数askCloudProviderForVM高度依赖于所使用的云供应商，因此不在此处列出。它应该调用云供应商的API来配置虚拟机，使用包含游戏和LSPM的镜像，然后启动LSPM，并将虚拟机标识符作为参数传递。

无论虚拟机是新启动的还是已经存在的，处理程序都会将其状态设置为挂起（pending）。这确保了当有一个进程当前正在启动时，VMM不会尝试启动另一个进程。Node的单线程特性阻止了传统的竞争条件，但是因为端点处理程序使用异步回调，所以很可能在当前进程完成之前，另一个进程启动请求已经到达。这种情况下，需要由另外一个虚拟机处理该请求，以避免重复的状态更新。为了方便此操作，更改为挂起状态的虚拟机将从gAvailableVMs哈希中删除。

在虚拟机处于挂起状态时，处理程序向虚拟机的LSPM发送REST请求以启动游戏进程。如果启动成功，处理程序将虚拟机状态设置为LSPM返回的新状态——应该是partial或full，取决于虚拟机当前托管的游戏进程数量。如果来自LSPM的响应不正确或缺失，VMM不能知道虚拟机的结果状态。有可能该进程在错误返回之前没有启动，也可能进程启动了，但是响应在网络中丢失了。即使TCP是可靠的，HTTP客户端和服务器也存在超时。松散的网络电缆、持续的流量峰值或不良的Wi-Fi信号都可能导致通信超时。在错误不确定的情况下，处理程序将虚拟机的状态设置为recentLaunchUnknown，将服务器从挂起状态中删除，以便心跳监控系统可以将虚拟机恢复到已知状态或终止，稍后将详细解释。它还会将该虚拟机保存在gAvailableVMs哈希表之外，因为不确定是否可用。

如果一切顺利，处理程序最终将"OK"消息反馈给原始请求，意味着远程虚拟机上的新游戏进程已启动。

虚拟机监控

由于LSPM可能随时挂起或崩溃，因此VMM需要监控每个LSPM的心跳。为了确保VMM对LSPM的状态感知准确，LSPM可以用标记为递增sequenceIndex的所有心跳来发送状态更新，这有助于VMM忽略无序的心跳。当心跳指示LSPM当前没有进程运行时，VMM启动与LSPM的关闭握手过程。握手防止在VMM尝试关闭时可能导致LSPM启动进程的竞争条件。由于关闭握手和包含在心跳中的状态，该系统比LSPM用于监控进程的系统稍微复杂一些。清单13.6展示了VMM心跳监控系统。

清单13.6　VMM心跳监控系统

```
router.post('/vms/:vmUUID/heartbeat', function(req, res)
{
    var vmUUID = req.params.vmUUID;
    var sequenceIndex = req.body.sequenceIndex;
    var newState = req.body.machineState;
    var vm = gVMs[vmUUID];
    if(vm)
    {
        var oldState = vm.machineState;
        res.sendStatus(200); //send status now so lspm can close connection
        if(oldState !== eMachineState.pending &&
            oldState !== eMachineState.shuttingDown &&
```

```
                    sequenceIndex > vm.lastSequenceIndex)
        {
            vm.lastHeartbeat = getUTCSecondsSince1970();
            vm.lastSequenceIndex = sequenceIndex;
            if(newState === eMachineState.empty)
            {
                var options = {url: vm.url + "/api/shutdown", method: 'POST'};
                request(options, function( error, response, body)
                {
                    body = JSON.parse( body );
                    if(!error && response.statusCode === 200)
                    {
                        updateVMState(vm, body.machineState);
                        //does lspm still think it's okay to shut down?
                        if(body.machineState === eMachineState.shuttingDown)
                        {
                            shutdownVM(vm);
                        }
                    }
                } );
            }
            else
            {
                updateVMState(vm, newState);
            }
        }
    }
    else
    {
        res.sendStatus(404);
    }
} );


function shutdownVM(vm)
{
    updateVMState(vm, eMachineState.shuttingDown);
    askCloudProviderToKillVM(vm.cloudProviderId, function(err)
    {
        if(err)
        {
            console.log("Error closing vm " + vm.uuid);
            //we'll try again when heartbeat is missed
        }
        else
        {
```

```
                delete gVMs[vm.uuid]; //success...delete from everywhere
                delete gAvailableVMs[vm.uuid];
            }
        } );
    }
    function checkHeartbeats()
    {
        var vmsToKill = [], vmUUID, vm, heartbeatAge;
        var time = getUTCSecondsSince1970();
        for(vmUUID in gVMs)
        {
            vm = gVMs[vmUUID];
            heartbeatAge = time - vm.lastHeartbeat;
            if(heartbeatAge > gMaxRunningHeartbeatAge &&
                vm.machineState !== eMachineState.pending)
            {
                vmsToKill.push(vm);
            }
        }
        vmsToKill.forEach(shutdownVM);
    }
    setInterval(checkHeartbeats, gHeartbeatCheckPeriodMS);
```

心跳端点处理程序忽略处于挂起（pending）和关闭（shuttingDown）状态的虚拟机的心跳。挂起的虚拟机在其启动请求被应答后立即改变状态，所以启动之后需要处理在该时间内的所有其他状态改变。处于关闭状态的虚拟机已经关闭，因此不需要监控更新。处理程序还忽略具有错误序列索引的心跳。如果心跳合法，处理程序将更新虚拟机的lastSequenceIndex和lastHeartbeat属性。如果状态为空（empty），表示在虚拟机上没有运行的游戏进程，则处理程序通过向LSPM发送关闭请求来开启关闭过程。LSPM的关闭处理程序检查自己的gMachineState，以确保空状态心跳发送后它没有更改。如果没有更改，它将自己的状态更改为关闭，并响应VMM其已接受关闭请求。然后，VMM将虚拟机标记为关闭，并要求云供应商彻底撤销虚拟机。

VMM的checkHeartbeats函数的工作方式类似于LSPM函数，但它忽略处于pending状态的服务器的所有超时。如果虚拟机超时，意味着LSPM有问题，所以VMM不关心关闭握手，而是立即向云服务供应商请求撤销该虚拟机。

当LSPM由于进程关闭而改变状态时，它不需要等待预设的心跳间隔后再通知VMM，而是在状态改变后立即发送额外的心跳来响应。这是一种向VMM提供即时反馈的简单方法，并且不需要VMM的额外功能。

该VMM的实现在功能上是正确的，防止了来自竞态条件的错误，并且非常有效。如果在分配虚拟机的时间内有多个请求同时进入，它将最终为每个请求提供一台虚拟机。如果流量是稳定的，这不会产生问题，但是在异常尖峰的情况下，这可能导致提供了多余的虚拟机。更好的实现方式是可以检测到这种情况并限制虚拟机的配置请求。类似地，VMM在关闭空虚拟机时可能也是低效的。根据请求和退出游戏的频率，在撤销虚拟机之前，在一段时间内保持空虚拟机处于活跃状态可能是有益的。更鲁棒的VMM将有一个可调的阈值。改进的VMM作为课后练习。

小窍门：

如果VMM需要每秒处理数百个请求，可能需要在它之前有一个动态负载平衡器，以及一些Node实例来负担这些请求。在这种情况下，gVMs数组中的虚拟机状态需要在实例之间共享，因此，它不应该存储在单个进程的本地内存中，而是应该存储在快速访问的共享数据存储（如redis）中。关于redis的更多信息可以查阅本章最后列出的延伸的阅读资料。或者，如果请求非常频繁，更好的方案可能是按照地理区域划分玩家，在每个地理区域配置一台VMM。

13.6　总结

随着云服务供应商的不断流行，每个创建多人游戏的工作室都应该考虑在云上托管专用服务器。尽管托管专用服务器比以往任何时候都更容易，但还是比玩家自己管理服务器花费得多，复杂度高。这样做还引入了第三方云服务供应商的依赖，并使得玩家失去了拥有这个游戏的感觉。但是，托管专用服务器的优点往往大于缺点。托管服务器提供了可靠性、可用性、高带宽、防骗和不引人注意的复制保护功能。

托管专用服务器需要构建一些后端工具。后端开发工具与客户端游戏开发有显著不同。REST API提供了一个基于文本的、可发现的、容易调试的服务之间的接口。JSON提供了一个简洁紧凑的数据交换格式。Node JS提供了一个优化的、事件循环驱动的用于快速开发的JavaScript引擎。

在专用服务器基础设施中有几个运动部件。服务器游戏实例表示在玩家之间共享的游戏实例。在一个游戏服务器进程中可以存在一个或多个游戏实例，游戏服务器进程是对操作系统而言游戏的具体体现。在一台游戏服务器上可能会运行一个或多个游戏服务器进程。通常，游戏服务器的实质是虚拟机，在同一台物理机器上可能还运行着零个或多个其他虚拟机。

为了管理所有这些部分，需要有一个本地服务器进程管理器（LSPM）和一个虚拟机管理器（VMM）。每个虚拟机有一个LSPM，负责在该机器上生成和监听进程，以及向VMM报告其自身的运行状况。VMM本身是进程启动的主要入口。当比赛安排服务决定其需要启动新的游戏服务器时，它向VMM端点发送REST请求。然后，该端点的处理程序寻找尚有空余的虚拟机或请求云服务供应商提供新虚拟机。识别了虚拟机之后，它请求虚拟机的LSPM启动新的游戏服务器进程。

所有这些部分协同工作，提供了一个鲁棒的专用服务器环境，在没有前期硬件成本的情况下能够支持大量的、可扩展数量的玩家。

13.7　复习题

1. 托管专用服务器的优缺点是什么？为什么托管专用服务器在过去更困难？
2. 一个游戏服务器进程支持多个游戏实例的优缺点是什么？
3. 虚拟机是什么？为什么云托管通常涉及虚拟机？
4. 本地服务器进程管理器提供的主要功能是什么？
5. 列出服务器游戏进程可以向本地服务器进程管理器提供反馈的多种方式。
6. 虚拟机管理器是什么？它的目的是什么？
7. 解释VMM有时会提供比所需要的数量更多的虚拟机。实现一种改进方案。
8. 解释VMM有时会提前撤销虚拟机。实现一种改进方案。

13.8　延伸的阅读资料

C++ REST SDK—Home.

Caolan/async.

Docker—Build, Ship, and Run Any App, Anywhere.

Express—Node.js web application framework.

Fielding, R., J. Gettys, J. Mogul, H. Frystyk, L. Masinter, P. Leach, and T. Berners-Lee. (1999, June). Hypertext Transfer Protocol—HTTP/1.1.

Introducing JSON.

Node.js.

Redis.

Request/request.

Rest.

附录A 现代C++基础

C++是电子游戏行业的标准编程语言。虽然许多游戏公司可能使用更高级的语言实现游戏逻辑，但是底层代码，如网络逻辑，几乎都是用C++编写的。本书中的代码使用了相对较新的C++语言中的概念，本附录将涵盖这些概念。

C++11

C++11在2011年被批准，它给C++标准引入了许多变化。在C++11中添加了几个主要特性，包括基本语言结构（如lambda表达式）和新库（例如一个用于线程的库）。虽然C++11中增加了大量的概念，但是本书只使用了其中的小部分。话虽这么说，仔细阅读额外的参考文献，以求对该语言的新增部分有所感觉仍然是值得的。本节包括一些通用的C++11概念，这些概念并不适用本附录的其他部分。

需要提醒的一点是，由于C++11标准仍然相对较新，不是所有的编译器都完全支持C++11。但是，本书中使用的所有C++11概念在现在最流行的三个编译器Microsoft Visual Studio、Clang和GCC中都能正常工作。

还应该注意的是，有一个更新的C ++标准称为C++14。但是，C++14更多的是增量更新，因此没有像C++11中那么多的语言特性添加。该标准的下一个重大修订预计将于2017年发布。

auto

虽然auto关键字在之前的C++版本中存在，但是C++11给它赋予了新的含义。具体来说，此关键字用于代替类型，并指示编译器在编译时推导类型。由于类型是在编译时被推导出来的，这意味着使用auto没有运行时开销，但它允许编写更简洁的代码。

例如，之前版本的C++中一件令人头痛的事是声明一个迭代器（如果你不熟悉迭代器概念，可以阅读本附录后面内容）：

```
//Declare a vector of ints
std::vector<int> myVect;
//Declare an iterator referring to begin
std::vector<int>::iterator iter = myVect.begin();
```

但是，在C++11中，你可以使用auto代替迭代器的复杂类型：

```
//Declare a vector of ints
std::vector<int> myVect;
//Declare an iterator referring to begin (using auto)
auto iter = myVect.begin();
```

由于myVect.begin()的返回类型在编译时是已知的，因此编译器可以推导出恰当的iter类型。auto关键字甚至可以用于基本类型，如整数或浮点数，但在这些情况下很容易出错。需要注意的是，auto不会默认为引用或const——如果需要这些属性，可以设置为auto&、const auto，甚至是const auto&。

nullptr

在C++11之前，指针设置为null的方法是使用数字0或宏NULL（只是数字0的#define）。然而，这种方法的一个主要问题是0首先被视为整数。这在函数重载时是个问题。例如，假设定义了以下两个函数：

```
void myFunc(int* ptr)
{
    //Do stuff
    //...
}
void myFunc(int a)
{
    //Do stuff
    //...
}
```

如果调用myFunc时NULL作为参数传递，则会出现问题。虽然期望调用第一个版本，但情况并非如此。这是因为NULL为0，0被视为整数。另一方面，如果nullptr作为参数传递，将调用第一个版本，因为nullptr被当作一个指针。

虽然这个例子是故意设计的，但是说明了 nullptr 被明确标记为指针类型，而 NULL 和 0 不是。还有一个好处是，可以在文件中轻松地搜索 nullptr，而没有任何误报，而在许多没有使用指针的情况下，可能会出现 0。

引用

引用（reference）是指向另一个变量的变量类型，意味着修改引用将修改原始变量。引用最基本的用法是编写修改参数的函数。例如，以下函数将交换两个参数 a 和 b：

```
void swap(int& a, int& b)
{
    int temp = a;
    a = b;
    b = temp;
}
```

因此，如果在两个整数变量上调用 swap 函数，则在函数运行完之后，这两个变量的值将被交换。这是因为 a 和 b 是对原始变量的引用。如果用 C 语言编写 swap 函数，我们必须使用指针而不是引用。在内部，引用实际上是用指针实现的——但是，引用在语义上更简单，因为解除引用是隐式的。通常引用也被安全地用作函数参数，因为可以假设引用永远不为空（尽管技术上可能编写畸形代码使得引用为空）。

常量引用

修改参数只是引用功能的冰山一角。对于非基本类型（如类和结构体），通过引用传参总是比通过值传参更高效。这是因为传递值需要创建变量的副本——在非基本类型（例如向量或字符串）的情况下，创建副本需要动态分配内存，增加了大量的开销。

当然，如果向量或字符串只是通过引用传递到函数中，这意味着函数可以随便修改原始变量。如果不允许随便修改，例如变量是封装在类中的数据时怎么办？解决方案是所谓的**常量引用**（const reference）。常量引用仍然是通过引用传递，但它只能被访问——不允许修改。这样综合了两方面的优点——既避免了复制，同时函数又不能修改数据。以下 print 函数就是通过常量引用传递参数的一个示例：

```
void print(const std::string& toPrint)
{
    std::cout << toPrint << std::endl;
}
```

一般来说，对于非基本类型，最好通过常量引用将它们传递给函数，除非函数打算修改原始变量，在这种情况下应该使用正常引用。然而，对于基本类型（例如整数和浮点），使用引用通常比复制更慢。因此，对于基本类型，优先传递值，除非函数打算修改原始变量，在这种情况下应使用非常量引用。

常量成员函数

成员函数和参数应该与独立函数遵循相同的规则。所以非基本类型通常应该通过常量引用传递，基本类型通常应该通过值传递。对于所谓getter函数的返回类型——返回封装数据的函数，它有点棘手。通常，这样的函数应该返回成员数据的常量引用——为了防止调用者破坏封装并修改数据。

然而，一旦常量引用与类一起使用，非常重要的是所有不修改成员数据的成员函数都被设置为常量成员函数。常量成员函数（const member function）保证成员函数不修改内部的类数据（并且它被严格执行）。这很重要，因为给定一个对象的常量引用，只能在该对象上调用常量成员函数。如果在常量引用对象上调用非常量成员函数，会导致编译错误。

要将成员函数指定为常量，将const关键字放在声明中函数参数的右括号之后。下面的Student类展示了引用和常量成员函数的正确使用方式。以这种方式适当地使用常量通常被称为常量正确性（const-correctness）。

```
class Student
{
private:
    std::string mName;
    int mAge;
public:
    Student(const std::string& name, int age)
        : mName(name)
        , mAge(age)
    { }

    const std::string& getName() const {return mName;}
```

```
    void setName(const std::string& name) {mName = name;}

    int getAge() const {return mAge;}
    void setAge(int age) {mAge = age;}
};
```

模板

模板（template）是一种声明函数或类的方式，一般可以应用于任何类型。例如，这个模板化的max函数支持任何能做大于运算的类型：

```
template <typename T>
T max(const T& a, const T& b)
{
    return ((a > b) ? a : b);
}
```

当编译器看到max的调用时，实例化该类型的模板版本。因此，如果有两个max调用——分别针对整数和浮点数——编译器将创建两个相应的max版本。这意味着可执行文件大小和执行性能与手动声明两个版本的max代码相同。与之类似的方法可以应用于类和结构，并且在STL中广泛使用（本附录后面将讨论）。但是，和引用一样，模板也有很多其他用途。

模板特化

假设有一个叫作copyToBuffer的模板函数，接收两个参数：一个指向要写入的缓冲区的指针，另一个是应该写入的（模板）变量。此函数的一种写法可能是：

```
template <typename T>
void copyToBuffer(char* buffer, const T& value)
{
    std::memcpy(buffer, &value, sizeof(T));
}
```

然而，该函数存在一个根本问题。对于基本类型，它能正常工作，但是对于非基本类型如字符串，它将无法正常工作。这是因为该函数将执行浅拷贝，而不是底层数据的深拷贝。为了解决这个问题，可以创建copyToBuffer的特化版本来执行字符串的深度复制：

```
template <>
void copyToBuffer<std::string>(char* buffer, const std::string& value)
{
    std::memcpy(buffer, value.c_str(), value.length());
}
```

这样，当在代码中调用copyToBuffer时，如果值的类型是字符串，将选择特化版本。这种特化也可以用于接收多个模板参数的模板——在这种情况下，可以专门处理任意数量的模板参数。

静态断言和类型特征

运行时断言对于值的验证非常有用。在游戏中，通常断言优先于异常，因为开销更少，并且在创建优化版本时可以容易地移除断言。

静态断言（static assertion）是在编译时执行的断言。由于该断言是在编译期间，因此在编译时必须知道要验证的布尔表达式。下面是一个非常简单的例子，来说明这个函数由于静态断言而不会被编译：

```
void test()
{
    static_assert(false, "Doesn't compile!");
}
```

当然，具有假条件的静态断言除了停止编译之外，其余什么也没有做。实际的使用案例是将静态断言与C++11的type_traits头组合在一起，以便禁止某些类型的模板化函数。回到之前的copyToBuffer示例，该函数的通用版本最好只用于基本类型，这可以通过静态断言来实现，如下所示：

```
template <typename T>
void copyToBuffer(char* buffer, const T& value)
{
    static_assert(std::is_fundamental<T>::value,
        "copyToBuffer requires specialization for non-basic types.");
    std::memcpy(buffer, &value, sizeof(T));
}
```

is_fundamental值只有在T是基本类型时才是真的。这意味着如果T是非基本类型，那么对通用版本copyToBuffer的任何调用都不会被编译。这里有趣的是当模板特化与通用版本混合使用时——如果函数调用有对应的特化模板，则忽略通用版本，因此跳过静态断言。这意味着如果

copyToBuffer的字符串版本仍然写在前面的例子中，那么以字符串作为第二个参数调用函数将正常工作。

智能指针

指针（pointer）是一种存储内存地址的变量类型，是C / C ++程序员使用的基本数据结构。但是，当指针使用不正确时就会出现一些常见问题。一个是内存泄露——当内存在堆上动态分配，但从不删除时。例如，如下所示的类出现了内存泄露：

```
class Texture
{
private:
    struct ImageData
    {
        //...
    };
    ImageData* mData;
public:
    Texture(const char* filename)
    {
        mData = new ImageData;
        //Load ImageData from the file
        //...
    }
};
```

注意在类的构造函数中动态分配的内存，不会在析构函数中删除。要修复这个内存泄露，我们需要添加一个删除mData的析构函数。Texture的修正版本如下：

```
class Texture
{
private:
    struct ImageData
    {
        //...
    };
    ImageData* mData;
public:
    Texture(const char* fileName)
```

```
    {
        mData = new ImageData;
        //Load ImageData from the file
        //...
    }
    ~Texture()
    {
        delete mData; //Fix memory leak
    }
};
```

当多个对象有指向同一个动态分配的变量的指针时，第二个更隐蔽的问题可能会出现。例如，假设有以下Button类（使用之前声明的Texture类）：

```
class Button
{
private:
    Texture* mTexture;
public:
    Button(Texture* texture)
        : mTexture(texture)
    {}
    ~Button()
    {
        delete mTexture;
    }
};
```

想法是每个Button都应该显示Texture，并且Texture必须事先动态分配。然而，如果创建Button的两个实例，都指向同一个Texture会发生什么？只要两个按钮都是活动的，那么一切正常。但是一旦第一个Button实例被销毁，Texture将不再有效。但第二个Button实例仍然有指向新删除的Texture的指针，在最好的情况下会导致一些图形损坏，在最坏的情况下会导致程序崩溃。这个问题不能用普通指针简单解决。

智能指针是解决上述两个问题的一种方法，从C++11开始，智能指针是标准库（在内存头文件中）的一部分。

共享指针

共享指针（shared pointer）是一种智能指针，允许多个指针指向同一个动态分配的变量。在底层实现上，共享指针跟踪指向底层变量的指针的数量，这是一个被称为**引用计数**（reference counting）的过程。只有当引用计数达到零时，才会删除基础变量。这样，共享指针可以确保所指向的变量不会被过早删除。

要构造一个共享指针，最好使用make_shared模板函数。这里有一个使用共享指针的简单例子：

```
{
    //Construct a shared pointer to an int
    //Initialize underlying variable to 50
    //Reference count is 1
    std::shared_ptr<int> p1 = std::make_shared<int>(50);
    {
        //Make a new shared pointer that's set to the
        //same underlying variable.
        //Reference count is now 2
        std::shared_ptr<int> p2 = p1;

        //Dereference a shared_ptr just like a regular one
        *p2 = 100;
        std::cout << *p2 << std::endl;
    } //p2 destructed, reference count now 1
} //p1 destructed, reference count 0, so underlying variable is deleted
```

请注意，shared_ptr本身和make_shared函数都是由底层动态分配变量的类型模板化得到的。make_shared函数自动执行实际的动态分配——注意在这段代码中没有对new或delete的直接调用。可以直接将内存地址传递给shared_ptr的构造函数，但是除非绝对必要，否则不推荐使用这种方法，因为该方法效率低，并且比使用make_shared更容易出错。

如果将共享指针作为参数传递给函数，通常应该是通过值传递，就像基本类型一样。这与一般通过引用传递的规则相反，但这是确保共享指针的引用计数正确的唯一方式。

总之，这意味着本节前面的Button类可以使用指向Texture的shared_ptr重写，如下面的代码所示。通过这种方式，只要存在到该Texture的活动共享指针，就能保证底层的Texture数据永远不会被删除。

```
class Button
{
private:
    std::shared_ptr<Texture> mTexture;
```

```
public:
    Button(std::shared_ptr<Texture> texture)
        : mTexture(texture)
    {}
    //No destructor needed, b/c smart pointer!
};
```

还有另外一个没有提到的与shared_ptr相关的功能。如果一个类需要获得指向自己的shared_ptr，不应该手动从this指针构造一个新的shared_ptr，因为没有考虑到现有的引用。相反，可以从一个叫作enable_shared_from_this的模板类继承。例如，如果Texture需要获得一个指向自己的shared_ptr，可以继承enable_shared_from_this，如下所示：

```
class Texture: public std::enable_shared_from_this<Texture>
{
    //Implementation
    //...
};
```

那么，在Texture的所有成员函数中，都可以调用shared_from_this成员函数，该函数将返回带有正确引用计数的shared_ptr。

还有一些模板函数可以用于在层次结构中不同类的共享指针之间转换：static_pointer_cast和dynamic_pointer_cast。

唯一指针

唯一指针（unique pointer）保证只有一个指针可以指向底层变量，其他方面与共享指针类似。如果尝试将唯一指针赋值给其他变量，则会报错。这意味着唯一指针不需要跟踪引用计数——当唯一指针被销毁时，自动删除底层变量。

对于唯一指针，使用unique_ptr和make_unique——除了缺少引用计数，使用unique_ptr的代码与使用shared_ptr的代码非常相似。

弱指针

在底层上，shared_ptr实际上有两种类型的引用计数：强引用计数和弱引用计数。当强引用计数达到零时，底层对象被销毁。但是，弱引用计数与底层对象是否被销毁无关。这产生了弱指针，它保持由共享指针控制的对象的弱引用。弱指针的基本思想是允许实际上不想拥有对象的代码来安全地检查对象是否存在。在C++11中用于此目的的类是 weak_ptr。

假设 sp 已经被声明为 shared_ptr <int>。那么，可以直接从 shared_ptr 创建 weak_ptr，如下所示：

```
std::weak_ptr<int> wp = sp;
```

然后，可以使用 expired 函数来测试弱指针是否仍然存在。如果它没有过期，可以使用 lock 重新获取一个 shared_ptr，这将增加强引用计数，如下所示：

```
if (!wp.expired())
{
    //This will increase the strong reference count
    std::shared_ptr<int> sp2 = wp.lock();
    //Now use sp2 like a shared_ptr
    //...
}
```

弱指针也可用于避免循环引用。具体来说，如果对象A有指向对象B的 shared_ptr，并且对象B有指向对象A的 shared_ptr，则无法删除对象A和B。然而，如果它们中有一个有 weak_ptr，就可以避免循环引用。

警告

关于C++11中实现的智能指针，有几件事要注意。首先，它们很难正确地用于动态分配的数组。如果要使用指向数组的智能指针，通常使用STL容器数组更简单。还应该注意，与正常指针相比，智能指针确实带来轻微的附加内存开销和性能成本。因此，对于需要尽可能快地执行的代码，使用智能指针是不明智的。但是对于大多数典型的使用场景，使用智能指针更安全、更容易（因此，可能更受欢迎）。

STL 容器

C++标准模板库（C++ standard template library，STL）包含大量的容器数据结构。本节总结了最常用的容器及其典型使用案例。每个容器在对应于容器名称的头文件中声明，因此常常需要包括多个头文件以支持多个容器。

---

array

array容器（在C++11中增加的）本质上是一个常量大小数组的包装器。因为它是恒定大小，所以没有类似于push_back的成员函数。可以使用标准数组下标操作符[]访问数组中的索引。回想一下，通常情况下数组的主要优点是执行随机存取的算法复杂度是$O(1)$。

虽然C语言风格的数组具有相同的目的，但使用array容器的一个优点是它支持迭代器语义。此外，可以使用at成员函数代替数组下标运算符实现边界检查。

---

vector

vector容器是动态大小的数组。可以使用push_back和pop_back从向量的后面添加和删除元素，其算法复杂度是$O(1)$。还可以使用insert和remove在向量中的任意位置实现插入和移除。然而，这些操作需要复制数组中的一些或所有数据，产生了额外的计算开销。同样的原因，调整向量的大小也有很大开销，其算法复杂度是$O(n)$。这进一步意味着即使push_back被认为复杂度是$O(1)$，对一个已经被填满的向量调用它将导致复制开销。与array一样，如果使用at成员函数，则执行边界检查。

如果知道需要在向量中放置多少个元素，那么可以使用reserve成员函数分配空间以存放这些元素。这将避免在添加元素时复制向量的成本，并且节省大量的时间。

为了向向量中添加元素，C++11提供了一个新的成员函数emplace_back。当你有非基本类型的向量时，emplace_back和push_back有明显区别。假设你有一个自定义类Student的向量。假设Student的构造函数有两个参数：学生的名字和成绩。如果使用push_back，代码可能会如下所示：

```
students.push_back(Student("John", 100));
```

此代码首先构造Student类的临时实例，然后创建此临时实例的副本以将其添加到向量中。但是，emplace_back可以在适当的位置构造对象，避免创建临时对象。调用emplace_back的代码如下所示：

```
students.emplace_back("John", 100);
```

注意对emplace_back的调用没有明确提到Student类型。这被称为**完美转发**（perfect forwarding），因为参数被转发到在向量中构造的Student。使用emplace_back代替push_back是没有缺点的。所有其他STL容器（除array之外）也支持emplace功能，所以你应该习惯使用emplace函数向容器中添加元素。

list

list容器是一个双向链表。可以从前面和后面添加或删除元素，保证其算法复杂度都是$O(1)$。此外，给定列表中任意位置的迭代器，insert和remove的复杂度都是$O(1)$。回想一下，列表不支持特定元素的随机访问。链表的一个优点是它永远不会真正被填满——一次添加一个元素，所以不用担心需要调整链表的大小。然而，应当注意，链表的一个缺点是因为元素在存储器中彼此不相邻，所以它们不像数组那样是高速缓存友好的。事实证明，缓存性能实际上是现代计算机的一个重大瓶颈。因此，只要每个元素的大小相对较小（64字节或更少），向量几乎总是优于列表。

forward_list

forward_list容器（在C++11中增加的）是一个单链表，意味着forward_list只支持从列表的前面添加和删除元素，其算法复杂度是$O(1)$。这样做的优点是列表中的每个节点使用更少的内存。

map

map是{键（key），值（value）}对的有序容器，按键排序。映射中的每个键必须是唯一的，并且支持**严格弱排序**（strict weak ordering），意味着如果键A小于B，则键B不能小于或等于A。如果使用自定义类型作为键，需要重写小于运算符。映射是用一种二叉搜索树实现的，意味着通过键查找的平均算法复杂度是$O(\log(n))$。由于它是有序的，因此可以保证按照升序对映射进行遍历。

set

set与map类似，除了没有键值对——键也是值。其他所有操作都是相同的。

unordered_map

unordered_map容器（在C++11中增加的）是 {键（key），值（value）} 对
的哈希表。每个键必须是唯一的。由于它是哈希表，所以执行查找的算法
复杂度是$O(1)$。但是，它是无序的，意味着通过unordered_map遍历将不
会得到任何有意义的顺序。类似地，有一个称为unordered_set的哈希集
合容器。对于unordered_map和unordered_set，已经为内置类型提供了
哈希函数。如果你希望哈希一个自定义类型，那么必须提供你自己的对模
板函数std::hash的特化。

迭代器

迭代器（iterator）是一种类型的对象，其意图是能够遍历容器。所有的
STL容器都支持迭代器，本节介绍了常见的用例。

以下代码片段构造了一个向量，将前五个斐波纳契数添加到向量中，然后
使用迭代器打印向量中的每个元素：

```
std::vector<int> myVec;
myVec.emplace_back(1);
myVec.emplace_back(1);
myVec.emplace_back(2);
myVec.emplace_back(3);
myVec.emplace_back(5);

//Iterate through vector, and output each element
for(auto iter = myVec.begin();
    iter != myVec.end();
    ++iter)
{
  std::cout << *iter << std::endl;
}
```

为了得到STL容器中第一个元素的迭代器，使用begin成员函数，同样，
end成员函数可以得到指向最后一个元素之后的迭代器。注意，为了避免
需要写出完整的类型（这里是std::vector <int>::iterator），代码中
使用auto声明迭代器的类型。

还要注意，迭代器通过使用前缀++运算符增加到下一个元素——出于性能的考虑，应该使用前缀运算符来代替后缀运算符。最后，解引用迭代器，就像指针被解引用一样——这是访问元素底层数据的方式。如果底层元素是一个指针会有些麻烦，因为有两个解引用：第一个是迭代器，第二个是指针本身。

所有的STL容器都支持两种迭代器：上述的普通迭代器和const_iterator。区别是const_iterator不允许修改容器中的数据，而正常的迭代器可以。这意味着如果代码有一个STL容器的const引用，则只允许使用const_iterator。

基于范围的循环

在简单地遍历整个容器的情况下，可以直接使用称为**基于范围的循环**（range-based for loop）的C++11新添功能。刚才提到的循环可以改写为：

```
//Iterate using a range-based for
for (auto i : myVec)
{
    std::cout << i << std::endl;
}
```

基于范围的循环看起来像其他语言如Java或C#中的foreach。此代码获取容器中的每个元素，并将其保存到临时变量i中。只有当所有元素都被访问过时，循环结束。在基于范围的循环中，可以通过值或引用来获取每个元素，意味着如果需要修改容器中的元素，应该使用引用，此外对于非基本类型，应始终使用引用或const引用。

在内部，基于范围的循环支持具有STL式迭代器语义的所有容器（例如，有一个iterator成员，一个begin成员，一个end成员，迭代器可以增加、解引用等）。这意味着可以创建一个支持基于范围循环的自定义容器。

迭代器的其他用途

在algorithm头中有许多函数以多种方式使用迭代器。但是，迭代器的另一个常见用法是用于map、set和unordered_map支持的find成员函数。find成员函数在容器中搜索指定的键，并对容器中的相应元素返回一个迭代器。如果未找到键，find将返回end迭代器。

延伸的阅读资料

Meyers, Scott. (2014, December). Effective Modern C++. O'Reilly Media.

Stroustrup, Bjarne. (2013, May). The C++ Programming Language, 4th ed. Addison-Wesley.

欢迎来到异步社区！

异步社区的来历

异步社区（www.epubit.com.cn）是人民邮电出版社旗下 IT 专业图书旗舰社区，于 2015 年 8 月上线运营。

异步社区依托于人民邮电出版社 20 余年的 IT 专业优质出版资源和编辑策划团队，打造传统出版与电子出版和自出版结合、纸质书与电子书结合、传统印刷与 POD 按需印刷结合的出版平台，提供最新技术资讯，为作者和读者打造交流互动的平台。

社区里都有什么？

购买图书

我们出版的图书涵盖主流 IT 技术，在编程语言、Web 技术、数据科学等领域有众多经典畅销图书。社区现已上线图书 1000 余种，电子书 400 多种，部分新书实现纸书、电子书同步出版。我们还会定期发布新书书讯。

下载资源

社区内提供随书附赠的资源，如书中的案例或程序源代码。

另外，社区还提供了大量的免费电子书，只要注册成为社区用户就可以免费下载。

与作译者互动

很多图书的作译者已经入驻社区，您可以关注他们，咨询技术问题；可以阅读不断更新的技术文章，听作译者和编辑畅聊好书背后有趣的故事；还可以参与社区的作者访谈栏目，向您关注的作者提出采访题目。

灵活优惠的购书

您可以方便地下单购买纸质图书或电子图书，纸质图书直接从人民邮电出版社书库发货，电子书提供多种阅读格式。

对于重磅新书，社区提供预售和新书首发服务，用户可以第一时间买到心仪的新书。

用户帐户中的积分可以用于购书优惠。100 积分 =1 元，购买图书时，在 里填入可使用的积分数值，即可扣减相应金额。

纸电图书组合购买

社区独家提供纸质图书和电子书组合购买方式，价格优惠，一次购买，多种阅读选择。

社区里还可以做什么？

提交勘误

您可以在图书页面下方提交勘误，每条勘误被确认后可以获得 100 积分。热心勘误的读者还有机会参与书稿的审校和翻译工作。

写作

社区提供基于 Markdown 的写作环境，喜欢写作的您可以在此一试身手，在社区里分享您的技术心得和读书体会，更可以体验自出版的乐趣，轻松实现出版的梦想。

如果成为社区认证作译者，还可以享受异步社区提供的作者专享特色服务。

会议活动早知道

您可以掌握 IT 圈的技术会议资讯，更有机会免费获赠大会门票。

加入异步

扫描任意二维码都能找到我们：

异步社区

微信服务号

微信订阅号

官方微博

QQ 群：436746675

社区网址：www.epubit.com.cn

投稿 & 咨询：contact@epubit.com.cn